统编语文名著阅读课程化丛书

昆虫记

（法）法布尔 著 张少强 编译

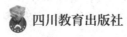

四川教育出版社

图书在版编目（CIP）数据

昆虫记／（法）法布尔著；张少强编译. — 成都：
四川教育出版社，2019.8
（统编语文名著阅读课程化丛书）
ISBN 978-7-5408-7218-2

Ⅰ.①昆… Ⅱ.①法…②张… Ⅲ.①昆虫学－青少
年读物 Ⅳ.①Q96-49

中国版本图书馆CIP数据核字（2019）第179660号

统编语文名著阅读课程化丛书

昆 虫 记

（法）法布尔 著 张少强 编译

出 品 人 雷 华
图书策划 雷 华 余 兰
责任编辑 李健敏
封面设计 许 涵 叶 茂
版式设计 武 韵 周阳惠
责任印制 杨 军 陈 庆
出版发行 四川教育出版社
　　　　 地　　址 成都市槐树街 2 号
　　　　 邮政编码 610031
　　　　 网　　址 www.chuanjiaoshe.com
印　　刷 成都市金雅迪彩色印刷有限公司
制　　作 四川胜翔数码印务设计有限公司
版　　次 2019 年 11 月第 1 版
印　　次 2019 年 11 月第 1 次印刷
成品规格 155mm × 220mm
印　　张 21
插　　页 4
书　　号 ISBN 978-7-5408-7218-2
定　　价 38.80 元

如发现印装质量问题，请与本社联系调换. 电话：（028）86259359
营销电话：（028）86259605 邮购电话：（028）86259694 编辑部电话：（028）86259381

名著导读 —— 知识一览无余

从作者简介、写作背景、艺术特色、昆虫介绍、名家评论五大方面对名著有整体把握，了解相关知识点。

2 阅读指导 —— 读前心中有数

了解读完全书需要多长时间，每个阶段的阅读目标是什么，采用什么阅读方法。

3 随文点评 —— 加强阅读理解

随文旁注写法、情节、主题、启发等多角度精准点评，帮助读者加深对名著的理解，并提升阅读和写作能力。

4 情节评述 —— 阶段性巩固思考

在部分章节后评点情节要旨，帮助读者适时巩固学习内容，启发思考。

5 考题精选 —— 快速练习备考

精选历年各地相关中考题及练习题，快速完成练习，了解考试方向。

纯享阅读法

全书阅读，搭配"阅读指导"。

特点：带着足够的悬念，畅快阅读，自主思考。

课程阅读法

全书阅读，搭配"名著导读"＋"阅读指导"＋"随文点评"＋"情节评述"，完成"考题精选"。

特点：完成整本书阅读，深度理解名著，全面掌握知识，提升阅读力和写作能力。

快速备考法

只读"名著导读"＋"随文点评"＋"情节评述"，完成"考题精选"。

特点：快速掌握全书考点，把握关键细节，完成备考。

❦《昆虫记》导读❦

作者简介

　　《昆虫记》能够如此生动地讲述昆虫的故事，又如此富有专业性，这和作者让－亨利·卡西米尔·法布尔（Jean-Henri Casimir Fabre，1823—1915）有着密切关系。1857年，法布尔发表了《节腹泥蜂习性观察记》的论文，修正了当时昆虫学祖师莱昂·杜福尔的错误观点，赢得了法兰西研究院的赞誉，被授予实验生理学奖。1859年，达尔文在《物种起源》一书中将法布尔称为"罕见的观察者"。1879年，《昆虫记》第一卷问世；1880年，法布尔买下"荒石园"，从此致力于对昆虫的观察和记录；1910年，《昆虫记》第十卷问世；1915年10月，法布尔与世长辞，享年92岁。1921年，政府买下"荒石园"，以巴黎自然史博物馆分馆"阿尔玛斯·法布尔"的名义将其保存下来。

　　如果你去仔细研究法布尔的生平，会发现这位法国作者，不仅在昆虫研究上颇有造诣，拥有科学博士学位，而且还同时拥有数学、物理和其他自然科学的学位，是个名副其实的复合型人才。

　　法布尔的名字后面紧跟着文学家、博物学家和昆虫学家的头衔。《昆虫记》中对于昆虫们如此精确而又细腻的描写，得益于他对于昆虫的痴迷。法布尔的后半生，终日扎根在石头与野草中间，灰头土脸地在土堆和石块间与虫子打交道。他花费了几十年的时间，为这些小小的昆虫们写下十卷的大部头著作。这部约 400 万字的皇皇巨著充满了对生命的关爱，被誉为"昆虫的史诗"，先后被译成 50 多种文字，流传到世界各地，成为后人了解昆虫世界的科普读物。而法布尔本人，也获得了"昆虫界的荷马""昆虫界的维吉尔"以及"科学诗人"等美誉。

写作背景

《昆虫记》总共有十卷，每一卷都在二十章左右。蝴蝶、蚂蚁、蟋蟀、蚱蜢……我们生活中能叫出名字的和叫不出名字的 100 多种昆虫都被法布尔观察记录在册。1923 年，周作人第一次将该著作介绍到中国，并将书名译为《昆虫记》。2001 年，花城出版社推出了《昆虫记》的中文全译本，该版本是目前唯一的直译自法文原版的中文全译本。

《昆虫记》第一卷内容的整理与写作花费了法布尔大约二十年的时间。1879 年，当《昆虫记》第一卷最终完成的时候，他已经是 55 岁的年纪。虽然第一卷的写作颇费工夫，但这并不能阻止法布尔观察和记录昆虫的热情。1880 年，法布尔买下了普罗旺斯的一座带有一片荒地的老旧民宅，他用普罗旺斯语给这座宅子取了"荒石园"的雅号。法布尔穿着当地农民最普通的粗尼外套，挖挖凿凿将这里建成为一座虫子的乐园，终于完成了"拥有一片自己的小天地观察昆虫"的心愿。搬入这里后，法布尔以大约三年一册的速度，完成了《昆虫记》后续的写作。1910 年，《昆虫记》第十卷问世，这时候的法布尔已经是一位 86 岁的老者了。

鲁迅将《昆虫记》誉为"讲昆虫生活"的楷模。法布尔对于昆虫的记载，迥异于同时代对于形态的简单描述，用野外观察和实验的方法对昆虫的生活和繁衍进行了刻画。他把昆虫生活和劳动的姿态刻画得栩栩如生，把它们繁衍与死亡的过程也写得富有仪式感。

艺术特色

法布尔在《昆虫记》中对于昆虫的记载，既具备作家写作的生动性，又兼具学者研究的严谨性。《昆虫记》之所以能成为一部通俗易懂、兼具趣味性和知识性的著作，这和法布尔对于昆虫的研究方法有关。他用野外观察和实验的方法对昆虫的习性进行研究，不仅记录昆虫的形态，还对昆虫的习性、劳动、繁衍和死亡进行详细描述。

总结起来，《昆虫记》的艺术特色有以下三个方面。

一是拟人手法的运用让昆虫的形象更加具体。作为一部科普性的著作，《昆虫记》读起来如此具有趣味性和作者对各种昆虫的人格赋予密切相关，作者给昆虫们安插上了清洁工、税官等身份，让我们更加了解昆虫们在自然界扮演的角色，而对于人类身份角色的借鉴也让我们对昆虫们关系的感知更清晰。比如作者在《勤劳的圣甲虫》一文有这样的描述："如果能抢个现成的，或者能强行入席，那可就合算得多了。如果主人没有警觉，帮忙者就可抢了球逃之夭夭；如果主人的警觉性相当高，那就以自己也出了一份力为由，与主人同席共进美食。"其中"入席""逃之夭夭""共进美食"等词语的运用，采用拟人的手法模拟了帮忙推粪球的圣甲虫的行为和心态，使得粪球主人和后来者的关系更容易被我们理解。

二是细节描写使得情景再现更加生动。细节描写通常是对人物、景物、场景、事件等进行详细的刻画，达到给人留下深刻印象的目的。法布尔对于昆虫习性和生活的介绍，是通过实验观察和大量细节描写联合呈现的。一系列关于场景的细节描写，让读者对于昆虫的生活环境有了具体的认知，通过连续的动作刻画使得昆虫们的生活事件对于我们更加真实、生动和可感。比如"蟋蟀工兵用前爪挖掘，利用其颚钳挖掉大沙砾。我看见它用它那有两排锯齿的有力的后腿在踢蹬，把挖出的土踹到身后，呈一斜面"，一系列动词的使用使得蟋蟀筑巢的过程跃然纸上。在《美丽的小阔条纹蝶》一章中，作者对刚出生的蝴蝶宝宝进行了细节描写，"胖乎乎""肚子大大的""米黄色长袍"等细节描绘让蝴蝶幼虫的样子栩栩如生。

三是记叙与议论结合使得作者的诙谐幽默跃然纸上。《昆虫记》中的这种写作方法我们可以叫作夹叙夹议，它的好处是笔法灵活多变。法布尔在记叙过程中夹杂议论，为昆虫的生活注入了人类视角的评价，在写作风格上诙谐幽默，对昆虫的记录也充满了意趣。在《勤劳的圣甲虫》中有这样一段："起初，粪球在它的身下，随着粪球的滚动，它忽而在上，忽而在下，忽而在左，忽而在右，它绝不在乎。它就是要帮忙帮到最后，而且是默默无闻的。这种帮手真不常见，让别人用车推着自己，还要得一份儿报酬！"记叙与议论的结合使得作者对于两只金甲虫"合作"搬运粪球的写作呈现了一丝幽默的色彩。

法布尔运用拟人手法描写了昆虫们的生活，叙述与抒情兼顾，笔调幽默，细节生动，为我们展现了一幅昆虫世界的精美画卷。《昆虫记》本身即是一部生动的科普读物，也是一部优美的散文作品，我们在阅读时可以充分享受到科学与文学结合之美。

昆虫介绍

《昆虫记》全书，记载了超过 100 种昆虫。如果按"界门纲目科属种"对昆虫进行分类，那么它们都属于昆虫纲，而昆虫纲也是动物界中种类和数目最多的一个纲。

在这里我们向大家介绍五种生活中常见的昆虫类型：螳螂目、

膜翅目、鞘翅目、直翅目、鳞翅目。

螳螂目的昆虫体型细长，颜色以绿色为主，部分为褐色或者有花斑。螳螂目的昆虫最大的特点是头部呈三角形，除此之外它们的前胸通常都比较长并且前足呈镰刀状。中华大刀螳螂、欧洲螳螂都属此列。本书《猎食的螳螂》中就详细记录了螳螂目昆虫的捕食状态。

膜翅目的昆虫以透明、膜质的翅膀为主要特点，且大部分都拥有两对翅膀。像蚂蚁、蜜蜂之类的昆虫都属于膜翅目。本书《隧蜂守卫》《蝉和蚂蚁的故事》中就有膜翅目昆虫的身影。

鞘翅目的昆虫们躯壳坚硬，前翅质地强固，角质化形成我们所说的鞘翅，后翅仍为膜翅。生活中常见的天牛、萤火虫、金龟子等都属于此列。本书中《潘帕斯草原的食粪虫》《勤劳的圣甲虫》《环卫清洁工粪金龟》《胆小而尽职的米诺多蒂菲》《五月的豌豆象》等的主角就是鞘翅目的昆虫。

直翅目的昆虫通常体型都比较壮实，前胸发达，背部隆起呈马鞍型，触须长而多节，前翅狭长为覆翅，后翅为膜质。诸如蟋蟀、蚱蜢这些昆虫就属于直翅目。本书中《小魔鬼似的蟋蟀》《七月的绿蚱蜢》《灰蝗虫的故事》等章节记录的就是直翅目昆虫的故事。

鳞翅目的昆虫看上去更美一些，包括小阔条纹蝶、大孔雀蝶在内的蛾和蝶都属于这个目。鳞翅目的昆虫虽然翅膀也是膜翅，但是他们的翅上被有鳞片和毛，不同色彩的鳞片组成了线纹和图案，看上去才如此五彩斑斓。鳞翅目的昆虫们在本书《美丽的小阔条纹蝶》《欧洲大孔雀蝶》等章节中闪亮登场。

名家评论

◆ 法布尔的一生，可以说是为昆虫的一生。作为昆虫学家，他不仅研究昆虫，而且描写昆虫，他那卷帙浩繁的《昆虫记》不仅是科学著作，可以说，他透过昆虫世界所书写的，是关于生命的诗篇。

——刘心武

◆ 他以人性观照虫性，并以虫性反观社会人生，看《昆虫记》比看那些无聊的小说戏剧更有趣味，更有意义。

——周作人

◆ 法布尔是"讲昆虫生活"的楷模。

——鲁迅

◆ 无法效仿的观察家。

——达尔文

◆ 《昆虫记》融作者毕生的研究成果和人生感悟于一炉，以人性观察虫性，将昆虫世界化作供人类获取知识、趣味、美感和思想的美文。

——巴金

◆ 《昆虫记》不愧为"昆虫的史诗"，法布尔不愧为"昆虫界的荷马"。

——雨果

◆ 这个大学者像哲学家一样去思考，像艺术家一样去观察，像诗人一样去感受和表达。

——罗丹

◆ 法布尔那些极富天才的观察令我痴迷得毫无倦意，在一种持久不衰的期待中使愉悦感得到满足，这种满足，就和痴迷于艺术杰作时的感觉一样。

——罗曼·罗兰

《昆虫记》阅读指导

阅读规划

　　《昆虫记》是法布尔所著的一部关于昆虫的百科全书，全书共十卷约 400 万字。我们手中这本《昆虫记》是节选本，约 22 万字，分上下两部分：上部分介绍昆虫的生活，下部分介绍昆虫的习性，共 27 个章节。建议用四周时间完成本书的阅读。

时间安排	阅读计划	阅读目标
第一周	快速阅读图书前言与上部中你最感兴趣的 10 个章节	了解作者生平和写作背景； 能大致将这些昆虫与它们独特的生活方式对应起来； 把阅读中有疑问的地方勾画出来并查阅工具书或网络资料
第二周	快速阅读本书下半中你最感兴趣的 8 个章节	赏析作者在描写昆虫的时候采用了何种表达方式； 体会感受作者带着何种情感在对昆虫进行记录

时间安排	阅读计划	阅读目标
第三周	精读全书你最感兴趣的 3 个章节	详细分析章节中的写作艺术特色（修辞手法、表达方式等），并进行勾画批注
第四周	分类阅读与学习	概览全书，对不同的昆虫进行分类，如：自己在土里挖洞繁衍的昆虫；交配后雌虫吃掉雄虫的昆虫；窃取他人劳动成果的昆虫，等等

阅读策略

　　法布尔高超的写作技巧使得我们在阅读《昆虫记》的时候觉得妙趣横生。但作为一部科普作品，《昆虫记》本身也在积极向我们传递关于昆虫的科学知识。《昆虫记》一书既包含了从昆虫外观到它们的进食、筑巢、生育等生活方式和习性的科学知识，也从字里行间体现出法布尔通过实验和实地考察的科学研究方法对昆虫进行研究的科学精神。

　　对科普作品的阅读，我们既要结合自己的兴趣对书中涉及的科学知识、科学原理进行主动学习，也应当对其中的科研精神和科学研究方法有所了解，积极培养自己的思维能力。

　　对于《昆虫记》的阅读，这里提供几个具体的学习方法请各位读者参考。

　　1. 了解作者生平和写作时代背景。这是我们学习《昆虫记》的大前提，只有了解到同时代的生物学家的研究方法，才能对比出法布尔对于昆虫研究的独特性。

2. 借助工具帮助理解。区别于普通文学作品，像《昆虫记》一类的科普作品必然会涉及一些专业性的描述。对于这些专业性的概念，我们可以先结合上下文理解，对于不能理解或者是自己感兴趣的内容可以积极借助工具书和互联网网络进行学习，这有助于培养我们的自主学习能力。

3. 在语言中感受作者的写作风格。法布尔昆虫学家和作家的身份使得他的写作充满了趣味性。我们在阅读《昆虫记》的时候还应当注意体会作者的写作语言，感受写作内容的科学性和文字表达的艺术特色。

通过《昆虫记》的学习，我们大致可以总结出科普作品的阅读方法，从科学性和文学性两方面进行理解、掌握。

首先是进行粗读，从文学文本阅读的角度去了解作者在书中向我们介绍了什么科学知识，如果有必要可以去查找作者的个人资料和写作背景，结合起来阅读书中的内容。

其次，对科普作品的重点部分进行精读，找出科普文的说明对象，分析作者是运用什么样的说明方法和叙述方式进行阐述的。对于精读后依旧存在的困惑现象和内容，可以结合互联网网络和工具书进行学习、理解。

最后，在掌握科普作品的科学知识后，再对作者的写作语言进行赏析，体会作品中文学表现手法蕴含的艺术趣味。

目录

上部

昆虫的生活

潘帕斯草原的食粪虫

跑遍整个地球，穿越五湖四海，从北极到南极，观察生命在气候条件下无穷无尽的变化情况，对于善于考察研究的人来讲这无非是最好的运气。鲁滨孙的漂流曾让我兴奋不已，我年轻时就怀着他那种美好的幻想。然而，紧跟着周游世界那美丽梦想而来的却是蛰居和郁闷的现实。巴西的原始森林、印度的热带丛林、南美大兀鹰所喜爱的安第斯山脉的崇山峻岭，全都缩成一块作为探察场的荒石地了。

但老天保佑，让我并不为这些而不停抱怨。思想上的收获并不一定要长途跋涉。让·雅克在他那金丝鸟生活的树丛绿海中采集植物；贝尔纳丹·德·圣皮埃尔从偶然地在他的窗边长出来的一株草莓上发现了一个世界；萨维埃·德·梅斯特尔把一把扶手椅当作马车在自己的屋里做了一次相当著名的旅行。

这种旅行方式我也能做，只是没有马车，因为在棘草丛中驾车太困难了。我在荒石地周围上百次地一段段地绕行；我在一家又一家人家立足，耐心地询问，隔这么长时间，我只能获得一丁点儿的答案。

我对最小的昆虫小村落都十分熟悉，我在这个小村落里得知了螳螂休息的种种细枝末节，我熟知了苍白的意大利蟋蟀在静悄悄的夏夜轻轻歌唱的所有棘草丛，我认识了披着蜜蜂这个棉花小袋编织师耙平的棉絮的所有小草，我走遍了切叶蜂这个树叶裁剪师进出的所有丁香矮树丛。

如果说荒石地的各个角落的踏勘还不够的话，我就跑得远一点，能得到更多的"贡品"。我绕过旁边的篱笆，在大概一百米处，我同埃及天牛、圣甲虫、蜣螂、粪金龟、蟋蟀、螽斯、绿蚱蜢等有了接触，总之我同很大一群昆虫部落进行了接触，要想知道它们的进化历程，那得用尽一个人完整的一生。当然，我与自己的邻居接触就满足了，非常满足了，用不着长途跋涉跑到那么远的地方去。

再说，游遍世界，把精力分散在那么多的研究对象上，这不是在研究观察。到处旅游的昆虫学者可以把自己所得到的很多标本钉在标本盒里，这是专业词汇分类学者和昆虫采集者的兴趣，但是收集详细的资料却是另一回事。他们是科学上的流浪的犹太人，没有时间驻足停留。当他们为了研究很多的事实时，就可能要长时间地停在一处，然而，下一站又在急催着他们上路。我们就不要让他们在这种状态下去为难了。就让他们在软地板上钉吧，就让他们用塔菲亚酒的大口短颈瓶去浸泡吧，就让他们把费时费力、耐心观察的工作留给有耐心的人吧。

这就是为何除了专业分类词汇学者列出的乏味枯燥的昆虫体貌特征外，昆虫的历史相当贫乏的原因。外国的昆虫数量巨大，无法计算，它们的生活习性我们几乎一直都不知道。但是我们可以把我们

排比句式。作者用排比的方式呈现了各种昆虫的生活习性，说明他对各种昆虫非常熟悉，并表达了对它们的喜爱之情。其句式整齐，充满了韵律美，增加了阅读的意趣。

此处可见作者对于昆虫的研究方法有别于同时代学者通过制作标本进行观察的方法，他采用的是实地考察，在昆虫的生活环境中研究昆虫的习性与特点。

眼前所看到的情景与别处发生的情况加以比较；看一看同类昆虫在不同的气候条件下，它们的本能是怎样变化的，这会是非常有益的。

这时候，没办法远行的遗憾重又涌上心头，让我比以前所有时候都更加感到无奈，除非我在《一千零一夜》的那张魔毯上找到一个位置，飞到我想去的地方。啊！神奇的魔毯啊，你要比萨维埃·德·梅斯特尔的马车舒服得多。希望我能在你上面有一个位置可坐，手拿着往返机票！

我果然找到了这个位置。这个出乎意料的好运是基督教会学校的修士、布宜诺斯艾利斯市萨尔中学的朱迪利安教友带给我的。他虚怀若谷，受他恩惠的人对他表示的感激会让他非常不开心的。我在这儿只想说，按照我所需，他的双眼替代了我的眼睛。他寻找、观察、发现之后，把他的笔记以及发现的资料寄给我。我用通信的方法和他一同寻找、观察、发现。

我成功了，幸亏有这么厉害的伙伴，我在那张魔毯上找到了位置。我现在到了阿根廷共和国的潘帕斯大草原，期待着把塞里昂的食粪虫的本领同另一个半球的竞争者的本领做一番比较。

开始非常好！偶然相遇竟然让我首先得到了法那斯米隆那美丽的昆虫，周身黑中带蓝。

雄性法那斯米隆胸前有个凹下的半月形，肩部有锋利的翼端，额上竖着一个可同西班牙蜣螂媲美的扁角，角的尾端呈三叉形。雌性却以普通的褶皱替代了这美丽的饰物。雌性与雄性的头罩前部都有一个双头尖，一定是一个挖掘道具，也是用于切割的解剖刀。这种昆虫粗短、结实，呈四角形，让人联想到蒙彼利埃周围十分少见的一种昆虫——奥氏宽胸蜣螂。

如果形状类似则本领也必然类似的话，那我们就该毫不迟疑地把奥氏宽胸蜣螂加工的那块又短又粗的腊肠蛋糕归还于法那斯米隆。

哎！每当涉及本能的问题时，昆虫的体形结构就会造成误导。这种爪子短小、脊背正方的食粪虫在加工"葫芦"时技艺超群。连圣甲虫都加工不了这么像样，尤其是块头又这样大的葫芦。

这种短小粗壮的昆虫加工的制品之精美让人拍案惊奇。这种葫芦加工得如此符合几何学标准，简直无可挑剔：葫芦颈并不细长，然而却把优雅同力量结合在一块儿。它大概是以印第安人的某种葫芦作为模型加工的，尤其是因为它的细颈半开，鼓凸部分刻有美丽的格子纹路，那是这种昆虫的跗骨的足迹。它仿佛是用藤条嵌着的一只铜壶，大小可以超过一只鸭蛋。

这真是一件十分奇特而稀有的珍品，尤其是这竟然出自一位外形笨拙、粗短的工人之手。No，这再次说明道具不能成就艺术者，人和虫全是这个道理。引导工匠完成作品的有比工具还重要的东西：我说的是"头脑"——昆虫的聪明才智。

法那斯米隆对困难不屑一顾。不但如此，它还对我们的分类学嗤之以鼻。一提食粪虫，就解释为牛粪的疯狂追求者。可法那斯米隆之所以重视牛粪并不是为自己食用，也并非为了自己的儿女们享用。我们经常会看到它待在家禽、猫、狗的尸骸底下，因为它需要尸骸的血液。我所描绘的那只葫芦就是立在一只小狗的尸骸下面的。

这种埋葬虫的胃口同圣甲虫的才能相结合的虫，谁愿意怎样看就怎样看吧。我嘛，我不愿去解释这

细节描写。对食粪虫法那斯米隆制作的粪球进行了详细的描绘，通过葫芦形、细颈、格子纹路、大小可以超过一只鸭蛋等描写，让粪球的具体形态真实可感。

方法提示：此处还使用了什么修辞手法呢？使用了比喻的修辞手法，将粪球比喻成了用藤条嵌着的一只铜壶，生动形象地写出了粪球的形态。

种现象，因为昆虫的一些喜好让我疑惑不解，它们的这些喜好是谁
也没办法仅仅依据其外貌就能判断出来的。

我知道在我家周围就有一种食粪虫，它也是尸骨残骸的唯一享
用者。它就是粪金龟，是光临死兔子和死鼹鼠尸体的常客。只是，
这种侏儒殡葬工并不因为这些就歧视粪便，它像其他金龟子一样照
样大吃大喝。或许它有着两种饮食标准：球形奶油蛋糕是提供给成
虫的，而像稍微发臭的腐肉这种具有浓烈味道的食品则是喂给虫宝
宝的。

类似的情况在别的昆虫的口味方面也一样存在。捕食性膜翅目
昆虫吸取花朵底部的蜜，但它喂自己的儿女时却用的是野味的肉。
同一个胃，先吃野味的肉，后吸取糖汁。这种消化用的胃囊在发育
过程当中一定发生变化吗？不管怎样讲，这种胃和我们人的胃相同，
年轻时喜欢吃的食物到了晚年就对它讨厌了。

让我们更加深入地了解一下法那斯米隆的作品。我弄到的那些
葫芦全部干透了，硬得就像石头一般，颜色也变成浅褐色了。我用
放大镜细细观察，里外都没有发现一丁点儿木质碎屑，这种木质碎
屑是青草的一个见证。这么说，这奇怪的食粪虫没有利用牛屎饼，
也没有利用任何相似的肥料。它是用其他材料加工自己的作品的。
是什么材料呢？一开始挺难弄明白。

我把葫芦放在耳边摇晃，有轻微的声响，好像一个干果壳里有
一个果仁在晃动时发出的声响一般。葫芦里是否有一只因干燥而抽
缩了的虫宝宝呢？我以前一直是这样认为的，可我弄错了。那里面
有比这更好的东西，这回让我开了眼界。

我十分小心地用刀尖挑破葫芦。在一个同质的匀称内壁——我
的三个标本中最大一个的内壁竟厚达两厘米——当中镶着一个圆圆
的仁儿，满满当当地填充在内壁洞孔里，但却与内壁丝毫不粘连，

所以可以自由地摇动，因此我晃动时就听见了声响。

就外形与颜色而言，外壳与内核并没有差异。但是，把内核砸碎，仔细观察碎屑，我就从中找到一些绒毛絮、碎骨、细肉块、皮肤片，它们全部淹没在就像可可奶的土质糊状物里。

我把这种糊状物在放大镜底下进行了筛选，去除了残骸以后，放在红红的木炭上烤，它立刻变得黑漆漆的了，表面覆盖着一层鼓胀的亮光物，并散发出一阵呛人的烟，很容易闻出那是烧焦的动物骨肉的味道。这个仁儿全都浸透了腐尸的血液。

我对外壳进行相同处理后，它也变黑了，但黑的程度没有核那样深。它似乎不怎么冒烟。它的外表也没有覆盖一层乌黑发亮的鼓胀物。它一点也没含有与内核所含有的那些腐尸的碎片一样的东西。内核与外壳经过烧烤以后，它们的残留物都变成了一种细细的红黏土。

经过这粗略的观察分析，我得知法那斯米隆是怎样进行烹饪的。喂给虫宝宝的食品是一种酥油饼——肉馅儿是它用头罩上的两把解剖刀和前爪的齿状大刀把尸骸上能剔出来的东西全都剔出来做成的，有下脚毛、捣碎的骨头、绒毛、细条的皮和肉等。一开始，这种用烤野味的作料拌稠的馅儿呈浸透尸骸肉汁的细黏土冻状，现在硬得像砖头。最后，酥油饼的糊状外表变成了黏土硬壳。

这位蛋糕师傅对其蛋糕进行了包装，用圆花饰、甜瓜筋囊、流苏加以修饰。法那斯米隆对这种厨艺

观察与实验的方法。和同时代其他学者的研究方法不同，法布尔通过实地观察和实验的方式进行研究。他用刀对法那斯米隆的作品进行解剖，以获得最真实可信的关于粪球的制造原料和结构信息。

美学并不是外行。它把酥油饼的外表做成葫芦状，并修以指纹状的纹饰。

这种没办法吃的外壳在肉汁中浸泡的时间太短，由此而知，并不受法那斯米隆的垂青。等虫宝宝的胃变得结实了，可以消化粗糙的食物时，它会刮点内壁上的东西解饿，这一点倒是有可能的。只是，从整体来讲，直到虫宝宝长大能出走以前，这个葫芦一直完好无缺。它不但开始时是保持油饼新鲜的守护神，而且一直都是隐居其中的虫宝宝的保险箱。

在糊状物的上部，紧挨着葫芦的颈部，修理成一个黏土内壁的小圆房，这是整个内壁的延伸部分。一块用相同材料制成的相当厚的地板把它同粮食分开，这就是孵化室，卵就产在那里。我在那里发现了卵，可惜已经干了。虫宝宝在这个孵化室里孵化出来，首先得打开一扇隔在孵化室和食物之间的活动门，才能爬到那个可以吃粪球的地方。

虫宝宝降生在一个高出那块食物并与它并不相通的小保险箱里。新生虫宝宝必须很快地自己钻开食品罐头的盒盖。之后，当虫宝宝待在那食品罐头上部时，我确实发现地板上钻了一个正好能让它钻过去的洞。

这块甜美的牛肉片，裹着很厚的一层陶质覆盖层，从而使这份食物根据慢慢孵化的需求，长时间地保持新鲜。怎样达到这一目的呢？我仍弄不明白。宝贝们在同是黏土质的小房里安然无恙地待着，毫发无损；截至目前，一切都很完美。法那斯米隆深谙构建防御工事的秘密，深知食物太早地发干的危险。现在余下的是胚胎呼吸的问题了。

为了解决这个呼吸难题，法那斯米隆也是匠心独运、智慧超凡的。葫芦颈部沿轴线打通了一条最多只能插进一根细麦管的通道。这个闸口在里面开在孵化室顶部最高的地方，在外面则开在葫芦把儿的尾端，呈喇叭状半张开着，这便是通风管道。它相当狭窄并且还有灰尘阻而不塞，因此便阻止了外来的侵略者。我敢说这是简单且绝妙的作品。我说得没错吧？如果说这样的一个建筑是偶然的结果的话，那就必须承认这盲目的偶然具有一种超凡的卓识远见。

这种反应慢的昆虫是怎样才建好这项相当困难、相当复杂的工程的呢？我在以一个局外人的目光观看这南美潘帕斯草原的昆虫时，只有上面讲的这个工程结构在指引着我。从这个工程的构造可以不出大错地判断出这个建筑师所运用的办法。所以，我就对它工作的进度情况做了如下假设。

它先是遇到了一具小昆虫的尸骸，尸骸的渗液使下边的黏土变软。于是，它依据软黏土的大小时多时少地收集起来。收集的多少并没有确切的规定。假如这种软黏土非常多，收集者就加大消费，粮库也就更加地牢固。如此一来，造成的葫芦就相当大，大得超过鸭蛋的体积，还有一层两厘米厚的外衣。可是，这样一大堆材料远超出模型师的能力，所以制作得不是很好，从外观看上去，一下就能看出是一项非常笨拙艰苦的劳动所制造出来的结果。如果软黏土十分稀少，它就严格节约着使用，这样它的动作也就自然多了，做出来的葫芦反倒齐整匀称。

那黏土大概先是通过前爪的按压和头罩的加工变成球形，之后挖出一个既宽又厚的盆形。蜣螂和

细节描写。对法那斯米隆制作的葫芦形粪球进行了内部构造的细节描写，闸口、葫芦把儿、喇叭状等形容词使得我们对法那斯米隆的粪球制作技艺之精湛、功能之完备（能解决幼虫的饮食和呼吸问题）有了具体的感知。

拟人手法。将法那斯米隆拟人化，将它对粪球的制作过程比作陶瓷家的艺术加工，借助加工、打光等技法的使用，使得我们对于粪球的形态和加工过程有了更具体的认知。

圣甲虫就是这样做的，它们在圆粪球的顶端挖出一个小盆，在对蛋形或梨形最后打磨以前，把卵产在小盆里。

在这第一项劳动中，法那斯米隆只是一个陶瓷家。无论尸骸渗液浸润黏土有多不充分，只要是有可造性，无论什么黏土对它来讲都是可以加工运作的。

现在，它成了肉类制作师了。它用它那带锯齿的大刀从尸体上切下一些碎细小块来；它又拽又撕，把它认为最适合虫宝宝口味的部位弄下来。之后，它把这些碎片全部收集到一起，然后把它们和脓血最多的黏土搅和在一起。把一切搅拌得相当均匀后，就地制成了一只圆粪球，无须挪动，就像其他食粪虫加工自己的小粪球一般。补充一点，这只粪球是按照虫宝宝的需求量身定做的，它的体积几乎不变，不管最后那个葫芦有多大。

现在酥油饼完成了，它被放入大开口的黏土盆里藏好。它没有被挤压，以后可以自由移动，不会和内壁有一点粘连。这时候，陶瓷加工的工作又开始了。

昆虫使劲挤压黏土盆超厚的边缘，为肉食做好模具，最后让肉食的顶部被一层很薄的内壁包裹住，而其余部分则由一层超厚的内壁包住。顶部的内壁上，留有一个环状软垫；这儿内壁的厚度与往后在顶部钻洞进粮库的虫宝宝的瘦小程度成正比。随之，这个环状软垫也进行压模，形成一个半圆形的窟窿，卵就产在里面。

经过挤压黏土盆的周围，使它慢慢封口，形成孵化屋，加工葫芦的程序就结束了。这道程序尤其需要较高的技术。在做葫芦把儿的时候，一定要一边紧压肥料，一边沿着轴线留出通道作为通风口。

我感觉建造这个通风口相当困难，因为计算稍稍有点差异，这个狭小的口子就会马上被堵住。我们最厉害的陶瓷师中最最手巧的师傅如果缺少一根针的帮忙也是做不成这件作品的，它把针先垫在里边，完工后，就把这根针取出来。这种昆虫就像那种用关节连着的机器木偶，在它自己都没有预料到的情况之下，就挖出了一条穿过大葫芦把儿的通道。如果它预料到了，或许就挖不成了。

葫芦制作完之后，就得对它进行装饰加工了。这是一件既费时又费工的装饰工作，要使曲线流畅完美，并在软黏土上留下记号，就像以前的陶瓷匠用拇指尖按在他的大肚双耳坛上的记号一般。

这件作品完成了，它将爬到另一具尸骸下面再一次开工，因为一个洞穴只有一个葫芦，多了不成，就像圣甲虫加工它的梨形小粪球一般。

情 节 评 述

本篇主要介绍了潘帕斯草原上一种名为法那斯米隆的食粪虫，法布尔幽默地用"蛋糕师"制作"蛋糕"来形容法那斯米隆加工粪球的过程，拟人手法的运用使得法那斯米隆的形象更加生动。

法布尔用实验的方式对法那斯米隆的"作品"进行了分析，得出这个葫芦形的粪球是以动物骨肉和皮毛为原料、为了繁衍后代而制作的。这种严谨的科学态度和实验精神，值得我们敬佩和学习。

环卫清洁工粪金龟

食粪虫以成虫的姿态完成整年的轮回，在第二年春季的欢乐节日中由自己的后代们围着，并且亲眼看着家里添丁进口，家人翻了一两倍，这在昆虫的世界里实属极其例外的。蜜蜂这种本能方面的贵族，一旦蜜罐装满也就随之死去；堪称服饰贵族的蝴蝶，把自己那成团的卵固定在安全之处后也随之离世了；满身披着铠甲的步甲虫，将自己的子女播撒在乱石下，随后也就走进黄泉了。

拟人手法。将蜜蜂、蝴蝶和步甲虫拟人化处理，生动形象地写出了蜜蜂的高贵、蝴蝶的美丽外观以及步甲虫身体有甲壳的特征。

其他昆虫也基本上是这样，除了有些群居的昆虫以外。群居昆虫的妈妈能够独自或在仆人陪伴下存活下来。规律是带有普遍性的：昆虫生来是没有双亲的孤儿。可我们要说的却是一种出乎意料的反常情况：卑贱的滚粪球匠却逃过了那种扼杀高贵者的残忍规律。食粪虫安享晚年，成了长寿老人，而且鉴于它所做的贡献，它也的确当之无愧。

将城市与乡村对比展现出食粪虫的重要性，同时说明城市发展建设进程中还有许多工业文明不能完美解决的问题。

有一种公共卫生要求在相当短的时间里把所有腐烂的东西全部清理干净。巴黎到现在还没有解决它那恐怖的垃圾问题，这早晚会成为关乎这座巨大城市生死存亡的问题。大家在琢磨：这城市之光会不会有那么一天被土壤里包含的腐烂物散发出的恶气给熏得熄灭了？居住着数百万人口的大城市虽拥有无尽的智慧、财富，但也有没办法解决的问题，一个小小的村落却不用花钱、不用操心费力就给解决了。

大自然对乡下的清洁卫生非常关心，但对城市的舒适却漠然置之，虽说还算不上是带有敌意。大自然为田野乡间创造了两种清洁工，什么也不能使之倦怠厌烦、懒散疲劳。第一种是葬尸虫、苍蝇、食尸虫类、皮蠹、阎虫科，它们专门解剖尸骸。它们把尸骸分离切碎，在自己的胃里把烂肉碎尸消化掉以后再还给生命。

拟人手法。将食粪虫等昆虫拟人化处理，清洁工身份的赋予，能够让读者快速明白这些昆虫在自然界中的作用，也更加具体和生动地体现了食粪虫的勤奋。

一只鼹鼠被耕作的农具划破了肚皮，它那已经发紫的内脏把田间小径弄得很脏；一条在草地上休息的蛇被路人踩死，这个傻蛋还以为自己是除了祸害，做了好事；一只还没长毛的鸟宝宝从窝里摔下，落在托着它的窝的大树下边，可怜兮兮地摔成了肉饼。成百上千的这种碎肉残尸到处都有，如果不赶快地给予清除，那么臭气就会成为相当大的公害。但我们也不用害怕：这种尸骸一旦在某地出现，小收尸工们就会立刻赶到。它们随时对尸骸进行处理，掏空内脏，吃得只剩下骨头，或者至少要把尸骸弄得就像一具干尸。不到一天，死去的鼹鼠、游蛇、鸟宝宝就没了踪迹，环境卫生保持住了。

夹叙夹议。记叙和议论穿插进行，一边记录动物的意外死亡，一边通过议论表明自己的态度，最终凸显出动物作为"清洁工"的重要性。

第二种清洁工也同样是热情高涨的。城市里为了清理卫生而在卫生间里用氨水消毒，气味相当难闻,农村里的卫生间就不用洒氨水。农民在需要独自一人待着时,一丛荆棘、一道藩篱、一堵矮墙便可避人耳目。不用多说,你一定会知道这人在那里做什么。当你被一簇簇长生草、很厚的苔藓,以及其他一些漂亮的东西装扮的旧瓦陈砖所吸引,走近一堵好像为葡萄培土的矮墙角时,哇!在这相当漂亮的隐蔽处跟前,那是一大堆什么东西呀!你赶紧逃之夭夭,青苔、长生草、苔藓等都不再吸引你了。你次日再去原地瞅一瞅,那堆东西没有了,那块地方变得干净了:食粪虫路过了这里。

防止经常出现的妨碍观瞻的东西被人看到,对于这些勇士们来讲,只是它们责任中最不起眼的一项;它们肩负的是相当高尚的使命。科学向我们证明,人类最恐怖的各种灾难都能在微生物中找到根源。微生物和霉菌相近,属于生物圈里极边缘的物种。在流行病暴发时期,这些恐怖的病原菌在动物的排泄物中大量地加速繁殖。它们污染着空气和水这两种生命生存所需的第一要素;它们散落在我们的食物、衣物上,把疾病传播开。只要是被这些病原菌污染了的东西全部都要用土深埋掉,用消毒剂消灭掉,用火烧掉。

为了保险起见,绝不能让垃圾存积在地面上。垃圾是不是无害?垃圾是不是危险?虽然拿不准,但最好还是把垃圾消灭掉。早在微生物让我们懂得这种警惕是多么必要以前,古代的贤哲似乎就已经清楚了这一点。东方民族比我们更容易受到传染病的危害,他们早就在这方面掌握了一些确切的规律。摩西是古埃及这方面科学的传播者,当自己的人民在阿拉伯沙漠中流浪的时候,他已经在法典中规定了处理这些污染物的办法。他说道:"你为了解决自己的内急,你必须走出营地,带上一根尖头棍子,在沙地上挖个坑,然后再用挖出的沙子把你的污秽物埋藏起来。"

这种处理办法简单当中透着重大意义。不能否认,如果在大规模朝觐克尔白圣庙期间，伊斯兰教采用这种措施以及其他一些相同办法的话，麦加就不会年年都成为霍乱的发源地，欧洲也就无须在红海两岸设防以避免瘟疫的蔓延。

普罗旺斯农民也同自己祖先中的一支——阿拉伯人一样不讲究卫生，根本不考虑这方面的危险。幸好，摩西训诫的忠实执行者——食粪虫在为此而辛勤耕作。掩埋、消灭带菌物质的全都是它。以色列人一有内急要解决就腰里带着一根尖头棍跑出营地，而食粪虫也随时赶到，还带着比以色列人的尖头棍更高级的挖掘道具。解手的人一撒，它就马上挖出一个坑井，把脏物深埋掉，不再有危害。

这帮掩埋工所做的服务对于野外的环境卫生意义相当重大；而我们，这种净化工作的主要受益人，反而对这些小勇士有点看不起，还用难听的话说它们。做好事，不被人理解，反遭恶名，被石头打死，被人用脚踩死。刺猬、蟾蜍、蝙蝠、猫头鹰，以及其他一些为我们工作的动物便是明证，它们不要求我们什么，只是希望我们多少有点善心。

那些垃圾秽物肆无忌惮地暴露在太阳底下，而保护我们不受伤害的，在我们这一带，最英勇顽强的勇士就是粪金龟。这并非因为它们比其他的埋粪工勤快，而是因为它们有一副好的身板，能干苦活、累活。再说，当需要稍微恢复一下体力时，它们便喜欢对我们最恶心的秽物下手。

我们周围有四种粪金龟在做这项工作。有两种

作者对许多动物为人类提供了清洁的环境却惨遭打死、碾死等现象直接发表议论，表达了作者对于粪金龟等昆虫"清洁工"辛劳工作的肯定和对人类的善意警醒。

（野生粪金龟和突变粪金龟）比较少见，我们也就不专门去研究、观察它们了；反之，另外两种（伪善粪金龟和粪生粪金龟）却很常见。后两种粪金龟背部黝黑，胸前都穿着华丽的衣服。看到专门淘粪的工人竟穿得如此美丽，我不禁惊讶无语。粪生粪金龟面部下边像钻石般闪亮，而伪善粪金龟的面部下边则闪耀着黄金的光芒。我笼子里养着的就是这两种粪金龟。

我们首先来看看它们作为掩埋工都有哪些能耐。笼中一共有十二只，两种粪金龟混在一块。笼子里原来放了很多食物，这一次事先把所剩的食物全部清理掉了。我想算一下一只粪金龟一次能掩埋多少东西。落日时分，我把刚在我家门前拉的骡子的粪便放进笼子里去给那十二个犯人。那堆粪便不算少，可以装上一篮子的。

次日早晨，那堆骡粪全都被埋在地下了。地上差不多一点也没有了，最多有点碎渣什么的。我因此可以大概算出：按每只粪金龟都做了相同的工作量，那它们每只都掩埋了大概有一立方分米的粪便。如果我们想到它们那弱小的身躯又得挖洞又得运物，那真叫人惊叹：这可真像巨人泰坦做的工作呀。而且，这才仅仅用了一个晚上而已。

它们存粮这么丰富，是否就守着财富待在地下不动了？绝不是这样的！现在正是大好时光。黄昏来临，宁静温馨。现在正是心情舒畅、精神振奋的时刻，也正是去远处大路上觅宝寻物的时候，因为

直接抒情。用第一人称直接抒发自己的情感，以表达对于粪金龟小小身躯却能独立掩埋一立方分米大粪堆的赞叹之情。

路上有牛羊群放牧回去。我的住客们离开了地窖，返身回到地上。我听见它们簌簌地在爬栏杆，冒失地撞到壁板上，傍晚时的这番热闹气氛我是早知道的。我白天已经收集了与前一天一样丰富的食物，正好拿来喂给它们。到了夜间，这些食物又都不见了踪迹。次日，地面上又干干净净的了。只要夜色美好，只要我总有充足的东西满足这帮贪得无厌的敛财奴，那么这种情况就永远会持续下去的。

　　尽管食品已异常丰富，粪金龟在日落时候还是会离开，在太阳的余晖中玩耍，并去寻找新的开发工地。对于它们来讲，好像已得到的并不算什么，只有还没得到的才有价值。那么，每个傍晚那美好时刻它们所更新的粮食仓库，到底用来做什么呢？很显然，粪金龟一夜之间是没办法消费完这样丰盛的食物的。它们储存的食物多得已经不知道如何处理；它们只知累积，却不完全利用。然而，它们总也不满足于自己那满仓的粮食，每晚还在拼命地忙着往储藏室里运送。

　　它们随处建造仓库，每天只要遇上哪座仓库就在那里弄点吃上一顿，吃不了的就差不多全部剩在那儿。我从笼子里喂养的粪金龟来看，它们那种掩埋工的本领要比作为消费者的食欲来得紧迫。笼子里的地面在增高，我必须随时把它弄平。如果我把土堆挖开，我便发现坑井中堆满了粪便，厚厚的，一点没动。原来的泥土已经变成了土和粪的结块，很难分开，如果我要继续观察而不至于搞错，就得

通过对粪金龟对于食物贪得无厌，拼命积攒却消费不完的描写，说明对喜爱的事物，我们也应当保持一种适度的原则。

大加清理才可以。

想要把结块中的粪便分离出来，总免不了有误差，不是多了，就是少了，与标准的量很难一样，但从我的观察中，有一点是明白无误的：粪金龟是很热情的掩埋工，它们往地下运送的食物远远超过它们日常的需要。这样的一种掩埋工作是由很大一群出力多少不一的合作者的劳动大军完成的，所以很明显，土壤的净化在相当大的程度上得到实现，而且有这么一支辅助性的劳动大军在做贡献，公共卫生的保持也才能有希望，这是值得高兴的。

此外，植物以及因它的连锁反应而连带的很大一批生物也得益于这种掩埋工作。粪金龟埋到地下并于次日抛弃的那些东西并没有丢失，也没有丧失其利用价值。世界的总结算中什么都不会丢失的，清单的总数是永远不变的。粪金龟埋起来的小块软粪便将会使周边的一簇禾本植物枝繁叶茂。一只绵羊路过这儿，把这丛青草吃掉。羊长得又肥又壮，人也就有了美味的羊肉可以享用。粪金龟的辛勤劳动给我们带来了一块鲜美的肉。

九十月份，当头几场秋雨浸透土壤，圣甲虫好不容易打破出生的牢笼时，伪善粪金龟和粪生粪金龟开始建设自己家的住宅，这住宅建造得十分简陋，有辱这些享有挖土工美称的功臣们。如果单单是挖掘一个避难场所以预防冬季的严寒的话，粪金龟倒也不辜负挖土工之美名：在井的深度、工程之速度和完美度方面，没有谁可以和它们相提并论。在沙土地和不难挖掘的土地上，我曾经发现一些洞坑，洞深竟达一米。有的还能挖得更深，我因为没有耐心，再说工具也不合手，也就没有去挖挖看到底有多深。这就是粪金龟，熟练的挖井工，无人可及的打洞者。如果天寒地冻，它会进到不用担心霜冻的地洞里。

但是，建造后代的住宅就是另一回事了。美好季节转瞬即逝，如果要给每只宝贝配备一个这样的地堡，那时间是不够的。要挖掘一个深洞，粪金龟就必须把冬天来临之前的空余时间全都用上，没有其他办法。要使避难所非常安全，它们就得把心思全用在建造房屋上，暂时不能去做别的事情。可在产卵期间，这么辛勤地工作是不可能的。时间过得相当快，粪金龟得在四五个星期内给好多的后代住的吃的，这就没法长时间地去挖深井了。

粪金龟为它的虫宝宝挖的地洞并不比西班牙蜣螂和圣甲虫挖的深很多，尽管季节不一样。就我在野地里所发现的地洞来看，也就是三十厘米左右，尽管那里土十分好挖，挖多深都可以。

这种简陋的住处就像一段腊肠或血肠，长度不超过二十厘米。这段"腊肠"是不规则的，有时弯曲，有时又有些凹凸不平。这种不完美的情况是由石头地的高低起伏所导致的，粪金龟是垂直和直线的挖掘工，没办法总是按照自己的艺术准则去挖掘。于是，与地道紧贴在一起的食品也就很诚实地再现了其模具的不规则性。地洞底部是圆的，就像腊肠底部一样。这圆圆的底部就是孵化室，这圆形的孵化室可以放下一只小开心果。因胚胎的需要，室的侧壁很薄，空气能很轻易地透进来。在孵化室里，我看到有一种带点绿的黏液在发亮，那是疏松多孔的粪核的半流质状物体，是粪金龟妈妈吐出来喂给新生宝宝的第一口食物。

卵就睡在这个圆圆的小屋里，与四周没有任何接触。卵是白色的，呈加长的椭圆形，和成虫的体积相比较，卵的体积够大的了。粪生粪金龟的卵宽有四毫米多，长有七八毫米，比其他粪金龟卵的体积要稍微小一些。

通过阅读本篇内容，我们不难发现在《环卫清洁工粪金龟》中拟人的手法贯穿全篇。基于粪金龟清理加工粪便的生活习性，法布尔对其进行拟人化，将它和人类世界的清洁工相对应。"清洁工"的身份清晰地向我们说明了粪金龟在自然界的分工。

除了通过笼中实验对粪金龟的埋藏能力进行观测，法布尔还揭示了粪金龟喜欢囤积粪球和擅长挖洞的特点。通过直接抒情的方式，作者表达了对粪金龟在自然界环境清洁方面的重要性的喜爱和赞美之情。

勤劳的圣甲虫

做窝筑巢、维护家庭，表现的是许多本能特性中最崇高的一种。鸟儿这灵巧的建筑师告诉了我们这些，在本能方面更加多元化的昆虫也让我们认识了这一点。昆虫对我们说："母爱是本能的崇高灵感。"母爱旨在维护族类长期繁殖，这是比起保护个体利害更加相关的大事，因此母爱要唤醒反应最慢的族类，使之高瞻远瞩。母爱远远高于神圣的源泉，不可想象的心智神光便孕育当中，并会突然迸射而出，使我们领悟一种避免出错的理性。母爱越强，本能越优。

在这方面最值得我们注意的是膜翅目昆虫，它们身上凝聚着最充分的母爱。它们将所有的本能、才智都给了自己的子孙后代以觅食谋屋。为了其复眼将再也看不到而其母爱之预见性深深了解的家族繁衍，它们都成了种种天赋才能的高手。有的是棉织品和许多絮状物品的编织高手；有的是细叶片篓筐的能工巧匠；有的是泥瓦匠，制造水泥房间、砖石屋顶；有的是陶瓷专家，用黏土做出高档的尖底瓮、坛罐和大肚瓶；有的擅长挖掘，在潮湿闷热的地下建造神秘的宫殿。

它们掌握着多种技艺，与我们人类所掌握的相似，甚至有些还不为我们所知，而它们却在用于房屋的建设。随后还得考虑将来的食品：一堆堆的蜜，一块块的花粉糕，细心制作的风味罐头……这样的工程是专门以家庭的未来为目标的，其中闪耀着在母爱的鼓励之下的本能的各种最高表现。

　　昆虫学范围内的另外一些昆虫，母爱一般来说都很肤浅，敷衍了事。几乎很多的昆虫只是把卵产在合适的地方就不管不问了，任由虫宝宝冒着危险和死亡去寻找住所和食物。抚养如此大意，才能有没有也就无所谓了。莱喀库斯把多种艺术都从其共和国驱赶出去，他指责这些艺术是使人们萎靡不振、意志消沉的东西。就这样，在以斯巴达方式养育的昆虫中，这些本能的高超灵感也就被去除掉了。母亲从温柔甜美的育婴中摆脱出来，那么一切特性中最最优秀的智能特性也就逐渐减弱，直至灭亡，因为对于动物也好，对于人类也好，家庭的确是尽善尽美的源泉。

　　如果说对子孙后代无微不至、体贴入微的膜翅目昆虫令我们称赞，那么不顾后代死活，任其存亡的其他昆虫相比之下就显得很不像话了。而所说的其他昆虫则几乎是昆虫的全部，就我所了解，在各地的动物志中，只见过第二个例子，这种昆虫为自己的家人准备生活所需，就像采蜜的昆虫和埋野味篓的昆虫一样。

　　而奇怪的是，这类在细腻的母爱方面可与以花为食的蜂类相媲美的昆虫，竟然是以垃圾为对象，以净化被牲畜弄脏的草地为任务的食粪虫类。要想再找到既不忘母亲职责又有丰富的母性本能的昆虫妈妈，就必须离开芳香四溢的花坛，转向街道上被骡马拉下的粪堆。大自然中相似的两个极端到处都是。对于大自然来说，我们的美和丑，我们的干净与龌龊算个什么？大自然以脏创造出鲜花，用一点点粪便就能给我们创造出优良的麦粒。

　　每种食粪虫尽管天天与粪便打交道，但却享有一种美称。它们一般都身材小巧，穿戴庄重而且无法挑剔地光鲜，身子胖乎乎的，呈短壮体形，额头和胸廓上都佩戴着新奇饰物，因此在收藏家的标本盒里显得光亮照人，尤其是我国的那些种类，乌黑油亮，外加一些热带的品种，金光闪耀，油黑发亮。

它们是畜群中挥之不去的客人，但它们身上却散发出一种苯甲酸的淡淡香气，可以净化一下羊圈里的空气。它们那田园诗歌般的习性令昆虫分类词典的编纂者们大为震撼，因此他们这些以前不怎么关心其死活的学者们，这一次却改变了看法，对它们进行介绍时也用上了一些听起来好听且较容易记的名字：梅丽贝、迪蒂尔、阿媪达、科利冬、阿莱克西丝、莫普絮斯等。这些名字都已是古代田园诗人们常用且叫红了的名字。维吉尔式的田园诗中的词汇用来歌颂食粪虫了。

一坨牛粪堆儿上，瞧它们你争我夺的劲儿呀！从全球各地蜂拥而至的加利福尼亚的淘金者们也没有它们的那股狂热劲儿。在太阳很毒之前，它们成千上万地跑来，形状各异，大大小小，体形有短有长，品种齐全，全都乱糟糟地滚来爬去，准备在这个大蛋糕上为自己占上一份儿。有的在露天干工作，在表层搜刮；有的钻进厚厚的牛粪堆里，挖出地道，寻找好的矿脉；有的开凿底层，立即把财宝埋进地里；那些小而无力的则待在一旁捡拾那些身强力壮的伙伴们掉下的渣渣屑屑什么的。有几个新来的想必是饿得受不了，在原地就吃上了，但大多数都是想大捞一把，藏在安全之处，以备需要时用。当你想置身于遍地百里香的原野时，一点新鲜牛粪都看不到，突然来到这里，见到这么大堆大堆的宝贝，那真是天赐之物呀，只有幸运的人才有这个福分。因此，

拟人手法。将食粪虫拟人化，将昆虫的外观对应人类的体态和穿着。昆虫鲜艳的颜色被描摹为光鲜的衣着，身上的纹理被描摹为饰物。通过拟人手法，我们对食粪虫鲜艳的外表和布满纹路的特征有了更清晰的了解。

拟人手法。将圣甲虫对粪球的渴望和淘金者对财富的渴望作为联通点进行拟人化比较，使得圣甲虫搜集粪便和埋藏粪便的情景变得更加生动形象，不同圣甲虫之间的关系也更为具体。

思考：你能仿写"有的…… 有的…… 有的……"这样的排比句式吗？

它们便把今天这些宝贵财富小心翼翼地收藏起来。粪香四溢，方圆一公里都能闻到，食粪虫们得到消息纷纷赶来，抢夺、瓜分这些美味食物。有几个落在后面的连跑带飞地正忙着往前赶呢。

那个生怕到得太晚而向着粪堆一路小跑的是哪一个？它那长长的爪子僵硬笨拙地倒腾着，好像它的肚腹下面有一个机械在推动着似的；它的那对棕红色小触角大大张开，透着垂涎欲滴的急躁不安。它在拼命地赶，它赶到了，还撞倒了几位美食家，它就是圣甲虫。圣甲虫一身墨黑，是食粪虫中个头儿最大、名气最响的一种。古埃及对它尊重备至，把它视为长生不老的象征。它已入席，与其同桌的食客并肩战斗。其他食客们正在用自己宽大的前爪心轻轻地拍打粪球，进行最后的制作，或者再往粪球上加上最后一层，然后抽身而去，回家舒舒服服地享用自己的劳动成果。我们来瞅一瞅那有名的粪球的一道道制作程序。

圣甲虫头部一圈是个帽子，扁平宽大，上有六个细尖齿，排成半圆。这就是它的切割和挖掘工具，是它的耙，可以用来撬起和抛撒无养分的植物纤维，把好东西拢在一起积聚起来。挑选食物就是这样进行的，因为对于这些精细的专家来说，好与坏它们是十分清楚的。如果圣甲虫是为自己寻找食物的，它们选个差不多就行了，但如果是为了自己的儿女着想的，那它们则会严格筛选，细致入微。

为解决自己的食物问题，圣甲虫并不挑剔，大

"向着粪堆一路小跑的是哪一个？"这里采用设问的方式，引发读者的阅读兴趣，集中读者的注意力，也揭示了圣甲虫的行为习惯。

概地选一选就行了。它用带齿的头盔挑一挑、拱一拱，去除不需要的，然后把其他的整理一下就可以了。两条前腿一起用力地忙乎。其前腿是扁平的，弯成弓状，上有粗壮的花纹脉络，外侧备有五个硬齿。假如需要用力推开障碍物，在粪堆中最厚实的地方清出一条道来，圣甲虫便用肘力，也就是说用它带齿的前腿右拨左扫，再用齿耙用力一耙，便扫出一个半圆形的空地来。场地清理好之后，前腿还有另一个工作要做：把顶耙耙到的东西整理在一起，弄到自己的肚子下面的后面四只爪子之间去。这后面四只爪子天生就是为了做旋工工作的。这些足爪，尤其是那最后的一对，细而长，微微弯曲成弓形，顶端长着一个很锋利的尖爪。稍稍看上一眼就会知道它们好像圆规，在它弧形支脚之间，环成一种球形，可以测量球面，制作球形。它们的功能确实是制作粪球的。

食物一耙一耙地被耙到肚子下面的四条腿中间，后腿再稍微一用力，就把粪球的大体轮廓按腿部线条给挤压成了。然后，这雏形粪球动不动就被四条后腿形成的两副圆规摇动、挤压，逐渐变小变实，再由肚子加工，粪球的形状趋于完善。如果粪球表面层太硬，有脱落的危险的话，或某一部分纤维太多，无法旋的话，前腿就对不合适的地方再进行加工，它们用宽大的拍子轻轻拍打粪球，使得新增加的东西与原来的拍得很实的合在一起，并把那些不容易粘连的东西拍实在粪球上。

采用比喻说明的方法，浅显而生动形象地展现出圣甲虫足爪的弓形形状和类似圆规的形态特征，这些特征使得圣甲虫可以测量粪球面的大小。

烈日炎炎，制作工作在紧张进行当中，你可以看到旋工的工作干得多么的利索，让你敬佩。那活儿如此飞快地进行着：一开始是个小弹丸，现在变得像一粒核桃，不一会儿就有苹果那样大小了。我以前见过食量大的圣甲虫竟然旋出一个像拳头那样大小的粪球。那肯定得花好几天的工夫。

储备的食物制作完之后，现在就得撤出混乱的战场，把食物搬到合适的地方。这时候圣甲虫最令人惊奇的习性就表现出来了。圣甲虫抓紧时间上路了：它用两条长后腿搂住粪球，而后腿尖端利爪则插入球体当中，当作旋转轴；它以中间的两条腿作为支点，而以前腿带护臂甲的齿作为杠杆，双足轮换着按压，弓身、低头、翘臀，倒退着护送粪球。后腿是这部机器的主要零件，它们在不停地运转；它们一来一回，变换着足爪，以调整轴心，让负载品保持平衡，并在其一右一左的交替推动之下，把粪球往前滚动。这样一来，粪球表面各点都轮流地接触地面，使它不停地碾压，形状更加完美，而球面硬度因均匀地受压而变得一致。

加把劲儿呀！好了，它滚动了，它一定会被运到家的，当然少不了遭到困难。这一个困难说来即来，但还不算严重：圣甲虫碰到了一个斜坡，沉重的粪球要顺着斜坡滚下去的，但是圣甲虫认定了自己的理儿，偏要横穿这条大道，这可够大胆儿的，如果一失足，稍踩到一点碍事的沙子，就会失去平衡，那么就前功尽弃了。不出所料，它脚下一滑，

动作描写。通过搂、接、按压、弓身、低头、翘臀和护送等一系列动作的细节描写，生动形象地呈现出食粪虫运送粪球的过程，描写充满了趣味。

夹叙夹议的写作方法，一方面描写了圣甲虫的搬运过程，另一方面又评论其为"不明智"的想法，传递出作者的幽默感和对圣甲虫的喜爱。

粪球便滚到沟里去了；圣甲虫被滑落的粪球一带，弄了个肚皮朝天，手脚乱蹬乱踢的。它终于翻过身来，追赶粪球。它的机器更加卖力地工作起来。——该小心点儿了，笨蛋；沿着沟底走，既省力又安全；沟底路好走，非常平坦；你不用太用力，粪球就能向前滚动的。——可是圣甲虫偏不听，它非要再往那个对它来说是非常危险的斜坡走。可能再登高处对它来说是合适的。对此我无语，相对于身居高处的优越性而言，圣甲虫的看法比我的看法更有道理。——可你至少该走这条路呀，那是个缓坡，你很容易从那儿爬到顶上的。——它根本就听不进去，如果有什么很陡的、没办法攀登的斜坡，那个不听话的家伙就非要选中它。于是，西西弗斯的工作开始了。它小心翼翼地、一步一步地、非常艰难地往上滚动那巨大的粪球。它一直是倒退着在推动。我在琢磨，它是运用何种功夫把这么个庞然大物稳定在斜坡上的。啊！稍有一点儿协调不好，它便白忙活了半天：粪球滚落下去，把它也连带着摔了下去。然后，它又开始往上爬，不一会儿又摔了下去。它随后又往上爬，这一次走得很好，艰险道路总算通过了，原来是一个禾本植物的根在捉弄它，让它摔下去好几次，这一次它小心地绕开了这个该死的根。再用一把力就到顶了，但要谨慎再谨慎啊。道险坡陡，稍有不慎便白费力气了。你瞧，脚踩在光滑的卵石上，一滑，粪球和圣甲虫一起连滚带翻地又滑下去了。可圣甲虫又开始往上爬，仍旧坚强不息，没有什么能使它后退的。十几次、二十几次地试着这老也爬不上去的攀登，最后，它或者是以顽强的意志战胜了千难万阻，或者是经过更加缜密的思考，承认自己之前所做的是无谓的努力，从而选择了平坦的道路，终于如愿以偿，完成了任务。

圣甲虫并非总是单独地运送那贵重的粪球，它经常要找一位伙伴帮忙，或者说得更准确一些，是朋友主动跑来帮忙。一般情况下是这么做的：一只圣甲虫做成了粪球之后，便爬出混乱的群体，倒退着推动自己的胜利品离开工地，最晚赶来的那些圣甲虫中有一只在它的身边，刚开始在制作自己的粪球，便突然放下手中的工作，奔向滚动着的粪球，助那个幸运的拥有者一臂之力，后者似乎很愿意接受这种帮助。这之后，这两个伙伴便联起手干起工作来。它俩争先恐后地努力把粪球往安全的地方搬去。在工地上难道真有过协议，双方默许平分这块蛋糕？在一个制作粪球时，另一个是否在挖掘富矿脉以提取原料，增加到共同的财富上去呢？我从来没看到这种合作，我一直看到的都是每只圣甲虫独自地在开采地点忙着自己的工作。所以，后来者是没有任何既定权益的。

那么，是不是异性间的一种合作，是一对圣甲虫在忙着成家立业？有一段时间，我也这么想过。两只圣甲虫，一前一后，充满激情地在一起推动着那沉重的粪球，这让我想起了曾经有人手摇风琴唱着的歌词：为了布置家业，咱们怎么办呀？——我们一起推酒桶，你在前来我在后。然而通过解剖，我便不再认为这是夫妻恩爱的场景了。圣甲虫从外表看上去是分不出公母的。因此我把两只一起搬运粪球的圣甲虫拿来解剖，我发现它们常常是相同性别的。

既没有家庭共同体，也没有劳动共同体，那么这种表面上的合作存在的理由是什么呢？理由很简单，那就是想打劫。那个热心的伙伴假借着帮忙，其实是心怀鬼胎，一有机会就会抢走粪球。把粪粒

圣甲虫这种表面"合作"实则企图窃取劳动果实的行为显示出昆虫界奇特的生存法则。

做成球，既累人又要有耐心。如果能抢个现成的，或者能强行入席，那可就合算得多了。如果主人没有警觉，帮忙者就可抢了粪球逃之夭夭；如果主人的警觉性相当高，那就以自己也出了一份力为由，与主人同席共进美食。这一办法怎么都可获利，因此抢夺就成了收益最好的一种手段。有的就阴险狡猾地这么去做了，正如我刚才说的那样。它们兴冲冲地去帮一位伙伴，其实它根本用不着它们帮忙，而且它们装着好心，实际上骨子里却埋着不可告人的贪欲。还有一些圣甲虫，也许更加大胆，更加坚信自己的实力，干脆直奔主题，强行抢走别人的粪球。

这种抢劫无处不在。一只圣甲虫独自推动着自己经过努力劳动所获得的合法收益静静地离去了。另外一只，也不知是从哪里钻出来的，跑来抢夺，身子重重地落下，把被煤熏了似的翅膀收在鞘翅下面，然后举起带锯齿的臂甲的背面拍倒粪球的主人，后者正在忙着推动粪球，根本就没有招架之力。当受袭者用力挣扎，重新站稳脚跟时，攻击者已经站在粪球高处，那是打败对手的最有利的位置。它把臂甲收回胸前，准备应战，以备不测。失窃者围着粪球来回转，寻找有利的出击点；盗窃者则站在城堡顶上不停地转动，一直面对着失窃者。如果失窃者立起身来攀登，盗窃者就朝前者的背部狠狠地一击。如果进攻者不改变策略来收回失物的话，那防守者因占据城堡高处，必定一次又一次地挫败对手的进攻。这个时候，进攻者企图把城堡及其守卫一起推翻。粪球底部受到摇晃，开始缓缓滚动起来，盗窃者也跟着滚动，但它想尽办法一直立于粪球的上面。它做到了，但并非一直如此。它在不停地急速跟着转动，使自己保持平稳。一旦脚下一滑，优势没有了，那就只好与对手短兵相接，两者身体对身体、胸部对胸部，你撞我顶开来。它们的爪子绕在一起，节肢缠绕，角盔相碰，发出金属碰撞的尖厉之声。之后，把对方掀翻，挣脱出来的那位便匆匆忙忙爬上粪球顶端，抢占有利位置。围困又开始了，有时抢掠者被包围，有时被抢者受包围，这全由肉搏时的胜败来决定。抢劫者无疑胆大包天而且敢于冒险，常常占据上风。所以，被抢劫者经过两次失败之后，便没有了斗志，明智地回到粪堆去重新制作一个粪球。而那个抢劫得手者十分害怕已经解除的险情会重新再来，便把抢夺来的粪球，赶快往自己觉得安全的地方推去。有时候，我还看见有第二个抢劫者突然光临，抢夺前一个窃贼的赃物。说句心里话，我对它并不讨厌。

我徒劳无功地在琢磨，那个把"财产就是赃物"这个胆大的狂言谬语运用到圣甲虫的习俗中的普鲁东是何方神圣？那个把"武力胜过权力"的野蛮法则在食粪虫当中加以发扬光大的外交家是谁？由于手头没有资料，我无法追本溯源地探清这些习以为常的抢掠手段，无法搞清楚这种为了抢掠粪团而滥用武力的理由，我所能肯定的只是骗取抢劫是圣甲虫的一种常用手段。这些运送粪球的昆虫互相之间你争我夺，毫无顾忌，我还真没见过别的昆虫这么厚颜无耻地干过。索性，我把这种昆虫心理方面的问题留给未来的观察者们去探索吧，我还是回过头来聊聊那两个合伙运送粪球的小东西。

尽管用词不那么贴切，我还是称那两个合作伙伴为合伙运送者。它们中一个是强行入伙，而另一个则可能是没有办法地接受的，恐怕会碰到更大的不测。它俩的相遇倒还算友好。合伙者到来的时候，物主正一门心思在干自己的工作；新来者似乎怀着相当大的善意，立刻投入工作。它俩一拉一推，互相配合。物主占有主导位置，担当主角：它从粪球后面往前推，后腿朝上脑袋朝下。那个帮手则在前面，姿势与前者相反，脑袋朝上，带齿的双臂按在粪球上，长长的后腿撑着地。它俩一前一后把粪球夹在中间，粪球就这样滚动着。

它俩的配合绝非总是很协调的，尤其是因为帮手背对道路，而物主的视线又被粪球遮挡住了。因此，事故不断，摔个狗吃屎是常有的事，好在它们也坦然处理，摔倒了立刻爬起来，仍旧是各就各位，各司其职。即便是在平地上，这种运输方法也是事倍功半的，因为两者的配合没法天衣无缝，其实只需粪球后面的那只圣甲虫去干，就可以干得很快，而且干得更利落。那个帮手虽然差点儿弄得没办法运送，但在表现出自己的善意之后，决定休息一下，当然，它是不会放弃它已视作自己财产的那个宝贵粪球的。摸过的粪球就是自己的粪球。但它也不会漫不经心贸然行事的，否则对方会把它给晾在那儿。

它把腿收回到腹部下面，身子贴在（可以说是镶在）粪球上，与之合为一体。粪球和这个贴在其表面上的帮手在合法主人的推动下一起往前滚动着。起初，粪球在它的身下，随着粪球的滚动，它忽而在上，忽而在下，忽而在左，忽而在右，它绝不在乎。它就是要帮忙帮到最后，而且是默默无闻的。这种帮手真不常见，让别人用车推着自己，还要得一份儿报酬！这时，前方遇见一个大斜坡，它只好帮一把了。运到陡坡上时，它当上了排头兵，只见它用自己那带齿的双臂猛拽住沉重的大粪球，而它的同伴，那个物主则在下面拼命抵住，一点点地往上顶着。我看见这两个合作伙伴，就这样一个在上方拽着，一个在下方顶着，相当默契地往坡上爬着，如果没有二者的并肩作战，只靠其中一个是没有办法把粪球推上去的。但是，不是所有的圣甲虫在这一艰难时刻都会表现出相同的热情。有一些圣甲虫在攀爬斜坡这种必须并肩作战才行的时候，似乎根本没有看见有困难要克服似的。当倒霉的西西弗斯在拼了小命尝试越过障碍时，另一位则高高在上，稳坐宝座，与粪球一同滚上、一同滚下。

我们假设那只圣甲虫很幸运，找到了一个忠实的伙伴，或者更好一些，假设它在途中没有遇上不请自来的同类。那么，一切照旧，可以进行下一步了。地窖已挖好，是一个在松土地上挖的洞，经常是在沙地上挖，洞不深，有拳头那样大小，有一条细道与外界相连，细道大小恰好够粪球进入。粮食一入地窖，圣甲虫就躲在家里，用藏于角落里的杂物把地窖入口堵住。大门一关，外面根本就看不出这里面有个宴会厅。大功告成，它万分高兴。宴会厅里到处都是按最高级方式准备的美好的东西！餐桌上摆满了奢侈丰盛的食物；天花板遮挡住烈日，只让一丝温暖湿润的热气透进来；心平气和，环境幽雅，外面蟋蟀的合唱声一阵阵传来，这一切都有助于肠胃功能的发挥。我神情恍惚，忽然觉得自己低头于地窖门口时，耳边隐约传来了愉悦的进餐曲，那是描写海洋神女该拉忒亚的歌剧中的著名唱段："啊！周围的一切都在忙忙碌碌时，无所事事是那么美好。"

　　谁敢去打扰这样的一个宴席上的那种悠然自得呀？但是，想探个究竟的欲望是什么都做得出来的，而这种胆量，我曾有过。我把我独闯民宅的事情记录在此。我看到只一个粪球几乎就把宴会厅塞满了，这奢侈的食物下触地板上顶天花板。一条狭窄的通道把粪球与墙体分开，食者就在通道上就餐，最多是两位，常常都只有一位，肚子贴在餐桌上，背顶着墙壁。座位一经选好，就不再挪动了，然后就放开嘴吃起来，没有一点小的争吵，那样会少吃上一口的；也不挑食，否则就会浪费食物。一切都得按先后顺序，一丝不苟地穿肠而过。看到它们如此尽心尽力地围着粪球在吃，你会认为它们早已意识到自己在完成大地净化的工作，它们知道自己献身的是那种以粪便培育鲜花的精密化学工程。鲜花让人赏心悦目，圣甲虫的鞘翅能点缀春意盎然的草坪。羊牛马等牲畜尽管消化系统很完善，但它们的排泄物中仍留有还没消化的东西，而圣甲虫则把它们残留下的那些物品加以利用，因此圣甲虫就必须具备一套完整的工具。果然，通过解剖我惊奇地发现它的肠道相当的长，盘来绕去，使得进入的食物得以慢慢地被吸收，直到最后一个可以利用的颗粒被消化掉为止。因此，食草动物不能吸收的东西，食粪虫类昆虫的高效蒸馏器却可从中提取一些财富，而这些财富经过稍稍处理，就变成了圣甲虫墨黑的铠甲和其他食粪虫类昆虫的金黄色的和赤红色的漂亮胸甲。

不过，这种令人惊叹不已的垃圾处理工作得在最短的时间里完成，这是环境卫生所限定的。而圣甲虫就具有这种其他昆虫可能没有的十分强的消化功能。一旦食物进入地窖里，圣甲虫就昼夜不停地吃着，直到把食物消灭干净才罢休。当你有了很多的实践经验，把圣甲虫关在笼子里养是相当容易的。我就是采取了这种办法获得了这些资料，这对了解著名的圣甲虫的高效消化功能大有裨益。

整个粪球就这么一点点地依次通过圣甲虫消化道。之后，圣甲虫隐士就爬出地面，寻找机会，找到之后，便再做粪球，一切就又重新开始了。

有一天，天气很闷，而且无风，这种环境很适合我喂养的圣甲虫们美食一顿。于是，我手里拿着表，守在一个露天进食者的面前仔细观看着，从早上八点一直盯到晚上八点。这只圣甲虫好像遇上了一块颇对胃口的食物，整整十二个小时，它都没停过嘴，始终待在餐桌前的同一个地点一动不动地在吃。晚上八点钟的时候，我最后看了它一次。只见它的胃口始终没减，那样子像刚开始吃时一样的带劲儿。这宴席还持续了一段时间，直到整个食物全部被消灭为止。次日，那只圣甲虫真就没在那儿了，前一天大嚼个没完的那块食物只剩下星星点点的碎末儿了。

时针转了一圈多，这么长的一幕就是进食，狼吞虎咽，精彩至极，但是，那消化的一出则更是妙不可言。圣甲虫前头不停地吃，后头则不断地排泄，那已不再含有营养成分的排泄物连成一条黑色细线，好像鞋匠的细蜡绳。它边吃边排泄，可见它消化之神速。刚一开始咀嚼，它那拔丝机就运转起来，直到最后几口吃完之后，这机器才停止运转。那根细蜡绳从头至尾没有出现断裂，一直挂在排泄口上，下面的则都盘成一堆，只要没有干透，便可以很容易展开来成为一条细长绳。

排泄的过程就像秒表一样精确。每隔一分钟，更准确地说是四十五秒，一小节排泄物就出来了，细绳便增长三四毫米。等细绳长到一定程度，我便把它剪断，放在刻度尺上量其长度。我测量的结果，总长度是十二小时二点八八米。晚上八时，我是提着灯最后一次去观察的，这之后，圣甲虫便继续吃夜宵，进餐与制绳工作又持续了一些时间，所以圣甲虫拉成的那根没有断头的细长绳总长大概为三米。

知道了绳长和直径，排泄物的体积便能很容易测算出来。而要算出圣甲虫的精确体积，同样也不难，只要把它放入有水的量筒，查看一下水位线就知道了。所获得的数据并非没有意义：这些数据告诉我们，圣甲虫一次连续十二个小时的进食竟然消化掉几乎与自己的体积相等的食物。多好的胃啊，消化能力相当强，而且消化速度又相当快！一开始咀嚼，排泄物便立刻被消化成细绳状，不停地拉长，直到进餐结束为止。在这台也许从不失业的蒸馏器里（除非制作的原料出现断货），原料一旦进入，立刻由胃囊进行制作，吸收至尽，之后排出。这使我突然想到，这么一座如此高效的清除垃圾的实验室在环

这里以圣甲虫十二小时消化的食物，回应了前文对于圣甲虫消化神速的描写以及测量排泄物长度的内容。

境卫生方面是可以起到一定作用的。

　　本篇对于圣甲虫的描写是围绕着它们做窝筑巢和繁衍后代的行为展开的。作者浓墨重彩地对圣甲虫搬运粪球的过程进行了描写，从一开始夫妻协作的猜测，到经过解剖意外发现两只是同性别的事实，设置了圣甲虫协作搬运的悬念，吸引读者继续阅读后续内容。

　　拟人手法的使用贯穿全篇。在圣甲虫运送粪球的过程中，两只圣甲虫共同运送是常态，但是两者却不是简单的伙伴关系，而是表面合作关系。共同运送粪球的结果，可能出现两者同进晚餐的情况，也可能出现食物惨遭后来者掠夺的情况。正是这种运输过程中的伙伴与抢夺者角色的转变，使得运送粪球的过程变得妙趣横生。

圣甲虫与粪球

一位年轻的牧羊人负责替我抽时间观察圣甲虫的活动情况。六月下旬的一个星期日，他兴致勃勃地跑来告诉我说，他觉得此时是研究圣甲虫的好时机，说他突然看见圣甲虫从地下爬出来，他便在它爬出来的地方翻找，在不很深的地方发现了一个奇怪的东西，就给我带了来。

那东西确实挺奇怪的，彻底地推翻了我原先以为很了解的那点情况。从形状上看，它就如一个小小的梨，也许熟过了头，颜色不新鲜了，变成了褐紫色。这个稀奇古怪的东西，就像车工车间车出来的漂亮玩偶，会是什么呢？是人工塑造形成的？是一个仿梨子制品给儿女玩的？我确实是这么认为的。儿女们围了过来，眼睁睁地盯着这个漂亮东西，都想拿走放进自己的玩具盒里。这东西形状比玛瑙漂亮，比杨木陀螺和象牙球更让人喜爱。实际上，这东西的材质并不显得上乘，但摸上去很结实，且带有很高艺术性的曲线。这没有关系，反正在深入了解它以前，我是不会把这个从地下找到的小梨给儿女们作玩具的。

设置悬念。本章以一个梨形的奇怪东西开头，设置悬念引发读者的阅读兴趣，吸引读者继续读下去找出梨形物的真相。

它真的是圣甲虫的杰作吗？它里面会有一个卵或是一条虫宝宝？牧羊青年肯定地对我说有。他说他在挖的时候没留意把一只一样的小梨给弄碎了，里面就有一颗白色的卵，如一颗麦粒那样大。我不怎么相信他说的，因为他给我带来的小梨与我所期待的粪球相差很大。

剖开这个令人疑惑的东西，看看它里面有什么，这也许是冒失的，即便如牧羊青年认定的那样里面有虫宝宝，我这样把它剖开可能会影响里面胚胎的存活。再说，我还想，梨形与所有知道的情况是矛盾的，很有可能是偶然形成的。谁知道以后会不会再遇上偶然的情况给我提供相同的东西呢？最好保持它原来的样子，静观其变，尤其是应该去现场看个究竟。

次日天刚亮，牧羊青年早已在那儿放羊了。我爬上山坡看到了他。山坡上的树木最近都被砍光了，夏季的毒太阳晒得人后脖子疼，好在还得两三个小时之后才晒得到我们。早晨，凉风降临，羊群在牧羊犬的看管下静静地吃着草，所以我和牧羊青年便一同搜寻起来。

很快就找到了一个圣甲虫的洞穴，上面新堆成一个鼹鼠丘，一眼便可认出来。我的伙伴用力地挖起来。我把我的小铲子给了他，我那把小铲子轻而结实，我每次外出都没忘记带上它，因为我见土就想挖一挖，总也改不了。我躺在地上，目不转睛，好仔细观察被挖开的洞穴内部的布置安排。牧羊青

景物描写。通过景物描写交代圣甲虫出没的时间和地点，便于读者了解圣甲虫的生活环境，也凸显出作者实地观察昆虫的辛苦。

年用小铲子挖着，用没拿铲子的手把浮土弄掉。

我们成功了：一个洞穴被打开了，只见那潮湿闷热的半张开的地洞里，一只完好的梨形粪球躺在那儿。是呀，说真的，第一次看到圣甲虫妈妈的杰作那印象非常深刻，永远也无法挥去。即使我是挖掘古埃及圣骨的考古学家，当我挖到某个法老的地下墓穴中的雕刻成圣虫的绿宝石，我也不会比这次更加激动的。啊！突然金光四射的真理被发现的愉快呀，什么愉快可与你相媲美呢？牧羊青年也万分高兴，他见我笑自己也笑，他看见我幸福欢快自己也喜形于色。

偶然的事不会重现，同一件事不会同样地再现，一句古老的格言就是这样告诉我们的。我已是第二次见到这种奇特的梨形粪球了。这种形状是不是特例？圣甲虫在地上滚动的那个类似球体的粪球是不是并不存在？我们继续挖下去，想再看看究竟是怎么一回事。我们又找到了第二个洞穴。和第一个一样，里面也有一只梨形粪球。这两个东西相同，简直就像一个模子里刻出来的。有一个细节颇有价值：在第二个洞里，在梨形粪球边上，圣甲虫妈妈怜爱地紧搂着梨形粪球，想必是一心一意地在对它进行最后的制作，然后自己就永远地离开这个洞穴。一切疑虑都解开了：我认识这个雕塑家，我了解它的杰作。

在上午剩余的时间里，我便只是对已经知道的这些情况进行充分的认证：在毒辣的阳光把我晒得不行只好离开挖掘现场之前，我已拥有很多大小几

实地观察。作者和牧羊人一起通过实地考察的方式寻找梨形粪球，回应前面的伏笔内容。这种实地考察和实验观察的行为也闪耀着科学精神的光辉。

同样是加工粪球，圣甲虫加工出的是梨形，而前文的法那斯米隆加工出的却是葫芦形，这和它们的加工工具以及生活方式有关。

乎一样、形状相同的梨形粪球。有很多次我都发现有圣甲虫妈妈在洞穴深处的车间里。

最后，再提一下后来我所了解到的情况。在六月底到九月份的整个大热天里，我几乎每天都到圣甲虫经常出没的地方去观察，我用小铲子挖开一个又一个洞穴，得到了一些超乎我所能期盼得到的资料。我从笼子里的饲养中又获得了另一些资料，这些资料真的也很珍贵，但与在田野里的自由空间中所得到的资料却无法相比。无论怎么说，我挖掘过不下百十来个洞穴，而且每次都能见到那种梨形粪球，却从来没有见到过圆圆的粪球，一次也没看到过书本上告诉我们的那种浑圆体的粪球。

通过作者的"错误"我们可以领会到，有时候权威也会犯错，因此我们不能盲从权威，要在实践中寻找答案。

这个错误我以前也犯过，因为我太相信大师们的话了。以前，我在安格尔高原的研究没有任何结果，我在实验室里进行的饲养也可悲地以失败告终，但我又一直想给青年读者们一个圣甲虫怎样筑巢做窝的看法，所以就接受了传统的浑圆粪球的荒谬说法，而且还通过对比推理，用另外的食粪虫的一些情况试着勾画圣甲虫宝宝的外形，造成了不可原谅的错误。

现在，我们来讲述一下这个真实的故事，并用我亲眼所见并且经常再见的事实作为根据。圣甲虫的地下窝巢在地面上一看就知，因为洞外有一堆浮土，好像一个鼹鼠丘，是圣甲虫妈妈把洞中挖出的土搬到洞外堆积而成的，好留出一个洞来。这个"鼹鼠丘"下开着一个大约十厘米的不太深的洞，有一条或直或曲的水平通道从洞底通到大概有拳头般大小的敞亮大厅。这便是地下室，虫宝宝被食物包裹着，在离地面几寸的地下，由炎热的太阳烘烤慢慢孵化；这也是圣甲虫妈妈宽敞的车间，它可以在里面灵活自如地把未来宝贝的蛋糕揉制、加工成为梨形。

这个粪球蛋糕倒躺时长轴线是沿水平方向的。其形状和大小让人想到圣诞节时的小梨子，色泽光鲜，香气扑鼻，提前成熟，让儿女们爱不释手。梨形粪球的大小几乎都差不多，最大个儿的长四十五毫米，宽三十五毫米；最小个儿的长三十五毫米，宽二十二毫米。

梨形粪球的表面虽然不像仿大理石那样光滑，但相当规则匀称，经过很小的红土颗粒精细打磨过。它原是十分松软的，宛如可塑性黏土，因为是刚刚做好的，但很快便因风干的缘故外表结起一层硬皮，用手指按都按不碎，比木头还硬。这层硬皮是一个保护膜，使得身在其中者避免与外界接触，可以非常安静地享受自己的美食。但是，如果连中间也被风干了，那就相当的危险了。我们以后将有机会来谈被迫面对太硬的蛋糕的虫宝宝的可怜处境。

圣甲虫蛋糕铺制作的是什么样的蛋糕呢？牛马骡是它的供货商吗？肯定不是。不过，我以前一直认为是的，而且每个看见它们在一大堆普通牛粪中玩命收集，为己所用的人，也都会这么认为的。它们常常就在那儿制作粪球，然后弄到沙土地下的某个隐蔽所去享受一顿。

拟人与比喻手法。将圣甲虫妈妈拟人化为蛋糕加工师，圣甲虫制造梨形粪球的地方被形象地比喻为车间，梨形粪球被比喻为蛋糕。比喻与拟人的结合生动形象地表现了圣甲虫加工粪球的过程，也表现了作者对圣甲虫的喜爱之情。

如果那种沾满草梗的粗糙蛋糕只是为了自己吃的话，那没有什么问题，但如果是给它们的小宝贝们准备的，那就不成了，它们必须去进行精细化制作，使其营养丰富并易于消化。它们需要的是绵羊留下的美味，而不是干瘪的牛拉下的一地黑蛋蛋；绵羊留下的美味是在它软湿的肠子中逐渐形成的单层硬糕点，这才是圣甲虫所要的材料，专门用于制作的面团。那不是马的那种无脂肪的粗纤维材料，而是有黏性且滑腻的均匀的物质，饱含着富有营养的汁液。这种材料因其黏性和滑腻而非常适于制作成梨形艺术品，而且它又柔软又可口，很适合新生宝宝嫩弱的胃。在这么一个小小的梨形体中，虫宝宝将可以获得十足的营养。

这就是梨形食物为什么这样小的原因所在。它这么小，以致我在看到圣甲虫妈妈正在揉制梨形粪球之前，一直怀疑这新东西究竟是什么尤物。我一直都没能从这么小的梨形粪球中看出那是圣甲虫宝宝的粮食，因为圣甲虫既馋嘴且块头也挺大。

思考：此处为下文的什么内容做了铺垫呢？

在这个形状新颖独特的大蛋糕团里，虫宝宝在哪里呀？大家自然就会想到它在那圆圆的梨肚子的中间，那是最安全的地方，不受外面的一切干扰，而且是常温的。再说，新生虫宝宝无论从哪儿下口都能碰到厚厚的食物层，不会咬上几口就没了。因为在它的周围全都是一样的，它也就不用去挑选了，它随便把自己那嫩牙咬到什么地方，都会无忧无虑地继续津津有味地吃下去。

这种看法好像相当有道理，导致我也跟着上当了。当我用小刀的刀锋一层一层地往梨肚子中间剖去，深信在中间点会找到虫宝宝时，却大出我所料，那儿根本就没有虫宝宝。梨肚子中心不但不是空的，反而是实实的，那儿是一堆质地均匀的食物。

我的推断看上去似乎很合理，换了别的观察者也会与我有同样的看法，但是圣甲虫却有自己的主张。我们有我们的逻辑，而且还颇引以为荣，但圣甲虫有自己的道理，而且在这一点上还远远超过我们。圣甲虫很有远见，能预知会发生什么事情，所以便把卵产到别的地方去了。

卵到底产到哪里了呢？产到梨形粪球最薄弱的部分，在最顶端的梨颈那儿。把梨颈纵向剖开，但必须非常小心，别弄坏了里面的东西。那儿挖有一洞，四壁整洁光亮。这就是胚胎所在的地方，这就是孵化室。相对于圣甲虫妈妈的块头来说，虫宝宝算是很大的了，它呈长椭圆形，白白的，长约十毫米，宽有五毫米多。它和四壁之间有一层薄薄的缝隙，与四壁都不紧贴，只是梨颈顶部的壁后，虫宝宝的头顶粘在上面而已。梨形粪球常常是水平躺放着的，除了头顶黏着的那一点以外，虫宝宝实际上是悬浮在空中，睡在这张富有弹性而且热乎的空气床上。

现在，我们都清楚明白了。让我们来看看圣甲虫这么做的原因是什么。让我们了解一下为何是个梨形，这在昆虫的制作工艺当中可是一种很奇怪的形状。让我们来看看把虫宝宝放在这样奇怪的地方究竟有哪些好处。我知道，探索事情的来龙去脉是非常困难艰辛的，你可能会像踏入流沙里一样，因为那是个神秘的领土，变化多端，稍不留意就会陷下去，无法自拔。难道因为危险就放弃这种探究吗？为何要放弃呀？

我们的科学与我们手段之贫乏相比更显得伟大辉煌，但是面对无穷的未知数时又显得如此可怜。它对于绝对的真理都知道哪些？它一无所知。世界只能在我们认识了它之后才使我们感兴趣。不认识，一切都变得枯燥无味，混沌虚无。很多事实并非科学，那只不过是一篇索然无味的目录而已。必须解读这篇目录，用心灵之火去使之感化；一定要发扬思想和理想之光的作用，一定要诠释。

让我们去攀登这个高峰，以解释圣甲虫所做的一切吧。或许我们可以把我们的推测运用到圣甲虫身上去。不管怎么说，看到理性对我们的利用与本能对动物的利用如此绝妙地结合，是非常有意思的。

圣甲虫处在虫宝宝状态时面临着一个相当大的危险，那就是食物变干燥。虫宝宝生活在其中的地下洞穴的天花板是一层大概十厘米厚的土层。这极薄的一层土又怎能挡得住能把土烤焦的大热天呢？那酷热都可以把砖坯烧硬了。所以虫宝宝的居室温度相当高，当我把手伸进去时，都感到有股子热气在往外窜。

食品至少得储存三四个星期，因此很有可能在卵孵化之前变干，甚至变得没办法为虫宝宝所食用。当虫宝宝那嫩牙咬不着原来松软的蛋糕而咬着硬得如石头般的硬皮时，可怜的虫宝宝就会饿死，而且确实有因饥饿而死亡的。我就发现过有很多八月烈日的牺牲者，它们早已把松软的食物吃出了一个大洞，后来因啃不动剩下的太过硬的食物而死在吃出的那个大洞中。粪球剩下一个硬硬的壳，像一只没有口的球形锅子，可怜的虫宝宝在锅里被烤干瘪了。

在那个硬得像石头似的厚皮中，虫宝宝就算变成了成虫也同样会饿死的，因为它冲不破围墙，逃不出来。对于虫宝宝的彻底解放我稍后还要讲述，在此就不再为这一点多加讲述了。我们就只关心一下虫宝宝的悲惨处境吧。

我们讲了，食物变干燥对于虫宝宝来讲是致命的。我们见到的在硬壳中干死的虫宝宝就证实了这一点。下面要做的实验会更加明确地证明这一点。在七月份那筑巢做窝的季节里，我在一些杉木盒或硬纸盒里放了很多当天上午从产地挖到的梨形粪球。这些被封存起来的盒子被放在我实验室的黑暗处，那儿的气温与外面的气温相同。结果，没有一只盒子见到效果：要么是卵干巴了，要么是虫宝宝孵化出来之后很快便死去了。相反，在一些玻璃笼或白铁盒中，情况很好，全部存活下来。

这种差别原因在哪里？原因很简单，在七月份的高温气候里，硬纸板或杉木板隔热效果较差，水分很快就蒸发没了，因此梨形粪球很容易变干，虫宝宝就饿死了。而玻璃笼或白铁盒则不同，隔热功效好，水分很难蒸发，食物能保持松软，所以虫宝宝就像在出生地的洞穴里一样很好地成长。

圣甲虫常常用它那宽臂的铠甲压实梨形粪球的外表，使其形成一层比中心更均匀密实的保护性外皮，用以保存食物。假使我把一个用这种办法制作的食品罐头掐碎，那层外皮常常会马上脱落，露出中间的内核来。这让我联想到一个核桃的核儿和仁儿来。圣甲虫妈妈在按压时只涉及几毫米的表皮，所以就出现了一个外壳。它并没往深处按压，这样中间的那个大内核同样也就分出来了。夏季最酷热的时候，为了让食品保鲜，家庭主妇会把蛋糕放在密封的坛子里；而圣甲虫妈妈的做法非常巧妙，它通过按压，制成外壳，以保护里面的粮食。

圣甲虫所做的一切远胜于此：它变成了一位几何学者，能够解决最小值的难题。在其他所有的条件全部相同的情况之下，蒸发量显然与蒸发面的大小成正比。所以，为了减少水分的流失，就必须让食物的面积尽量地小；但又必须让这个最小的地方包含最大数量的营养物质，以便让虫宝宝吃好喝好。怎样的形状才能达到面积最小并且体积又能达到要求呢？按几何学的回答，那一定是球形。

圣甲虫为此便把虫宝宝的粮食制作成为球形，而梨颈暂且忽略一边。这种球形并不是强加给圣甲虫一个必要的外形而使其盲目地机械工作造成的结果，更不是在地上滚动而突然获得的结果。我们已经看到了，为了更方便快捷地把收集到的食品弄到别处去享用，圣甲虫把食物制作成球形，但又没有搬动它的位置。总而言之，我们已经认可这个球形在滚动之前就做好了。

同样，我们也可以立刻确定，为虫宝宝备好的梨形则是在洞底深处制作而成的。它没有滚动过，它甚至都没有挪过窝儿。圣甲虫完全按照所需要的外形对它进行了加工，就像泥塑家用拇指捏泥人一般。

圣甲虫用自己的工具也能制作出曲线不如梨形柔和的另外一些形状出来。例如，它就能制出较粗糙的圆柱体，那是粪金龟常常制作的腊肠蛋糕；它也能草率行事，让没有固定形状的粪块是什么样就什么样。如果草率行事，工作就做得很快，它也就有更多的闲暇享受阳光下的欢乐了。但是不然，圣甲虫非要选择制作梨形粪球，而这种形状要做得精细是相当不容易的。它制作这种复杂的梨形粪球，就如它深知蒸发的规律和几何学的规律一样。

现在剩下的是弄清楚梨颈的事了。它的功能、作用究竟有哪些？答案不出意料，有很大的作用。孵化室就在梨颈部位，卵就在当中。而所有的胚胎，不管是植物的还是动物的，都离不开空气这个生命的原动力。为了让激发生机的空气这种助燃剂渗透进去，鸟的蛋壳上满是气孔。圣甲虫的梨形粪球就和鸟蛋类似。

为了避免太快干燥，梨形粪球的外表被压实成一层很硬的外壳；它的营养核，也就是蛋黄、卵黄，是藏于外皮内的松软的球；它的透气室就是顶部的那个小屋，也就是梨颈上的那个小窝，里面的空气把胚胎团团围住。为了呼气吸气，哪里能比孵化室更好呢？那儿位于尖角上，沐浴在空气里，气体可以通过薄薄的壁自由地渗透。

高温和空气是最主要的条件，因此食粪虫中没有谁敢怠慢。我们往后会有机会看到，食粪虫的食物块形状怪异，除了梨形以外，根据制作者的种类不同，还有鸟蛋形、圆柱形、尖顶形、球形等。但是，就算是形状各不一样，重要的一点却是永远不会变的——卵待在紧靠表皮的一间孵化室里，这是呼吸新鲜空气及吸热的最好办法。在这种精巧艺术方面，圣甲虫制作的梨形粪球独占榜首。

我前面刚说起过，圣甲虫这位高超的揉制工在揉制粪球时所表现出的逻辑性可与我们人类相媲美。就我们现在所了解，我所做的实验就证实了这一点。但还有更好的证明。我们把下面这个问题用科学加以诠释吧。胚胎是被包围在很大块食物中的，而由于干燥，这大块食物会很快变得没法食用。怎样制作这种食物块才好呢？为了轻松地吸收热量和呼吸到新鲜空气，把宝宝产在哪里好呢？

所问问题中的第一个问题已经回答过了。我们从所获知识中了解到，蒸发是与蒸发面的面积大小成正比关系的，因此食物应做成球状，因为球状体包括的物质最多而且表面面积最小。关于虫宝宝，既然需要一个保护套给予保护，免得有任何伤害性的接触，就一定要把它放置在一个薄的圆柱形套子里，然后让套子立在球体上方。

这样，必备的条件就得到满足了：制作成球状的食品可以保持新鲜了，由一个圆柱形薄套保护着的卵可以自由地吸收热量和呼吸新鲜空气。这必备的条件虽然满足了，但那形状却不好看。讲实用就顾不得美了。

一个艺术家把我们推理而来的粗糙作品进行了加工。它把圆柱形改变成半椭圆形，显得雅致优美得多。它又在这个球体上加工出一个精巧的曲面，与球体仍连接在一块，这就变成了一个梨形，变成了一个带颈的葫芦。这样一来，这就成了一件艺术品，非常的美观。

圣甲虫所做的正是美学要求我们做的。它是否也有一种审美观？它知道自己加工的梨形很漂亮吗？它肯定是看不出梨形之美的，它是在地下黑漆漆一片中创作的，但是它摸得出来。虽然它的触觉不值得一提，而且身披粗糙的角质外壳，但无论怎样说，对自己精心制作出来的外形轮廓是不会没有感觉的！

情 节 评 述

本篇以一个偶然获得的梨形粪球为线索，通过对梨形粪球的寻找、发掘和解剖，以埋伏笔和设问的方式层层推进，一步步地揭示了圣甲虫制作粪球的奥秘和圣甲虫的习性。经过观察和解剖，作者得出这个梨形粪球是圣甲虫为繁殖下一代而做的准备，梨形结构能够充分保证幼虫的进食和呼吸需求。同时，也显示出圣甲虫在粪球制作上具有高超的技艺。

法布尔对于梨形粪球的好奇心，实地考察和解剖实验的精神，是他获得关于圣甲虫真实习性的前提条件。这种好奇心和探索实验的科学精神是科学取得进步的必要前提。

圣甲虫的造型术

　　圣甲虫是怎样制作那充满着慈母爱的梨形粪球的？首先可以肯定的是，这绝非在地上经过滚动制作而成的，因为它的形态从各个方面看都是没办法向前滚动的。就算那梨状葫芦的肚皮可以滚动的话，但是那个凸出来的椭圆形梨颈里面可是个孵化室呀！这个精巧的作品也不可能是猛烈相撞的结果。它如同首饰匠的首饰一般，是绝不能让铁匠放在铁砧上锤炼出来的。我同意其他的一些已经提到的十分明显的原因，希望梨形粪球的形状将永远把我们从那以为卵是放在一个来回摇晃的粪球里的陈旧看法中解脱出来。

　　为了自己的作品，圣甲虫这个雕塑师与真正的雕塑师们一样，关起门来潜心制作。它藏在自己的洞穴中，一心一意地制作被它运入洞中的肥料。在对待肥料的办法上有两种情况。一种是在粪堆里按照我们已知的那种方法选取优良食料，就地制作成小球，揉成圆形后再滚动它。如果只是为搞定自己的口粮问题，它肯定就这样做了。如果它认为粪球体积太大，又不适合就地挖洞，它就滚动着这个大

拟人手法。把圣甲虫拟人化，将其比喻为雕塑师，更加生动形象地呈现出圣甲虫在制作粪球时的仪式感和虔诚。

东西上路；它没有目的地走着，直到找到一个适宜的地点为止。途中，粪球并非越滚越圆，表面那一层会有一点点变硬，沾上一些细沙粒和泥土。这层沾上沙和土的表面是它跋涉的远近的真实写照。这一点非常重要，我们一会儿会用得着的。

还有一种状况是它选取肥料的粪堆旁边就很适宜挖洞。那地方没多少石头，很轻松挖洞，这样就不用长途跋涉，也就用不着滚动粪球了。羊的"松软面包"被收集起来，原样储存，放进车间，急需时再切成小块制作。

这种情况常常并不多见，因为地面粗糙，石头很多。很容易就可以挖洞的地点零零星星，圣甲虫必须身负重任四处寻找。不过，我的笼子里铺的一层土是筛过的，挖洞就相当容易，每一处都能挖洞造家，因此，圣甲虫妈妈为产卵而劳动时，只要把周围的粪块弄到地下去就可以了，不用先把粪块弄成什么固定的模样。

这种不需要事先揉成粪球再运输储存的办法不管是在野地里还是在我的笼子中，其最后的结果都十分令人吃惊。第一天，我看见一块没有形状的肥料消失在地下，第二天或第三天，我观察了它的加工厂，发现艺术师正面对自己的杰作呢。当初不成形的粪块，已经变成了无可挑剔、形状完美的梨形粪球了。

这件艺术品身上有着艺术家的记号：立在洞底地上的那一部分沾着少量的泥土，其他部分都很明

细节描写。对圣甲虫搬运制作的粪球形态和表面物质进行细节描写，通过细节的观察，作者得出了圣甲虫搬运粪球距离远近的推断。这类实地考察的结果是无法从标本观察中得出的。

在《圣甲虫与粪球》中出现的梨形粪球，本章对其制作过程做进一步详细描写。

亮光滑。在圣甲虫加工梨形粪球时，由于粪球本身的重量，再加上圣甲虫的轻轻拍打，很容易使松软的梨形粪球接触地面的那一面就沾上了些泥土，而其余的大部分面积则保持了圣甲虫精心制作所给予它的精制完美。

这些细细观察到的细节的结论是很明显的：梨形粪球不是旋转加工而成的；它非圣甲虫在宽敞车间的地上通过滚动获取的，如果是那样的话，它就应该全身哪里都沾上了泥土才对。还有，它那凸起的颈部也排除了这种加工办法的可能性。它甚至都没有从一面翻转到另一面；它朝上的一面没有沾一点儿泥土，这就是充足的证据。圣甲虫没移动也没翻转，就在原地对梨形粪球进行了制作加工，它用它那宽臂轻轻地打拍梨形粪球，正如我们在露天地里遇见它加工时的那样。

现在我们回过头来谈谈田野里的通常情况。这时候，粪球是从远地儿运来拖进洞穴里去的，整个表层全都沾满了泥土。圣甲虫将怎样处理这只粪球？粪球已经呈现出未来梨形粪球的腹部来了。我如果只想得到答案而不考虑以前使用过的办法的话，这答案是很轻松就会得到的：只要在洞中将圣甲虫妈妈连同其小粪球一同抓住，全都搬到我的实验室里，进行精细观察，研究发展情况就可以了，而这种事我干过很多次。

我用一只短颈大口瓶装满筛过的潮湿的土，并把土拍实到需要的程度。之后，我把圣甲虫妈妈及

思考：从作者的观察与实验中，你知道圣甲虫的梨形粪球是如何制作的了吗？

实验验证。为了获得圣甲虫如何处理粪球的答案，作者没有求问书本，而是通过实证的方式去寻找答案。实证方式是我们认识、了解世界的重要方法。

它紧搂着的宝贵粪球放在我加工的土层表面。我把大口瓶放在半暗半明的地方以后，耐心地期待着。我的耐心并没有受到长时间的考验。圣甲虫因卵巢的工作所迫，便重新开始了被我打断了的工程。

在有些情况中，我看见圣甲虫一直待在地面上，把粪球敲破打碎，弄得粪渣满地都是。这根本不是因为圣甲虫被捉住，变成了俘虏，在绝望和恍惚之中把宝贵的粪球给毁坏掉。它那是聪明的合乎卫生的举动。对在一些疯狂的抢夺行为中匆忙弄到的粪球进行精细的检查常常是必要的，因为在强盗们当中，就在收获地点进行检查并非总是很合适的。粪球有可能裹进一些蜉金龟、小蜣螂什么的，因为忙着抢夺而顾不上仔细挑拣。

这些不经意间闯入当中的入侵者很自在地待在粪球里，将来会和合法的消费者争抢梨形粪球。必须把这帮馋猫从粪球中清理出去。因此，圣甲虫妈妈就把粪球打碎，变成碎屑，仔细检查。之后，再重新把粪渣聚拢，粪球又做成了，这时表层已没有泥土了。于是圣甲虫妈妈把它拖到地下，把它制作加工成为除支撑的那一面之外没有泥土的梨形粪球。

但更常看到的是，粪球被圣甲虫妈妈原样埋到地下，就像我从洞中把它挖出来时那样，外表很粗糙，这是因为圣甲虫妈妈把它从收集点一路滚动，一直到理想的制作点所造成的。在这种情景下，我在大口瓶底看见的是已变成梨形的粪球，外表很粗糙，表面沾满了沿路沾上的沙子和泥土，足见梨形粪球

思考：在制造繁衍后代的食物粪球的时候，圣甲虫是非常谨慎仔细的，这和前文的哪一种昆虫形成了对比呢？

比拟手法。将蜉金龟和小蜣螂等裹在粪球中的入侵者比喻为馋猫，生动形象地表现出蜉金龟和小蜣螂对于粪球这种食物的贪婪。

并不要求从头到尾进行全面的制作改造，而是经过简单的按压，按出梨颈就成了。

在很多情况之下，一切都是如此正常发展的。我在田野里挖出来的梨形粪球几乎全都有一层硬壳，都很不光滑。如果没有发现这硬壳是因长途搬运所造成的，那就会认为这沾满沙和土的外层是圣甲虫在地下加工时滚动粪球所造成的。我所见到的那几个稀有的光滑粪球，尤其是我的笼子里挖出的那几个相当光洁干净的粪球，彻底地纠正了这一错误认识。这几个梨形粪球让我们明白，用就近收集的而且未成形就储存起来的粪料制作成梨形粪球一定要彻底地改造，而且根本就不是用滚动制作的办法；这几个梨形粪球还告知我们，那些表面粗糙的梨形粪球并非在车间里滚动时沾上泥土而成的，而纯粹是它们在地面进行长途跋涉所致。

亲眼观看梨形粪球的制作加工并不是容易的事：那个在黑暗中工作的艺术家只要被光线照到，就一定会罢工停手。它需要黑漆漆一片才能进行雕塑，而我则必须有光亮方能看到它。这两个条件不可以同时得到满足。不过，我们也可以试一试，断断续续地抓住那不能完全展现的真实情况。我采用了下面这个方法。

我还是用了原来的那个短颈大口瓶。我在瓶底垫了一层几厘米厚的土。为了弄一个我所必需的四周透明的车间，我在土层上撑起一个三脚架，大概一分米高，我在它上面放置一个与大口瓶瓶口直径

控制实验的方法。为了详细了解圣甲虫制作粪球的过程，作者使用控制实验的方法进行观察研究。

差不多的枞木盖板。这个装置妥当的玻璃壁板房就是圣甲虫干活儿的宽敞地下室。枞木板边缘被切开一个小口，刚够圣甲虫和它的粪球通过。最后，在枞木盖板上堆放一层尽可能厚的土。

在堆土时，盖板上的土有一些会滑落，从所开缺口的地方漏到房间里去，形成一个很宽的斜坡。这是我设计好的。当圣甲虫发现连接口之后便借着这一斜坡，下到我为它准备好的透明屋里去。当然，这个透明屋一定要处于黑暗之中它才会去的。所以，我就用硬纸板做了一个上面封住口的套，把短颈大口瓶给罩上。这样一弄，那间房间就全黑了，符合了圣甲虫的需求。但我只要猛地拿起套来，我所要的光亮便有了。

全都准备妥当，我便开始寻觅带着自己的粪球宝贝隐退进天然洞穴中的圣甲虫妈妈。正像我所希望的，一个上午就全安排好了。我把那位圣甲虫妈妈及其粪球宝贝放在上层土的表面上，并在大口瓶上套上了纸套，然后就耐心地等待着。只要卵没安置妥当，圣甲虫妈妈就会执着地完成自己的工作，它就会为自己挖一个新的洞穴，并随时一点点地把粪球往洞坑里拖；它将会穿过上面的那层不是很厚的土；它将遇到枞木盖板的妨碍，这是与它很多次在露天地里挖洞时碰到的阻挡去路的碎石一样的障碍；它将会探寻受阻的原因，并发现那个缺口，于是它就从这个小门进到下面的小屋，小屋对它来讲很宽敞，可以爬进爬出，就像我刚才让它搬家前它所住的地下室一样。我就是这么判断的。可这一切都将需要时间去验证，而我感觉最好是一直等到次日，以满足自己那焦急不安的好奇心。到点了，去瞅瞅去。前一天我把实验室的门敞开着，因为门锁的一丁点声响就会惊动那个疑心很重的劳动者，它会立马停下手中的工作。为了减小声响，我进实验室前换上了一双软底拖鞋。我猛地一下揭去纸套。好极了！我的推断全对了。

　　圣甲虫正待在玻璃工作室里，我看见它正在忙碌着，宽爪正放在梨形粪球的雏形上。但是，这突然的一亮，把它惊呆了，它纹丝不动的，好像僵住了一样。这种情况延续了几秒钟的时间。之后，它转过身去，笨拙地往回爬上斜坡，想进入地道的黑暗的高处。我瞅了一眼它干的工作，记下了这个作品的方位、姿态、形状，然后又把纸套给罩上，让里面全黑下来。如果要再做这种实验，就不能让这种突然袭击持续太长时间。

　　我突然而短暂的窥探向我们说明了这项神秘工程的初始信息。一开始完全像圆球形的粪球此时出现一个大鼓包，像个不是很深的火山口。这件作品让我想起一些史前时期的瓦罐——只是这件作品的比例要小一些——边口厚实，圆肚，颈部有一圈小槽勒着，这个梨形粪球的雏形道出了圣甲虫的制作工艺，这工艺与不懂得陶车技术的第四纪人类的工艺完全相同。

　　这可塑的粪球一面被勾勒出一圈，挖出了一圈沟槽，那便是梨形粪球的颈部。这只粪球雏形还被伸拉出来一个又圆又钝的凸起，这凸起地方的中心部位被挤压过，粪料被挤压到周围去了，因此形成一个边缘不规则的火山口。这样，初步的作品就算完成了。

　　傍晚的时候，我又不声不响地突然拜访了一次。上午被惊扰的圣甲虫妈妈已经恢复神态，返回了自己的车间。此时又突然一片光明，它再一次受到惊吓，慌忙逃窜，跑到上面去躲藏起来。被我用亮光一次又一次地折腾的可怜的圣甲虫妈妈逃到上面藏了起来，但却满怀遗憾，非常不甘心。

　　它的活计有所进展。火山口变深了；厚实的边口没有了，变得细薄，收拢起来，伸长为梨颈。只是，粪球并没有挪动过。它的方位、姿态全都是我之前记下的那样。接地的那一面仍然在下面，还在同一个点上；朝上的一面仍然朝上；已成为梨颈的火山口仍然在我的右边。由此可以说明，我原来的推断是没错的：粪球没有挪动；仅仅是挤压，然后揉制加工。

次日，我进行了第三次拜访。昨天还是半开着的袋状梨颈现在已经闭合了。卵产完了，工程也竣工了，只需再进行一番全面磨光、修饰便可。我惊扰它时，圣甲虫妈妈想必正在做这项修饰、磨光工作，因为它是相当注意粪球的形状完美的。

工程中最繁难的地方我给错过了。我大概看明白了宝宝的孵化室是怎样建成的：围绕着初始阶段的火山口的凸出物经爪子按压后变小变薄了，之后伸长成开口处渐渐缩小的口袋。到这时为止的工作还是可以给出满意的解答的。只是，当我想到圣甲虫的那些僵硬的道具，那让人联想到木偶动作的宽大锯齿形铠甲的笨拙生硬的动作时，宝贝将在其中孵化的那间小卧室怎样造得那么完美无缺，我就解释不明白了。

用这种挖矿石倒是合适的粗糙道具，圣甲虫是怎样建成那育婴室、那内部相当光洁的产卵房的？那锯齿巨大、就像采石用的锯子的爪子，在从其口袋的狭窄口子伸进去时，是否变得与刷子一样柔软了？怎么不可能呢？我们早就讲过这种情况了，而圣甲虫的情况则又再次证明这一点：工具在巧手人的手里什么都能干成。圣甲虫用自身所配备的工具，无论做什么都能发挥它专家的才能。它就像富兰克林所说的那种模范工人，能把锯子当刨子，能把刨子当锯子，怎么使唤都可以。圣甲虫就用它刨土的那把大锯齿耙当抹刀和刷子使，把将要诞生的虫宝宝的小屋擦得光亮。

最后，还有一个关于这个孵化室的细节。在梨颈的顶部，有一处总是令人觉得与众不同：有几根纤维竖立在那儿，可梨颈的其余地方全都细心地被抹光溜儿了。那里是塞子，圣甲虫妈妈一产完宝宝就用这个塞子把那狭窄的开口塞上。此塞子结构松散，说明没有被按压拍打，而其余地方全都被细细拍压过了，一点突出的纤维都看不见。

为何在其他地方圣甲虫都用爪子拍压实了而唯独顶端这里偏偏来个特例呢？因为圣甲虫宝宝用其后端靠在这个塞子上，如果顶端受到挤压，被往后推去，这个塞子就会把这个压力传导给胚胎，使胚胎有死去的危险。圣甲虫妈妈了解这一危险，就用一个没有拍压过的塞子封住口，这样孵化室里的空气更加通畅，而虫宝宝也避免受到拍压所引起的震荡的危害。

本篇通过记叙、描写和说明等方法，向我们介绍了圣甲虫为了繁衍后代制作梨形粪球孵化室的过程。拟人手法的运用生动形象地让读者感受到了圣甲虫母亲制作孵化室时的细腻手法和慈爱态度，大量的细节描写让我们对梨形粪球的制作过程以及每部分的功能结构都有了清晰的认识。

圣甲虫制作的梨形孵化室不仅外观精致而且设计巧妙，最大效率地为圣甲虫后代提供了食物、空气和安全生存空间等有利条件。

朗格多克蝎的生活

在解决生活中的问题时有求于科学书籍的收获是很小的，这时候，应不知疲倦地与事实进行讨论，这比藏书很多的书橱有用得多。在更多情况下，无知反而更好，脑子可以自由思考，没有先入为主的观念，不至于陷入书本所给的绝境。我刚刚又一次体会到这一点。

一篇出自高人之手的解剖学文章告诉我说，朗格多克蝎九月份有家庭之累。哎！我要是没阅读这篇文章该多好！至少在我们地区的季节条件下，朗格多克蝎的繁殖期要远远地早于文章中所说的月份。好在我不太受这篇文章的影响，要不然我傻等到九月份，那就什么也见不到了。我苦苦地观察了三年，简直等得疲惫不堪，心灰意冷，但还是没有看到我所预料的那个非常有趣的场景。环境并没有反常，可我却莫名其妙地错失良机，白白地浪费了一年光景，而且我或许都想放弃对这个问题的探究了。

没错儿，无知或许有益；抛开老路，可以找到新东西。一位著名大师从前这样教导过我，他就不太相信已知的书本知识。有一天，巴斯德没有事先通知，突然按响我家的门铃，就是那位很快就将远近闻名的巴斯德本人。我当时早有耳闻了。我早就拜读过这位学者有关酒石酸不对称结构的名作了，我也怀着浓厚的兴趣一直关注着他对纤毛虫纲生育问题的研究。

每个时代都有其科学的奇思妙想。我们当今有进化论，而那个年代却有自生论。巴斯德凭着自己人为决定的有菌无菌的烧瓶，按照自己那简单而严谨的绝妙实验，把一个无理的谬论给彻底打败了。根据这一谬论，腐败物内部的一种冲突性化学反应能激发出生命来。

我知晓那个被巴斯德成功地给予澄清的有争议的问题，所以我十分热情地欢迎了这位有名的来访者。他来找我最主要的是想请教几个问题。我能享有这份不敢当的荣幸，应归功于我在化学和物理上的同行身份。哎！我只不过是他的一个小而无名的同行罢了！

巴斯德巡视阿维尼翁地区的目的是了解养蚕业。多年来，有的养蚕场因为蚕茧病害而陷入恐慌。蚕宝贝们没缘由地就发生溃烂，然后变硬，成了一些石灰膏壳的蚕仁硬皮豆了。蚕农们没办法，眼看着自己的一项主要收成全没了，付出那么多钱财和心血，却不得不把一屋子的蚕宝贝扔进粪料堆里去。

我们就猖獗的灾难进行了一番开门见山的交谈：

"我想瞧瞧蚕茧，"来访者说，"我还从未见过蚕茧，只是知道它的名而已。您能帮我弄一些来瞧瞧吗？"

"这很容易。我的房东就是做蚕茧生意的，在我们对门。请您稍等一下，我去给您要一些来。"

我三步并作两步地跑到邻居家里。我衣服口袋里装满了蚕茧后回来，把蚕茧拿出来给大学者看。他拿起一个，在手指间翻来覆去地观看，那个好奇劲儿，就像我们在看一件来自天涯海角的奇特物品一样。他在耳边晃了晃。

"还响呢！"他极为惊奇地说，"里面有东西。"

"当然。"

"什么东西呀？"

"蚕蛹。"

"啊，蚕蛹？"

"是一种木乃伊样的东西，虫宝宝在里面逐渐变化，直至变成蝴蝶。"

"在所有的蚕茧里面都有这个东西吗？"

"当然，蚕吐丝做茧就是要保护蛹的。"

"哦！"

他没再说什么，就把蚕茧装进衣袋里去了，大概留着有空去研究蚕蛹这个重大的新生事物。他的这种胸有成竹的自信让我惊讶。巴斯德不知道蚕、茧、蛹变形的知识，却前来希望给蚕企求新生。古代的体育教师们出场表演时什么都不穿，我们的这位与养蚕业灾难做斗争的神奇勇士同他们一样，跑向角斗场时也是赤身裸体的，也就是说他对要解救的那种昆虫连最基本的常识都没有。我为之惊叹不已。

对下面的问题我就不那么奇怪了。巴斯德当时还关注一个问题，就是通过加热提高酒的质量的问题。他突然转换话题说道：

"带我瞧瞧您的酒窖。"

带他看我的酒窖？我那寒酸的酒窖？凭我那当老师的微薄工资我连酒都喝不起，所以我经常抓把苹果和红糖丝放进一只坛子里发酵，为自己弄点酸了吧唧的劣质苹果酒喝喝。我的酒窖！要看我的酒窖！为何不看看我的一桶桶陈年佳酿呀？我的酒窖！那还能叫酒窖吗？

我感到狼狈至极，一再地支吾躲避，试着转换话题。但是他却不肯放过，说道：

"请您带我看看您的酒窖。"

比喻说明。作者将巴斯德比作角斗士，以角斗士的赤身裸体比喻巴斯德对蚕知识的空白。比喻说明的方式更生动也更直接。

他这么一直坚持，我也就没法拒绝了。我用手指指厨房角落里的一把没有椅垫的凳子，上面放着一只容量有十二斤左右的大肚坛子。

"我的酒窖，那就是，先生。"

"这就是您的酒窖？"

"我没别的酒窖了。"

"都在这里了？"

"嗯！是的，都在这里了。"

"哦！"

他没再说什么。学者没有发表任何意见。看得出来，巴斯德并不清楚这种老百姓称之为"疯奶牛"口味的饮品。

尽管出现了有关酒窖这让人扫兴的插曲，但我仍对他那镇定自如的自信深为叹服。他一点儿也不清楚昆虫的蜕变。他这是平生第一次刚刚看到一只蚕茧，并知道这只茧里有点东西，那是将来蝴蝶的雏形。我们南方农村小学一年级的小朋友都知道的事他却浑然不知。然而，这个问了一些稀奇古怪问题的大专家，不久便让养蚕场的卫生状况发生了惊天动地的变化。同样，他也将使医药和公共卫生产生历史性的变化。

他的武器就是思想，不拘于细枝末节而凌驾于全局之上的思想。对他来说，变形、卵、若虫、蛹虫、蚕茧、蛹壳，以及昆虫学的数万种小秘密有何要紧的！在他思考的问题中，不知道这些或许更好一点。这样，他的思绪就能更好地保持其独到见解，以及大胆的超越；其行动摆脱了已知东西的牵绊，就会更加自由。

受到巴斯德晃动蚕茧细听后的惊叹表情这绝好范例的鼓励，我便立下了一个信条，把无知的这种办法运用在我对昆虫本能的研究上。我不怎么看书。如果用翻阅书本这种我力所不及又耗时费力的对比手法。作者通过巴斯德在"无知"状态下的研究和利用资料进行研究的对比，得出不带经验的实验观察是除迷信书本和专家权威外另一个值得尝试的研究方式。

办法，或向别人请教，还不如自己坚持不懈地与自己的研究对象亲密地接触，直到让它们开口讲话为止。我什么都不知道。这反而更好，我的探寻也就更加自由，可以根据已知的启迪，今天从这个方面去研究，明天再用反向思维去探寻。如果我偶尔翻开一本书，我便有心地在自己的思绪中留下一个向怀疑敞开的大门，因为我所开辟的土地上长满了荆棘和蒿草。

因为一直没这么去做，我已差点儿浪费了一年的光景。当时因太相信书本，我在九月以前，没想过朗格多克蝎的家庭的出现，而我却在七月里无意间发现了这个家庭。实际日期与预知日期之间的这段差距，我认为是气候差异造成的：我现在是在普罗旺斯进行观察，而以前为我提供信息的雷翁·迪弗尔则是在西班牙进行观察。尽管这位大师有极高的威望，我还是应该多留个疑问的。但我没有这样做，以致差点儿错失良机。幸好，那普通的黑蝎子之前并不是这样告诉我有关它的家庭的。看！巴斯德不知蚕蛹是怎样一回事真是好极了！

直接抒情。作者以第一人称的方式，直抒胸臆地表达了巴斯德的"无知"对于实验观察的好处。作者鼓励这种不带固有经验，也不迷信权威的观察，这有利于扩展原有知识领域，产生新的认知。

普通黑蝎子比朗格多克蝎个头儿小，而且比后者安静，我一直把它们养在一些小的大口瓶里，放在我工作室的桌子上，用作参考的蝎子。这些普通的瓶子不占地方，也方便观察，所以我每天都要瞅瞅它们。每天清晨，在开始往记录本上记录情况以前，我总要掀起为它们遮挡用的硬纸板，看看头天夜里有什么情况。每天这么观察在大玻璃笼子里就很难办到，因为大玻璃笼子里有很多的小格间，必须费尽周折，大动干戈才能一一地进行检查，而且检查完之后也很难再恢复原状。而用小的大口瓶装黑蝎，检查起来就容易多了。

有一天，我突然眼前一亮，看到母蝎背着一群小蝎。那是七月二十二日早上六点钟左右的事。我在掀开硬纸板遮盖物时，竟然发现一只黑蝎妈妈背上背着一群小蝎，犹如脊背上披着一件白色短大衣。我顿感一种温馨、满足、甜蜜，而这种时刻是观察者隔很长时间才能遇上的。这是我平生第一次亲眼所见黑蝎妈妈背着自己小宝贝们的珍贵场面。黑蝎妈妈是刚分娩的，大概是前一天晚上的事，因为前一天它身上还是光滑的。

接二连三的好事在等待着我：次日，又有一只黑蝎妈妈披上了一件白色短大衣；第三天，又有两只黑蝎妈妈同时披上了白色短大衣。总共有四只。这比我所渴望的要多。有四个黑蝎家庭陪伴，再加上几天安静的日子，我可以说是颇感生活的甜蜜了。

好运接连不断。当我一发现小的大口瓶中有了很大收获之后，我便马上想到大玻璃笼子；我在思考朗格多克蝎是不是会像黑蝎一样早熟。我顿生领悟，赶快跑去察看。

笼中的二十五片瓦都掀开来了。大有收获！我都一副老骨头了，但我此刻却马上觉得硬化的血管里有二十岁的年轻人的热血在流动。在二十五块瓦片中的三块下面，我发现了蝎妈妈带着自己全家。

以第一人称方式直接抒情。作者在长时间等待观察黑蝎子而不得后终于发现了一群蝎子，这种情景引发了他的满足与幸福感，也引起了读者的共鸣。

作者虽然已是高龄，但面对自己热爱的昆虫依旧热血沸腾，这也鼓舞着我们要勇敢地追求自己热爱的事情。

有一只的儿女们已经长大了，有六七天大了，这是我后来继续观察才搞清楚的；另外两只刚分娩不久，就在前一天的夜里，这从蝎妈妈的大肚皮下面还精心地存留着一些残留物就能看得出来。我们一会儿将要瞧一瞧这些残留物是怎么一回事。

七月、八月、九月都过去了，我再没有什么收获。因此，两种蝎子的生育期都在七月末。七月份过去以后，一切都结束了。然而，大玻璃笼子里面养的那些蝎子中，还有一些母蝎和已经给我生过蝎宝贝的母蝎一样，肚子很大的。我原渴望它们能给我添丁带口，因为种种迹象都让我这么期待着。冬天来了，它们中谁也没有满足我的愿望。看上去立刻就要实现的事情却拖到了来年：这再次证明母蝎妊娠期很漫长，在低等生物中，这种情况十分少见。

说明实地观察的重要。法布尔正是通过经年累月的实地观察，才得出了关于昆虫的翔实可信的科学记录。

我把每只母蝎及其蝎宝贝移到能够细细察看的狭小的容器里。上午我去察看时，发现前一天夜里分娩的那些蝎妈妈肚子下面又藏着一些小宝贝。我用一根草尖把蝎妈妈拨开，在那堆还没爬上母亲脊背的小宝贝中我发现了一些东西，把我从书本上学到的关于这一问题的那一点点知识完全地打翻了。据说，蝎子属于胎生，这种说法虽很有学问但却缺少准确性。实际上蝎子宝贝并不是一生下来就是我们所知道的那个样子。

通过设问的方式引发读者对有钳子的幼蝎"怎样进入母蝎的生殖通道"的疑问，在揭开答案的同时吸引读者继续阅读后面的内容。

而这一点是讲得过去的。如果小宝贝伸着钳子，卷起尾巴，张开爪子，你让它怎样进入母蝎的生殖通道呢？这种碍事的小宝贝永远也通不过母亲那狭

小通道的。所以它出生时必须紧裹着，少占空间才
好。

母蝎肚子下发现的残留物其实是一些卵，一些
与解剖妊娠相当长时间的卵巢所见到的卵一样。小
宝贝紧缩成米粒状，以节省空间，尾巴贴在肚皮上，
双钳收到胸前，爪足紧紧地贴于腰两边，这样一来，
这椭圆形的小宝贝就可以顺利地滑出来了。它额头
上有墨黑的点，那是它的眼睛。小宝贝悬浮于一滴
透明的液体里，此刻那液体就是它的天堂、它的大
气层，外表由一层精巧的薄膜包裹着。

那些残留物的确是一些卵。分娩刚结束时，朗
格多克蝎有三四十个卵，而黑蝎的卵则要稍微少一
些。我去察看时已经很晚了，只赶上个结尾。但是，
没剩多少的卵也足够坚定我的想法。蝎子实际上是
卵生的，只不过其卵孵化得十分快，母蝎刚一产下
卵囊来，小宝贝就破卵而出了。

那么，小宝贝是怎样孵出的呢？我有幸亲眼观
看了这个过程。我看见蝎妈妈用大颚尖小心翼翼地
挑起卵的薄膜，把它撕破、扯下，然后把薄膜吞下。
在给小宝贝剥胎衣时蝎妈妈小心翼翼，就像温柔地
舔舐胎衣的母猫和母羊。尽管工具很粗糙，但宝贝
那细皮嫩肉上没有任何划痕，也没伤筋动骨。

我简直惊呆了：蝎子是最早把近乎我们人类的
母爱传给自己的儿女的。远在植物区系那远古时期，
第一只蝎子出现时，生育后代的那份爱心就已经在
酝酿之中了。如同休眠状态的种子，就像当年鱼类

通过实际观
察，作者发现蝎子
是卵生而非胎生，
颠覆了过去书本中
有关蝎子胎生的说
法。这也启示我
们，对于书本的知
识，不能盲从，应
该保持批判质疑的
精神。

和爬行动物已经拥有的而不久之后又将为鸟类和几乎所有的昆虫所拥有的卵，已经是一种相当微妙的有机体的等同体了，已成为高等动物胎生现象的预兆了。生命的孵化已不在各种事物的危险重重的内部或外部进行，而是在母亲的腰间腹下完成了。

生命的进化并不是循序渐进的，并不是从低级到高级，再从高级往最高级。进化是跳跃式的，有时是在进步，有时候却在倒退。大海有潮起潮落。生命也是一种大海，比大海的水更加深不可测，它也有潮起潮落。它今后还会有潮起潮落吗？谁能说它有或没有？

如果母羊不想法用嘴唇把胎衣剥下并吃掉，小羊就永远没法从胎盘中出来。同样，蝎宝贝也要母亲的帮助。我就看见过一些蝎宝贝被黏膜粘住，在已经撕破了的卵囊中使劲儿地扭来扭去，怎么也挣脱不出来。必须有母亲的那一下牙咬才能让宝贝彻底解脱。认为宝贝在解脱的过程中也起着作用，那也是不对的。宝贝软弱无力，虽然它的出生袋像洋葱片内壁的皮膜一样薄，但它就是挣脱不出这层细薄的薄膜。

雏鸡喙尖上有一个临时的硬茧，是供它破壳出来时啄壳用的。而蝎宝贝为了节省空间，是蜷缩成米粒状的，它死死地等待着救援。一切都得由蝎妈妈去完成。蝎妈妈努力地完成着自己的工作，分娩中附带排出的东西也全都被它清除掉，甚至包括那些随即生出的未受精的卵也被清除干净了。一点碎衣破片都看不见了，全部回到蝎妈妈的胃里去了，而产宝贝时占用的那块地方也是很干净的。

蝎宝贝现在一个个被清理得干干净净，欢蹦乱跳的。它们全身雪白。从头到尾，朗格多克蝎长九毫米，黑蝎长四毫米。随着产后清理完毕，蝎宝贝们一个个地往蝎妈妈背脊上爬去。它们沿着妈妈的双钳慢慢地往上爬。蝎妈妈把双钳贴地，以便于宝贝们攀登。宝贝们一个个紧紧挨在一起，并没有队形，但却在妈妈背上留下了一个覆盖层。它们凭着自己的小细爪子牢牢地攀附在上面。我用毛笔头把它们扫下来而又不想划伤这些细皮嫩肉的小东西，还真费了些工夫呢。蝎妈妈背着小宝贝们时，双方都一动不动，这正是进行实验的好机会。

身披蝎宝贝们组成的白色短大衣的蝎妈妈是值得注意的一景。蝎妈妈一动不动，尾巴高高地翘卷起来。如果我把一根麦秆儿移近蝎子一家，蝎妈妈就会立即凶巴巴地竖起双钳，这种凶相只有在自卫时才会表现出来。它竖起双臂做拳击状，钳子大张着，随时准备出击。它的尾巴翘着，挥动着，这在平时是难得见到的；尾巴不能突然放平，否则会带动背脊，或许会把背上的小宝贝们甩下来一些。拳头竖起就足够威胁敌人的了，那架势既勇猛威武，又突然。

我对此并不觉得好奇。我拨弄下来一个小宝贝，把它移到其母面前，离开有一指宽的距离。蝎妈妈好像并不关心这个惊奇事故，它原先纹丝不动，现在仍一动不动。掉下去几个小东西有什么可惊奇？小东西会自己想法摆脱困难的。掉下去的小蝎子紧张焦急，举手蹬腿，然后，突然发现妈妈的一只钳子就在自己面前，于是，便快速爬上去，回到了兄弟姐妹们当中。它又爬到妈妈身上，但动作笨拙得要命，与狼蛛的儿女们相差太远，后者一个个都是高空作业的高手。

规模超大的实验又开始了。这一次我拨弄下来一些小蝎子，小东西们散落一地，但相距并不很远。它们迟疑了挺长一段时间。正当它们不知怎样是好，转来转去的时候，蝎妈妈终于害怕会有危险了。它用我称之为胳膊的两只钳式触角合抱成半圆，抱住自己面前的沙子，把迷路的儿女们搂到自己的跟前来。它干这种工作时笨手笨脚，做得很鲁莽粗糙，根本没有想到会不会把宝贝们给碰碎了。母鸡轻轻一声叫唤，跑开的鸡宝宝们就马上回到自己的怀前膝下；母蝎却是用耙子一耙，把儿女们给耙回面前来的。但是，掉下去的小蝎子们全部安然无恙。它们一回到妈妈面前，便立刻往它身上爬去，又聚集在妈妈的脊背上了。

就算不是自己的儿女，蝎妈妈也会像是对待自己亲生后代一样地接纳它们。如果我用毛笔尖把一只蝎妈妈背上的蝎宝贝全部或部分地扫下来，弄到另一只蝎妈妈伸手可及的地方，后者也会把它们耙到自己面前，就像对待自己的亲生儿女似的，而且心甘情愿地让这些新来的小宝贝爬到自己的背上去。它好像把它们"收养"下来了，如果"收养"一词不算过分的话。"收养"说不上，那是狼蛛的事，因为它分不清别人家的儿女和自己的儿女，所以凡是在自己爪子前面爬动的小狼蛛它全都接纳下来。

我常常看到在地中海一带的常绿灌木丛中有母狼蛛背着孩子们在溜达，我也一直期盼着看到母蝎也这样驮着小蝎子们散步。然而，母蝎并不知道这种消遣办法。一旦做了妈妈，母蝎有一段时间就不再外出了，就算晚上，其他的蝎子都外出玩耍的时候，它也不出门。它把自己禁锢在自己的小屋里，不吃不喝，一心想着抚育后代。

小宝贝们也确实弱不禁风，可以说它们必须经历第二次出生。它们正纹丝不动地在准备着第二次诞生，它们对此非常熟悉，就像由虫宝宝蜕变成成虫一样。尽管小蝎与成年蝎外貌挺相似，但轮廓线条却不够清楚，好像是透过雾气看到的似的。我怀疑它们得脱去身上的外衣才能变得威武，变得矫健。

它们第二次出生必须纹丝不动地待在母蝎背上七天。这时，"脱皮"（我不敢称之为"蜕皮"）完成了。这之所以称之为"脱皮"，是因为这与真正的蜕皮不同，真正的蜕皮之后还要经历很多次的。真正意义上的那几次蜕皮，是在胸廓上裂开一条缝，成虫从这唯一的一条裂缝中脱颖而出，把原先的空壳旧衣服扔掉。这空壳的形状与刚从中爬出来的蝎子丝毫不差，二者惟妙惟肖，难分你我。

我们现在所见到的则完全是另一回事。我在一块玻璃片上放上几只正在脱皮的小蝎子。它们纹丝不动地待着，好像颇受煎熬，几乎坚持不住了。外皮破裂，没有特殊的破裂线，是同时在前后左右破裂的；爪足从护腿套中伸出，双钳撇开护手甲，尾巴抽出尾鞘。满身的碎皮同时落下，像一堆破旧衣衫。这是一种无规则的斑驳脱落。这之后，小蝎才有了蝎子的正常体貌。此外，它们的活动也灵活敏捷了。尽管仍然呈苍白色，但它们已蹦跳自如，匆忙下地，跑到蝎妈妈跟前玩耍、跑动。最让人惊奇的变化是它们突然间长大了。朗格多克蝎的小蝎子通常身长九毫米，可它们现在就已经有十四毫米长了。黑蝎的小蝎从四毫米长到六七毫米，足足增长了一半，体积增加了将近两倍。

在对这种突然增长感到惊讶之外，我就在琢磨这种突然增长的原因何在，因为小蝎子还未吃过任何东西。体重并没增长，反而下降了，因为丢掉了一层外皮。体积增大，但重量没增。因此，这是一种体积产生一定程度扩张的膨胀，同热处理的毛坯物体的膨胀相似。体内产生了一种变化，把生命分子聚集成空间更大的结构体，所以虽没有新的物质加入，体积却变大了。我想，谁如果有相当大的耐心并配有一套适合的器具，就能够观察到这种结构的迅速变化，从而获得某些有价值的资料。我才疏学浅，没此能耐，我把这道难题留给别人吧。

小蝎丢掉的外皮是一些白色条状物，像上了光的碎布片，它们绝不会掉落在地上，而是紧贴在蝎妈妈的背部，特别是附着在足爪根部周围，缠成一块柔软的毯子，刚脱皮的小蝎子就栖息在上面。坐骑现在已披上了鞍垫，骑手们坐在上面不用害怕身体摇晃。这层破衣旧衫做成的结实马鞍为骑手们提供了足镫把手，任由它们上上下下，动作灵活敏捷。

当我用毛笔轻轻一拨，小蝎子们就纷纷落马，有意思的是它们又非常快速地翻身上马，稳坐其上。它们抓住鞍辔垂条，尾巴做杆，纵身一跳，上得马来。这种奇异的东西是真正的攀登绳梯，方便了小蝎们快速上马。它很结实，不会破裂，差不多能使用一个星期，也就是说用到小蝎离开蝎妈妈的保护为止。

这时，小蝎体色显现：腹部和尾巴染上了金黄色，钳子呈半透明的琥珀色。青春使一切变得漂亮。小朗格多克蝎确实十分漂亮。如果它们一直像现在这种样子，不那么快就配备上咄咄逼人的毒刺的话，它们就会是罕见的宠物，大家都会愿意喂养它们的。它们心中很快就燃起了摆脱母亲守护的强烈愿望。它们很乐意爬下母亲的脊背，在周围疯玩。如果它们跑得太远，蝎妈妈便要教训它们，用双臂耙在沙土上扒拉，把它们聚拢起来。

在小憩之时，蝎妈妈与宝贝们就像母鸡带着鸡雏们休息一样。多数小蝎子都在地上，紧挨着蝎妈妈；有几只坐在那舒适的白垫毯上；有的小蝎子在蝎妈妈尾巴上爬高，攀上螺旋峰的顶处，像是在很有兴趣地居高临下地观看脚下的小蝎子们。突然间，又有新的杂技演员登场，把它们赶下顶峰，取而代之。每个小蝎子都想瞧瞧这观景台到底是怎么一回事。

大部分家庭成员都围在蝎妈妈的旁边，一个个不停地拱动着，钻到妈妈肚皮底下，蜷缩着，脑袋露在外面，两只小黑眼睛闪烁着。最爱动弹的小东西则喜欢妈妈的足爪，因为那是它们的体育器材，它们常在上面做高空杂技训练。歇下来时，大家便又往妈妈的背脊上爬去，找好座位，坐定下来，不再动了，妈妈和儿女们全都不动了。

小蝎子成熟到准备离开妈妈的守护的这个时期持续了七天，这正好是不进食体积却扩大两倍那奇怪增长期的时间。一窝小蝎子待在蝎妈妈背上半个多月。母狼蛛驮着自己的小宝贝们长达六七个月，而小宝贝们虽然不进食，却精神头儿十足，不停动弹。蝎妈妈的小宝贝们在获得新生与灵活的蜕变之后，要吃些什么呢？蝎妈妈是否会邀请它们与它一起用餐？它是否给它们留着自己的美食中最软嫩的饭菜？蝎妈妈谁也不邀请，它什么也没留着。

我给了蝎妈妈一只蚱蜢，是从我觉得适合小蝎子们稚嫩的胃的小野味中挑选出来的。当母蝎毫不关心自己的宝贝们，自己独自在细嚼慢咽那只蚱蜢时，一只小蝎子从它的背上爬下来，伸出头去探看，想弄清楚妈妈在做什么。它用爪尖触及妈妈的下颚。突然，它吓得赶忙后退。它走开了，这是聪明之举。正在津津有味地进食的妈妈根本不会给它留下一点儿的，也许反而会一把抓住它，毫不心疼地把它吞吃掉。

蝎妈妈在吃蚱蜢脑袋，又一只小蝎子已经吊在了蚱蜢的尾部。小蝎子在轻咬轻拽蚱蜢，想吃上一点。最后，它未能如愿，因为这个部位很硬。

如果蝎妈妈稍加关心，给小宝贝们一些吃的，那小宝贝们会很高兴享受一下的，尤其是给的食物很适合它们那稚嫩的胃。可是，蝎妈妈只顾自己吃，其他的一律不管。

唉，那些让我度过美妙时光的漂亮的小宝贝们呀，你们可怎么办啊？你们是想离开家，去远处寻找一些很不起眼的小虫子吧！我从你们焦急的乱窜中便看出来了。你们要逃离自己的妈妈，而它也不再要你们了。你们已长得很健壮，是该各奔东西了。

如果我非常清楚你们适合吃什么样的小活物，或者我时间宽裕，可以为你们去寻找，我会很高兴地继续饲养你们的，但不是把你们继续养在你们出生的玻璃笼子里的瓦片下，跟大人们混在一块。我了解那些老东西，它们容不下别人。那些老东西会把你们吃掉的，我的小宝贝们。甚至你们的妈妈们也不会放过你们的。在你们母亲

们的眼里，从今以后，你们就被视作陌生人了。来年，婚配季节，
你们嫉妒成性的母亲们在做完好事之后，就会把你们吃掉的。该离
开了，小宝贝们，三十六计，走为上策。否则，我让你们住在何处？
怎么饲养你们？我们最好还是分手吧！尽管我心中不免有点不舍。过
几天，我把你们送到你们的领地散放出去，就是那个多石的山坡地，
那里太阳可温暖啦。你们在那儿会找到一些伴侣的，它们和你们一
样刚刚开始成长，但它们已经在自己的小石块下独立生活了，那些
小石块有时只有指甲盖儿那么大点。在那里，你们比在我家里更能
学会怎样为生存而进行艰难的斗争。

本篇中，作者通过实验的方式对朗格多克蝎的繁殖活动进行了
观察和记录。全篇大量运用比拟的方式对朗格多克蝎的分娩和幼虫
喂养的过程进行了描写，使得我们对朗格多克蝎的外貌和生育活动
都有了具体的认知。

法布尔对于朗格多克蝎的研究，没有迷信所谓书本和专家的"权
威"，而是抛开老路，怀着一种空杯心态进行客观的观察与实验，
也正是这样他才得出了关于朗格多克蝎的正确结论。纵观全文，作
者试图向我们传递出解决问题不要盲目求助书本，而应当从事实中
寻找真相的态度。

剧毒凶猛的朗格多克蝎

这种蝎子沉默少言，其习性带着神秘色彩，与它接触没有趣味可言，因此除了通过解剖所得到的一些资料之外，对它的历史几乎一概不知。老师们的解剖刀向我揭示了它的组成结构，但是，据我所知，还没有任何一位观察者打定主意要坚持不懈地研究它的隐秘习性。用酒精浸泡后开膛破肚的朗格多克蝎已清楚地为人所了解，但是它在其本能范围内的活动情况却几乎无人所知。在节肢动物中，没有哪位比它更应当在生物学方面详细介绍的了。一直以来，它都让人们浮想联翩，竟然成为黄道十二宫标志之一。卢克莱修曾说："恐惧创造神明。"蝎子通过恐惧让人们给神化了，被敬为天上的一个星座，而且成为史书上十月的象征。我们试着让蝎子开口说话。

在安排蝎子的住宿问题以前，我先给它们做一个简单的体貌特征的描绘。普通的黑蝎在南欧很多地方都有，大家都很熟悉。它经常出没在我们住处周围的阴暗角落里。一到秋季阴天下雨的日子，它就钻进我们家中，有时候还钻进我们的被子中。这

拟人的手法。将朗格多克蝎拟人化，通过其性格上沉默寡言的特点凸显出这类昆虫的神秘性，引发读者的阅读兴趣并为后文的写作埋下伏笔。

因为现实中多有崇尚标本的研究和解剖学研究，而缺乏作者一样的实地考察，因此虽然朗格多克蝎的生物学特征已经相当清晰，但其生活习性还是不为人所知。

可恶的昆虫给我们带来的不仅是疼痛，还有恐惧。尽管我现在的住房中就有很多的黑蝎，但我观察时倒并没有怎么受到伤害。这种恶名很大但又很可悲的昆虫更多的是让人厌恶但并不危险。

朗格多克蝎生活在地中海沿岸各省，人们对它害怕有余而了解不多。它们并不打扰我们的生活，而是躲得很远，藏于偏僻地区。和黑蝎相比，朗格多克蝎可谓一个巨头，发育完全时，身长可达八九厘米，其颜色呈干麦秆的那种金黄。

它的尾巴——实际上就是它的腹部——系五节相连的像酒桶的棱柱体，相互之间由桶底板连接，形成错落有致、粗细相同的棱状条，好像一串珍珠。这同样的花纹还遮盖着那举着大钳的大小臂膀，并把臂膀分割成一些条形斜面。还有一些花纹弯弯曲曲地分布在脊背上，好像它护胸甲接合部的绲边，而且是压花绲边。这些凸出的小颗粒透出了盔甲那厚重粗野的架势，那也是朗格多克蝎的习性特征，就好像这个昆虫是用闪闪发光的刀砍削出来的一样。

它的尾部还有一个第六节体，表面很滑，呈泡状，是制作并存储毒液的小葫芦。蝎毒外表看上去就像水一样，但毒性超强。毒腔末端是一个弯弯的螯针，色暗，尖利。针尖不远处有一细小的孔，用放大镜方能隐约看见，毒液从这细孔流出，渗进对方被尖头扎破的伤口。螯针既硬又尖，我用指头掐住螯针，让它穿过一张硬纸片，就像缝衣针穿衣服那样的简单。

在《朗格多克蝎的生活》中，作者向我们介绍了朗格多克蝎的生育活动，而本章中作者继续描述了朗格多克蝎的战斗、猎食等过程，使得我们对朗格多克蝎的了解更全面。

螯针弯曲度超大，当尾巴平放伸直时，针尖是冲下的。要使用这件武器时，蝎子就必须把它抬起来，翻转过来，从下往上刺出去。这其实是它一直不变的攻击术。蝎尾反卷在背部，突然伸直，攻击被钳子夹住的对方。另外，蝎子平常几乎总是这种姿势，无论是走动还是休息，尾巴都卷贴在背上。尾巴平拖在地上的情况非常少见。

蝎钳从嘴中伸出，犹如螯的大钳子，既是战斗的兵器，又是获取信息的器官。蝎子向前爬时，便将钳子前伸，钳上的双指张开着，以了解和对付所碰到的东西。如果一定要刺杀对方的话，双钳便先镇住对手，将对手吓得动弹不得，然后螯针从背部伸出来攻击。最后，如果需要长时间地撕咬猎物的话，那对钳子便当作手来使用，把猎物抓送到嘴里。它们从来没被当作行走、固定或挖掘的道具使用过。

双钳相当于起着真正的爪子的作用。它们好像是被突然截折的指头，指尖生出几只能活动的弯爪尖，其对面还竖着一根短而细的尖爪，几乎能起到拇指的用途。那张小脸上长着一圈粗糙的睫毛。身体各部件组合成一个绝妙的攀缘器，这就充分证明蝎子为何能够在我的钟形罩网纱上爬来爬去，能够长久地仰着身子停在罩顶端，能够拖着笨拙而沉重的身子沿着垂直的罩壁爬上爬下。

蝎子身下，紧随爪子之后的是像梳子一样的东西，那是个特别的器官，是蝎子特有的采邑。梳子的名字源自其结构。它们是一长排的小薄片，互相

拟人手法。将朗格多克蝎拟人化，生动形象地呈现出朗格多克蝎战斗时的攻击性和气势，能给敌人巨大的威慑感。

比拟手法。将朗格多克蝎的采邑比作梳子，以物比物，更加生动形象地呈现出朗格多克蝎采邑密集排列、状如薄片的形态特点。

紧密地排列着，就像我们日常所用的梳子的排齿。解剖学家们怀疑它们是一部齿轮机，以便雌雄交尾时双方紧连在一起。为了仔细察看它们亲热时的情况，我把捉到的朗格多克蝎关在有玻璃壁板的大笼子里，并放进一些大陶片，让它们作为藏身之用。它们一共是十二对。

四月里，当燕子飞来，布谷鸟开始鸣叫时，我的那些之前一直安静地生活着的蝎子闹起了一场革命。在我那露天安置的昆虫小村落里，不少的蝎子跑出去做夜间朝拜了，而且有去无回。更加严重的是，在同一块砖头下面，我几次发现两只蝎子待在里面，一只在吞食另一只。这是不是同类间打家劫舍的案子？美好时节开始了，生性好游荡的蝎子们冒失地闯入邻居家中，因为体弱而被对手吞食，为此丢了性命？大概是这么个原因，因为闯入者被慢慢地吃了一整天，就像是被捉住的一个猎物一样。

那么，这就值得警惕了。被吃掉的，无一例外，都是中等个头儿的蝎子。它们体色更加金黄，肚腹略小，说明是雄蝎，而且被吃的总是雄性。其他的那些蝎子体形稍大，肚子滚圆，稍有点带暗色，它们的死并不像这样惨。那么，这儿发生的也许并不是邻里之间的打斗，不是因为太喜欢独居而对所有来访者怀有敌意，随时把它们吃掉，以此作为对所有冒失鬼的彻底的解决方法，而是婚俗的规则，在交配之后由女方残忍地把男方干掉完事。

春回大地，我已事先准备好了一个宽敞的玻璃

在昆虫繁衍后代的过程中，因为昆虫的习性特点，有时雄性在交配后会被雌性吃掉，本书中有许多昆虫都是如此，可尝试整理一下。

笼子，放了二十五只蝎子，每只蝎子一片瓦。一月到四月中旬，每天夜晚，夜幕降临以后，七点到九点之间，玻璃瓶中便闹腾开来。白天就像是荒漠，此刻却变成了欢乐的海洋。刚吃完晚饭，我们全家便跑向玻璃笼子。我们把一盏灯挂在笼子前面，就可看见事情的全过程了。

我们经过一天的繁乱，现在有好的排遣了。眼前是一场好戏。在这出由天真的演员表演的戏中，每招每式都相当有意思，以致刚把提灯点亮，我们全家老小全都在池座就位了，连爱犬汤姆也过来观看。不过，汤姆对蝎子的事不是很关心，坦然地躺在我们跟前打盹儿，但只是一只眼睛闭着，另一只眼睛一直睁着，盯住它的朋友——我的儿女们。

让我想法给读者们讲述一下所发生的事情。靠近玻璃壁板的提灯照得不很亮的那个地方，很快便聚集起不少的蝎子。其他所有的区域，到处游荡着一些孤独者，它们被灯光吸引，离开暗处，奔向光明的欢乐地。夜蛾子扑火的场面也不如它们那样兴冲冲的。后来者混进先前的那些蝎子中去了，而另一些因懒于争夺，退到暗处，休息片刻，然后满怀激情地回到舞台上去。

这个狂热纷乱的恐怖场面就像一场狂欢舞会，颇为引人注意。有一些蝎子从老远跑来，它们严肃端庄地从暗处爬出来，突然像滑行似的轻快而迅疾地冲向亮处的蝎子群。它们那灵活劲儿就像碎步疾走的小老鼠。蝎子们在相互寻找着，但指尖稍一接

拟人手法。将蝎子拟人化，生动形象地呈现了光对于蝎子的强烈刺激和光线带给蝎子的兴奋感，形象具体地说明了蝎子具有趋光性的特点。

触就像是彼此都被烫着了似的赶忙逃离。另有一些同伙伴稍稍滚抱在一块，又赶忙分开，茫然不知所措，跑到暗处定一定神儿，又卷土重来。

时不时地会有一阵激烈的喧闹：爪子互相缠绕，钳子又夹又抓，尾巴我钩你击，不知是爱抚还是威吓，谁也弄不明白。在混乱之中，找到一个合适的视角，就可以发现一对对的小亮点，像红宝石一样的在闪耀。你会认为那是闪闪发光的眼睛，实际上那是两个小棱面，像反光镜一样的发亮，长在蝎子的头上。蝎子们无论胖瘦大小全部参加了混战，那就像是一场你死我活的战斗，一场大屠杀，然而那却是一场疯狂的游戏，就像小狗狗们扭缠在一块一样。不一会儿，大伙四散开，每一只蝎子都向自己的方向蹿去，没有一点伤筋动骨，没有丝毫的伤痕。

现在，四散而去的逃跑者们又聚集到灯光跟前来。它们荡过去爬过来，回来了又离开，常常是脸碰脸头撞头的。最性急的往往从别人的背上爬过去，后者只是动动臀部算是在抗议。现在还未到大打出手的时候，最多只是两人相遇，扇个小耳光而已，也就是说用尾巴拍打一下罢了。在蝎子群里，这种不使用毒针的敲敲打打是它们常见的拳击形式。

还有比尾巴互击、爪子相缠更精彩的：有的时候，会有一种相当别致新颖的打斗架势。两强相遇，头顶头，双钳回收，后身竖起，来个大倒立，以致胸脯上的八个呼吸小气囊全都显现。这时，它俩垂直竖立的尾巴互相磨蹭，上下滑动，而两个尾梢互

比喻说明。将蝎子的眼睛比喻为红宝石和反光镜，生动形象地说明了蝎子眼睛能够闪闪发光的外观特征。

相微微钩住，并反复多次地钩住、解开，解开、钩住。突然间，这友谊的金字塔倒塌了，双方便没有任何寒暄地急匆匆跑掉。

这两位摆出新颖别致的姿势意义何在？是否是两个情敌在搏斗？看来不像，因为二者相遇时并没有怒目而视。我从之后的观察中得知，它俩这是在眉目传情，私订终身。蝎子倒立起来是在倾吐自己的爱慕之情。

如果继续像我一开始的那样，每天观察并把每天积累的材料汇总在一起，是会有好处的，而且讲述起来也比较快。但是，这样一来，那各有特色且难以融会贯通的一幕幕细节就省略掉了，讲述的趣味性也就没有了。在介绍如此奇特而且又不为人知的昆虫习性时，没有哪一点可以忽略不提。最好是参照编年法，并把观察到的新情况分段讲述出来，尽管这样做有累赘重复之嫌。这种无序必然产生有序，因为每天傍晚的那些引人入胜的情况都能提供一种联系，对先前的情况给予验证和补充。我现在就进行抽样讲述。

昆虫间的搏斗有着不同的意义，有的搏斗是为了争夺食物或者伴侣，而朗格多克蝎则是为了表达爱意。如果我们不了解，就会产生误解。

一九〇四年四月二十五日

咦！那是怎么了？我还从没见过。我一直未放松警惕，但这还是头一回亲眼看见这番情景。两只蝎子面对面，钳子伸出，钳指互夹。这是友谊的握手，而不是搏杀的前奏，因为双方都以最友善平和的态度对待对方。这是一雄一雌的两只蝎子。一只肚子大，颜色有些暗，是雌蝎；另一只相对弱小，色泽苍白，是雄蝎。它俩都把长尾卷成美丽的螺旋花形，有板有眼地沿着玻璃墙边挪着步子。雄蝎在前倒退着走，步履平稳，根本不像是拽不动对方的样子；雌蝎被抓住爪尖，与雄蝎面对面，顺从地跟着走。

它们走走停停，但一直这么缠在一起。它们停停歇歇，然后又走动起来，一会儿从这儿走，一会儿从那儿走，从围墙的一端转到另一端。看不出它们到底要走到哪里去。它们溜达着，开始发情，眉来眼去的。此刻的情景让我想到在我们村镇，每个星期天晚祷之后，年轻人一对对地手牵手、肩搂肩沿着藩篱墙散步。

它们经常掉转回头。总是雄蝎在决定向哪个方向走。雄蝎没有放开对方的手，亲切地转个半圆，同雌蝎肩并肩。这时候，雄蝎展开尾巴轻轻爱抚雌蝎一会儿。雌蝎一动不动，不露声色。

我一直饶有兴致地观察着这没完没了的来来去去，整整有一个钟头。家中有人帮我一起观看这番奇妙情景，世上还没有人见过这种场面，至少是没有以善于观察的眼光看过这种表演。尽管天色已晚，但是我们一直注意力高度集中，一点重要情况都没有逃过我们的双眼。

到十点钟左右，雌雄要有结果了。雄蝎爬到一片它感觉适合的瓦片上，放开雌蝎的一只手，只放了一只手，而另一只手却仍旧紧握着不放，用松开的一只手扒一扒，用尾巴扫一扫。一个洞口张开了。雄蝎钻了进去，之后，一点一点地、轻之又轻地把在耐心等待着的雌蝎拉进洞里。不一会儿，它们就不见了踪迹。一块沙土垫子把洞门封上。这对情人入了洞房。

打扰它们的好事是愚蠢的，我如果想要立刻看到洞内所发生的情况的话，那就会操之过急，不合时宜。它们那些事大概要持续个大半夜，而我已年近八十，熬夜开始让我体力不支。眼睛发涩，双腿酸痛，先去睡上一觉再说吧。

　　我整整一夜都梦见蝎子。我梦见它们钻进被窝，爬到我脸上，但我并没太惊慌不安，因为我脑子里全是蝎子的奇情异事。次日，天一亮，我便去掀开那块瓦片。只有雌蝎独自待在那儿，雄蝎没了身影，那个洞里没有，周围也没见到。这是我的第一个失望，接下来的失望大概会一个接一个的。

五月十日

　　晚上快七点钟的时候，天上乌云翻滚，要下大雨了。在玻璃笼子的一块瓦片下面，有一对蝎子正脸对脸、手指钩住手指，纹丝不动地待着。我小心翼翼地掀开瓦片，让这对住户暴露出来，以便观察它俩这种脸对脸后的一举一动。天慢慢地黑下来，我放心了，觉得不再会有任何东西去搅扰没了屋顶的住所的安宁。倾盆大雨哗哗地泻下，我只好转身回屋避雨。蝎子们有玻璃笼子保护，不怕雨的袭击。它们的瓦屋被揭去房盖，就这么被弃在那儿做其好事，那它们将怎样操作呢？

　　一小时以后，大雨停了，我又回到蝎子笼前。它们走了。它们选了旁边的一所有屋顶的屋子住下了。雌蝎在外面等候着，而雄蝎则在里面布置新屋，可它们的指头仍然钩着。家里人每十分钟替换一次，省得错过我觉得随时都会进行的交尾。但这么紧张一点用也没有。快八点钟时，天已经全部黑透了，这对蝎子由于不喜欢所选的新房，开始踏上朝圣之路，仍旧是手牵着手，往别处寻去。雄蝎倒退着指引方向，选择自己合适的住所；雌蝎则跟随着，服帖温驯。这同我四月二十五日所看到的场景相同。

　　终于找到了它俩都满意的新房。雄蝎先闯进去，但这一回它两只手一直都没有松开自己的情人。它用尾巴这样三扫两划拉，新房便准备妥当。雌蝎被雄蝎温柔轻缓地拉着，也进入洞房。

两个小时过去了，我满以为已经给了它俩足够的时间完成这些同居的准备，便前去察看。我揭开瓦片。它俩就在里面，仍旧保持着原来的姿势，脸对脸，手牵手。今天看上去是没什么花样儿可瞧的了。

次日，依然未见新鲜东西。一个面对另一个，都若有所思似的，爪子全部没有动弹，手指仍旧钩住，在瓦片下继续那没完没了的含情脉脉。日落西山，暮色降临，经过这么二十四个小时的彼此紧密相连之后，这对情人总算分开了。雄蝎离开了瓦屋，雌蝎仍留在当中，好事没见一点进展。

这场戏中有两个情况必须牢记：第一，一对情人相亲相爱地散步之后，必须有一个隐蔽而安静的住处。在露天地里，在众目睽睽之下，在熙熙攘攘的环境中，这等好事是永远也做不成的。屋顶的瓦一旦被揭去，不管白天还是黑夜，无论如何小心谨慎，情侣们经过思考，还是会离开原地，另寻新居。第二，在瓦屋中停留的时间是相当长的，我们刚才已经看到，都等了二十四个钟头了，但仍没见到决定的一幕。

五月十二日

今晚这一幕将告诉我们哪些？天气闷热，没风，很适合夜间的约会发情。两只蝎子已经成双成对，但我并没看见它俩是怎么勾搭上的。这一回，雄蝎体形比腰圆肚大的雌蝎要小得多，但雄蝎却是雄风不减。像约定好似的，雄蝎倒退着，尾巴卷成喇叭形，领着胖雌蝎在玻璃墙边悠闲散步。它们转了一圈又一圈，一会儿是沿同一方向转圈，一会儿又回过去转圈。

它们常常停下休息。停下时，它们头碰头，一个稍向左，另一个稍向右，就像是在交头接耳，窃窃私语。前头的小爪子磨蹭着，想爱抚对方。它俩在说些什么？那无言的山盟海誓怎样才能翻译出来？

我们全家都跑过来看这种奇怪的勾搭景象，而且，我们的在场一点没有影响它们。那景象让人看着颇有意思，这么说毫不夸张。在提灯的亮光下，它俩好像镶在一块黄色琥珀之中的半透明、光亮的物体。它们长臂前伸，长尾卷成美丽的螺旋状，动作轻柔，一步步地开始长途旅行了。

没有任何东西打扰它们。如果有这么一个流浪汉晚间乘凉，正像它俩一样沿着墙边散步，与它俩途中相遇，它知道它俩准备干风流事，便会闪到一边，让它俩过去。最后，一处瓦片隐秘所收留了它俩，于是，不用说，雄蝎首先倒退着走进去。时间已是晚上九点了。

随着这晚间的田园诗之后的是夜间惨不忍睹的悲剧。次日清晨，雌蝎仍在头一天晚上的那间瓦屋内，而瘦弱的雄蝎就在它身旁，但已被它吞吃了一部分。雄蝎的头、一对爪子、一只钳子没有了。我把这具残尸放到瓦屋门口。整整一个白天，隐居的雌蝎没有碰过它。夜色很深时，雌蝎出来了，在门口碰上死者，把死者拖到远处，以便安排隆重葬礼，也就是说把死者吃干净。

这个同类相食的情况同去年我在昆虫小村落上所看到的情景完全一样。当时，我常常发现一只胖乎乎的雌蝎在石瓦下面津津有味地像吃大餐一样地把自己的夜间情郎给吃掉，我就在猜测，雄蝎一旦做完好事之后不赶快抽身的话，一定会被雌蝎全部或部分地吃掉，这要看雌蝎当时的食欲怎样。现在，事实就摆在我的眼前，我的猜想一点没错。昨天我看见这对情侣在漫步中充分准备之后双双进了洞房，可今天清晨，我跑去看时，在同一块瓦片下面，新娘正在消化自己的新郎呢。

毫无疑问，那不幸的雄蝎已经死了。但是，由于繁衍的需要，雌蝎不会把雄蝎全部吃掉的。昨晚的这对情侣做事干净利索，可我还看见其他的一些情人时针都转了两圈了，还在耳鬓厮磨，窃窃私语。一些无法确定的环境因素，诸如气温、气压、个体激情的差异等，会大大地或延缓或加速交配高潮的到来。而这也正是巨大困难的所在，使得一心想要弄清楚这些情况的观察者，很难准确无误地捕捉时机。

五月十四日

肯定不是饥饿的原因让我的蝎子们每天晚上都激动不已的。它们每晚劲舞狂欢与寻找食物毫不相干。我刚往那些忙碌的蝎群中扔进了花样很多的食物，都是从很对它们胃口的食物中挑选的，其中有蝗虫宝宝的嫩肉段，有比一般蝗虫肥美肉厚的小飞蝗，有剪去翅膀的尺蛾。天渐渐温暖时，我还会捉一些蜻蜓来喂它们，那是蝎子十分喜欢吃的食物，我还把同样受它们喜欢的蚁蛉也捉来喂它们，以前我曾在蝎子窝里发现过蚁蛉的翅膀、残渣。

面对这么多高级美味，蝎子却不为之所动，谁都对此不屑一顾。在混乱的笼子里，小飞蝗在跳蹦，尺蛾用残翅拍打地面，蜻蜓在瑟瑟发抖，但蝎子们从这些美味身旁走过时却并不关注它们。蝎子们踩踏、撞倒它们，用尾巴把它们扒拉开，总之，蝎子们不需要它们，肯定不需要。蝎子们有其他的事情要去忙。

几乎全部的蝎子都在沿着玻璃墙行走。有一些固执者尝试着往高处爬，它们用尾巴支撑身子，一滑就掉下来，然后又在别处试着往上爬。它们伸出拳头击打玻璃壁，它们拼命地一定要抢在前头。不过，这个玻璃公园很宽敞，大家都有地方待着；小路一条又一条，足可供大家长久地漫步。它们可不管这些，它们要向远处去游荡。如果它们拥有自由，它们会散布在四面八方。去年，也是这个时节，笼中的蝎子离开了昆虫小村落，我也就再没见到过它们。

　　春季交配期要求它们出游。之前一直形单影只地生活着的它们现在要撤开自己的牢房，去完成爱情朝圣，它们不在乎吃喝，一心只想着要找到自己的伴侣。在它们领土的砖石堆里，也许也会有一些可以约会、可以聚集的优选之地。如果我不担心夜里在乱石冈上摔断腿的话，我还真想去看看它们在甜蜜温馨当中的男欢女爱呢。它们在光秃秃的山坡上做些什么？看上去和在玻璃笼内做的没什么不同。雄蝎选好一位姑娘之后，便手牵手地领着新娘穿行于薰衣草丛中，悠然散步。虽然它们在那里享受不到我那小提灯昏暗的光，但提灯无可比拟的月光却给了它们光亮。

五月二十日

　　并不是每天晚上都能见到雄蝎邀请雌蝎漫步的情景的。许多蝎子从各自的瓦屋下出来时都已经成双成对的了。它们就这样手牵着手度过整个白天，一动不动，面面相觑，沉思默想。夜晚到来，它们仍不分开，沿着玻璃笼边重又开始前一天晚上甚至更早就开始的漫步。我不知道它们是何时、又是怎么结合在一起的。有一些是在偏远小路上偶然相遇的，而我们又很难观看到这一点。当我隐约发现它们时，已经晚了，它们已结伴而行了。

　　今天，我的好运来了。在我的眼前，提灯照得最亮的地方，一对情人已结合成了。一只生龙活虎、喜形于色的雄蝎在蝎群中横冲乱撞，一下子就和一个它满意的过路雌蝎面对面了。后者没有抗拒，好事就成了。

　　它俩头碰头，钳子撑着地，尾巴在大幅度地摇摆着，然后，尾巴竖起，尾梢互相钩住，亲切温柔地相互爱抚。这对情人在拿大顶，其办法我们前面已经讲述过了。不一会儿，竖起的尾巴架拆开了，它们的钳指仍然钩着，没变其他花样，就这样上路了。金字塔状姿势完全是双双外出的前奏曲。这种姿势说实话并非少见，两只同性蝎子相遇也会这样，但同性间的这种姿势没有异性间的规范，尤其是不那么郑重其事。同性搭建金字塔时动作浮躁，并不是友好的撩拨，其两尾是在互相打击而不是彼此抚摸。

我们稍稍跟踪一会儿那只雄蝎。它在急匆匆地向后退，因征服了对方而得意扬扬。想它遇到另外的一些雌蝎，它们都好奇地，或许是因为嫉妒，它们列于两边，看着这对情人走过。其中有一只雌蝎猛地扑向被牵着的新娘，用爪子抓紧它，拼命地想拆散这对鸳鸯。雄蝎拼命地反抗那个进攻者的强大拖拽力，它拼命地拉拽，使劲儿地摇晃，但都不能见效。它终于放弃了，对这个意外事件并不感到遗憾。身旁就有一只雌蝎等着。这一次，它随便闲聊几句，三下五除二地就把事情办好了，它拉住这个新雌蝎的手，邀它一起散步。后者不干，挣脱开，逃之夭夭。

那堆雌蝎中，又有一只被这只雄蝎看中了，于是它又采取了相同的开门见山的办法。这只雌蝎答应了，但是这并不能证明半路上它就不会离开这个雄性勾引者。对于年轻的雄蝎来说这没什么大不了的！走了一个，还有更多其他的在等着。那它到底想要什么样的呢？要第一个投怀送抱的。

这第一个投怀送抱者，它已经找到了，正领着它散步呢。雄蝎走到了明亮的地方。如果对方拒绝往前走，它就拼命地又拉又摇；如果对方温柔体贴，它就温文尔雅。它常常停下来休息，有时候休息得还很长。

这时，雄蝎在进行一些怪异的操练。它把双钳——确切地说是双臂——收回，然后又直伸出去，强迫雌蝎也重复地做这种动作。它俩变成了一个肢节拉杆机械，形成不断闭合的状态。这种灵活性训练完了之后，机械拉杆便停止不动，僵持住了。

现在，它俩额头相碰，两张嘴互相贴在一起，窃窃私语。这种亲昵抚摸就是我们的拥抱和接吻。只是我不敢这么说罢了，因为它们没有头、脸、嘴唇、面颊。仿佛被截枝剪一刀剪去了一样，蝎子甚至都没有鼻子尖。在应该是面部的部位，它们长的却是一些丑陋颌骨的平板。

但此情此景却是雄蝎子最美好的时光！它用自己那比其余爪子更敏感、更娇嫩的前爪轻打着雌蝎的丑面孔，可在雄蝎眼里，那可是最漂亮最甜润的脸庞。它心痒难耐地轻轻咬着，用下颚拨弄对方那同样奇丑无比的嘴。这是天真与温情的最高境界。据说鸽子发明了亲吻，可我却了解早于鸽子的发明者：蝎子。

雌蝎任由雄蝎轻薄，它完全是被动的，心中暗藏着借机逃跑的计划。可是怎样才能溜掉呢？这很容易。雌蝎以尾当棒，朝着忘乎所以的雄蝎的腕子猛然一击，后者立即松手。于是，两蝎分开。次日，消气之后，好事又会开始的。

五月二十五日

这猛然一击告诉我们，开始观察所见的温驯的雌蝎伴侣有自己的小脾气，会固执地拒绝对方，说翻脸就翻脸。我们来举一个例子。

这天晚上，一对俊男美女正在漫步。它俩对一片瓦非常满意。雄蝎于是就松开一只钳子，仅松开一只，以便让活动自如些。它用尾巴和爪子开始清理入口。然后，它钻了进去。随着洞穴渐渐加深加宽，雌蝎便也跟着钻了进去，看上去是心甘情愿的。

不一会儿，或许是时间和住宅不合意，雌蝎出现在洞口，半截身子退到洞外。它在拼命挣脱雄蝎。后者身在洞内，努力地在往里拉拽雌蝎。战斗相当激烈，一个在里面使劲儿拽，另一个在外面拼命挣。双方有退有进，不分胜负。最后，雌蝎猛一用力，反而把雄蝎给拽了出来。

这二者没有分开，但已到了屋外，又开始散起步来。足足一个小时的时间，它俩沿着玻璃笼墙根走过去走过来，最后又回到了刚才那片瓦前。洞穴本已开通，雄蝎立刻钻了进去，然后便使劲儿地拉拽雌蝎。后者身在洞外，努力地抵抗着。它挺直足爪，拱起尾巴，踩住地面，顶住屋门，就是不愿进去。我觉得它的反抗并不让人扫兴。如果没有前奏曲做铺垫，那交尾还有什么意思呢？

这时，瓦片内的雄蝎勾引者一直坚持，花招耍尽，雌蝎终于顺从了，进入洞内。钟刚敲十点。我哪怕熬上一整夜，也一定要看到结果。我将在合适的时间揭开瓦片，瞅瞅下面发生了什么。好机会难得一见。突然，机会来了，我不敢怠慢。我会瞅到什么呢？

什么都没看到。刚过不到半个小时，雌蝎抗争成功，挣脱管束，爬出洞外，落荒而跑。雄蝎立刻从瓦片深处追了出来，到了门口，左看右看。新娘逃出了它的掌心。它只好灰溜溜地回到瓦片下。它受骗上当了。我和它一样也被骗了。

六月到来了。由于担心光线太强会让蝎子惶恐不安，我以前一直都是把提灯挂在玻璃笼子外面，与它保持一段距离。由于光线不足，我没办法看清漫步中的蝎子情侣我拽你拉的一些细节。它们互相手拉手时是否很主动积极？它们的钳指是否互相咬合着？或者只有一只采取主动？那么是哪一只呢？这一点相当重要，必须弄明白。

我把提灯摆在玻璃笼子的正中间。笼子内四周都照得亮堂堂的。蝎子们不但不害怕亮光，并且还乐在其中。它们围着提灯跑来转去，有的甚至还试着爬上提灯，好离光源更近一些。它们借着玻璃灯罩倒是爬上去了。它们抓住铁片的边缘，不怕掉下，终于爬到了顶上。它们待在上面纹丝不动，腹部贴在玻璃罩上，部分贴在金属框架上，整个晚上都在看个没完，为这灯的辉煌所征服。它们让我想起了曾经的那些大孔雀蝶在灯罩上的得意忘形。

在灯下的一片光亮处，一对情人正抓紧拿大顶。它俩用尾巴温情地挑拨一番，然后就往前走去。我发现只有雄蝎在采取主动。它用每把钳子的双指夹住雌蝎同它相对应的双指。这意味着，只有雄蝎在努力维持着二者之间的衔接，只有雄蝎能够按照自己的意志随时解除牵引，也就是松开钳子。雌蝎则没法这样；雌蝎是俘虏，勾引它的人已经为它戴上了拇指铐。

在一些较为少见的情况中，我们还可以看得更清楚一点。我曾偶然发现过雄蝎抓住它的美人儿的两只前臂往前拉扯。我还见过雄蝎抓住雌蝎的一只后爪和尾巴生拉硬拽。雌蝎先是使劲儿推开雄蝎伸出的爪子，而毫不费力的雄蝎猛地把美女掀翻，顺势伸爪抓住对方。事情是明摆着的：这是货真价实的劫持，是暴力拐骗，就像罗慕路斯王的部下抢掠萨宾妇女一般。

情 节 评 述

本篇对于朗格多克蝎进行了观察和记录。开篇以沉默和带着神秘色彩的拟人手法切入，设置悬念吸引读者兴趣。作者通过细节描写和比喻手法，生动而详尽地向我们介绍了朗格多克蝎的外貌特征。

为了得到关于朗格多克蝎更全面更具体的求偶和繁殖过程，作者进行了长时间的观察，并以观察日记的方式在文中呈现。作者通过拟人手法，生动形象地向我们展现了朗格多克蝎求偶过程的艰辛与趣味，同时也将雄蝎在生育中拥有主动权这一事实清晰地呈现在了我们眼前。

隧蜂世界

你认识隧蜂吗？你大概不认识。这没关系，即便不了解隧蜂，一样可以品尝人生的各种甜蜜温馨。然而，只要努力地去了解，这些不起眼的昆虫便会给我们讲许多奇闻趣事。而且，如果我们对这个纷繁的世界拓宽一点我们的知识面的话，和隧蜂打交道并不是什么让人瞧不起的事。既然我们现在有空余的时间，那就了解一下它们吧。它们是值得我们去认识的。

怎样识别它们呢？它们是一些酿蜜工，体形一般比较纤细，比我们蜂箱中养的蜜蜂还要修长。它们成群地生活在一块，体色和身材又多种多样。有的比一般的胡蜂个头儿还大，有的与家养的蜜蜂大小差不多，甚至还要小一点。这么多种多样，会让没经验的人没有办法。但是，有一个特征是永恒不变的：任何一种隧蜂都清晰可辨地烙有本种类的印记。

你看看隧蜂肚子背面腹尖上那最后一道腹环。如果你抓住的是一只隧蜂，那么它的腹环则有一道明亮光滑的细沟。当隧蜂处在防卫状态时，细沟则

对比手法。 将隧蜂和蜜蜂、胡蜂、家养蜜蜂进行对比，使得读者对于隧蜂的外观有更加具体的认识，在叙述上也显得更加鲜明和生动。

外貌描写。 对隧蜂的外貌进行细节描写，特别是细沟、滚动槽沟等印记的描写使得读者能够更清晰地掌握隧蜂的外形特征。

忽上忽下地滚动。这好似出鞘兵器的滚动槽沟说明它就是隧蜂家族的一员，不用再去辨别它的体色、体形。在针管昆虫当中，其他任何蜂类都没有这种独特新颖的滚动槽沟，这是隧蜂的明显印记，是隧蜂家族的徽章。

四月份，筑巢工程小心翼翼地开始了，如果不是一些新土小包的话，外面是怎么也看不出来的。外面工地上一点动静也没有。工匠们很少跑到地面上来，因为它们在井下的工作十分繁忙。有时候，这里或是那里，有这么一个小土包的顶部摇晃起来，随即就顺着圆锥体的坡面滚落下去，这是一个工匠造成的，它把清除的废物刨出来，往土包上堆，但它自己并没露出地面。眼下，隧蜂只忙于这种事。

五月带着阳光和鲜花来到了。四月里的挖土方的工人现在变成了采花匠。不管什么时候都能够看见它们待在开了天窗的小土包顶部，每个都浑身沾满黄花粉。个头儿最大的是斑纹蜂，我常常看见它们在我家花园小径上建窝筑巢。我们细细地观察一下斑纹蜂。每当储藏食物的工作干起来的时候，总会不知道从什么地方突然来了这么一位吃白食者。它将让我们亲眼看见豪夺强抢是怎么回事。

五月里，上午十点钟左右，当储备粮食的工作正干得起劲时，我每天都要去察看一遍我那人口稠密的昆虫小村落。我在太阳地里，坐在一把矮椅子上，双臂支膝，弓着腰，纹丝不动地观察着，一直到吃午饭时为止。引起我注意的是一个吃白食者，是一种叫不上名字的小飞虫，但却是隧蜂里恶狠的暴君。

这凶手有没有名字？我想大概是有的，但我却并不想太浪费时间去查寻这种对读者来说并没多少意义的事情。花时间去弄明白枯燥的昆虫分类词典上的解读，还不如把清楚明白的事实提供给读者好。我只需简单叙述一下这个歹徒的体貌特征就行了。它是一种身长五毫米的双翅目昆虫，眼睛深红，面部白净，胸廓深灰，上有五外貌描写。对抢夺隧蜂劳动成果的小飞虫的外貌从上到下的细节描写，让这种飞虫普通的外形特征和后文的偷食行为形成鲜明的对比。

行细小黑点，黑点上长着后倾的纤毛，腹部呈浅灰色，腹下苍白，爪子是黑色的。

在我所观察的隧蜂中，它的数量非常多。它常常蜷缩在一个地穴周围的阳光下静候着。一旦隧蜂满载而归，爪上沾满黄色花粉，它就冲上前去，尾随隧蜂，前后左右转来转去，紧追不舍。最后，隧蜂突然钻进自家洞中，这双翅目食客也随即迅疾落在洞穴入口旁边。它一动不动，头冲着洞门，等待着隧蜂做完自己的工作。隧蜂终于又出来了，头和胸廓探出洞穴，在自家门口稍停片刻。那吃白食者仍旧一动不动。

拟人与对比手法。用拟人的手法交代了隧蜂和偷食者的关系，同时通过对比的方式鲜明地呈现了隧蜂和偷食者在力量上的差别。

它们经常是面对面，间隔不到一指宽。双方都不动声色。隧蜂没有防备趁机偷食的食客，至少，其外表的平静会让人这样想，而食客也一点没有担心自己的大胆举动会受到惩罚。面对一根指头就能把它压扁的巨人，这个侏儒却仍然纹丝不动。

我本想看到双方有哪一方表现出害怕来，但却没能如愿：没有什么迹象表明隧蜂已知自己家里有遭到打劫之虞，而食客也没有表露出任何因会遭到严厉处罚而产生的担心。打劫者与受害者双方只是相互对视了一下而已。

设置悬念。隧蜂在力量上优于"强盗"却对"强盗"表现出极大的宽容，这种力量和态度上的反差为后文的叙述设置了悬念。

隧蜂只要自己情愿，就可以用利爪把这个毁了自己家园的小强盗给开膛破肚，可以用大颚压碎它，用螫针扎透它。但隧蜂根本就没这样做，它任由那个小强盗血红着眼睛盯着自己的宅门，一动不动地待在附近。隧蜂表现出这种愚蠢的厚道到底是为何呢？

隧蜂飞走了。小强盗马上飞进洞去，像进自己家门似的大大方方。现在，它可以随便地在储藏室里挑选了，因为所有的储藏室全是敞开着的。它还趁机建造了自己的产卵室。在隧蜂回来以前，没有谁会打扰它。让爪子沾满花粉，胃囊中饱含糖汁，是件颇费时间的工作，而私闯民宅者要做坏事也必须有一定的时间。但罪犯的计时器相当精确，能准确地算出隧蜂在外面的时间。当隧蜂从野外飞回时，小强盗已经逃跑了。它飞落在离洞穴很近的地方，待在一个有利位置，看准机遇再次打劫。

万一小强盗正在打劫时，被隧蜂突然撞到，会是什么样呢？出不了大事的。我看见一些大胆的小强盗跟着隧蜂钻进洞里，并待上一段时间，而隧蜂则正在调制蜜糖和花粉。当隧蜂制作甜面团时，小强盗便没办法享用，于是它就飞出洞外，在门口等待着。小强盗回到太阳地里，并没有害怕，步履平稳，这就明显地证明它在隧蜂工作的洞穴深处并没遇到什么麻烦事。

如果小强盗太讨厌、太性急，围着糕点不停地转，后颈上准会挨上一巴掌，这是糕点主人会有的动作，但也就这样而已。盗贼与被盗者之间没有激烈的打斗。这一点，从侏儒安然无恙、步履平稳地从忙着工作的巨人洞穴出来的样子就可以得知。

不管是满载而归还是一无所获地回到自己家中，隧蜂总要迟疑一会儿；它迅速地贴着地面左右前后地飞上一会儿。它的这种胡乱飞行让我首先想到的是，它在尝试以这种凌乱的轨迹迷惑凶手。它这么做的确是必要的，但它似乎并没有那么高的智商。

它所担心的并不是敌人，而是寻找自家门口时的困难，因为周围小土包一个接一个，相互重叠，昆虫小村落里街小巷窄，再加上每天都有新的杂物清除出来，小村落面貌天天变。它的犹豫不决举例说明。通过隧蜂寻找"住宅"的事例，说明隧蜂的辨别力和智力水平的低下，也解释了隧蜂被"强盗"打劫的原因。

明显可见，因为它常常摸错门，跑到别人家中。一看到门口的细微差别，它立马知道自己走错了门。

于是，它重新努力地开始绕来绕去地察看，有时突然飞得稍远一点。最后终于摸到自家宅穴，它喜出望外地钻了进去。但是，不管它钻得有多快，小强盗还是待在其宅门周边，脸冲着其门口，等待着隧蜂飞出来后好进去偷蜜。

当房主又出了洞门时，小强盗则稍微退后一点，正好留出让对方通过的地方，仅此而已。它干吗要多挪地方呀？两者相遇是如此的平安无事，所以如果不晓得一些其他情况的话，你是想不到这是窃贼与房主间的狭路相逢。

小强盗对隧蜂的突然出现并没有感到惊慌，它只是稍加小心了而已。同样，隧蜂也没在意这个打劫它的盗贼，除非后者跟着它飞，打扰了它。这时，隧蜂一个急转弯就飞走了。

吃白食者此时也处于两难境地。隧蜂回来时蜜汁在其嗉囊中，花粉沾在爪钳里，蜜汁强盗吃不着，花粉还没定型，是粉末状的，也进不了嘴。再者，这一点点花粉也是不够用的。为了集腋成裘制成圆蛋糕，隧蜂要多次外出去采集花粉。必需的材料采集齐全之后，隧蜂就用大颚尖掺和搅拌，再用爪子将和好的面团做成小球。如果小强盗把卵产在做小球的材料上，经这么一番揉捏，那肯定是玩儿完了。

所以，小强盗的卵将是产在做好的蛋糕上面的，因为蛋糕的加工是在地下完成的，吃白食者就必须进入隧蜂的洞宅当中。小强盗贼胆包天，当真钻下去了，即使隧蜂身在洞中它也完全不顾。而房主，要么是胆小怕事，要么是愚蠢的宽厚，竟然任盗贼自行其是。

小强盗悉心窥看、私闯民宅的目的并不是想不劳而获、损人利已，它自己就能在花朵上找到吃的，而且并不费事，比这样去偷去抢要省劲儿得多。我在想，它跑进隧蜂洞里也就是想简单地品尝一下食品，知道一下食物的质量怎样，仅此而已。它唯一要做的就是建立自己的家庭。它窃取财富并不是为了自己，而是为了自己的子女。

我们把花粉蛋糕挖出来看看就会发现，这些花粉蛋糕常常被弄成碎末状，白白地浪费了。散落在储藏室地板上的黄色粉末里，我们会看见有两三条尖嘴蛆虫蠕动着，那是双翅目昆虫的子女。有时与蛆虫在一起的还有真正的房主——隧蜂的虫宝宝，但却因吃不饱而不成样子。蛆虫尽管不虐待隧蜂宝宝，但却抢食了后者最好的食品。隧蜂宝宝食不果腹，可怜兮兮，身体每况愈下，很快就一命呜呼了。其尸骸变成了微小颗粒，与余下的食物混在一块，成了蛆虫的口中之物。

可隧蜂妈妈在儿女遭难之时在做什么呢？它随时都有空去看看自己的孩子，它只要探头进洞，便可清楚地知道宝宝们的惨状。圆蛋糕被糟蹋一地，蛆虫在钻来钻去，稍看一眼就全知道是怎样回事了。那它非把盗贼后代弄个肚破血流不可！用大颚把它

因为隧蜂妈妈的疏失导致后代惨遭不幸，这启示我们做事情的时候要把握好每个环节。

们咬烂，扔出洞外，简直是很轻松的事。可是愚蠢的妈妈竟然没有想到这么干，反而任由祸害自己孩子的家伙逍遥法外。

随后，隧蜂妈妈干的事还要愚蠢。成蛹期来到之后，隧蜂妈妈竟然像堵封其他各室一样把被洗劫的储藏室用泥盖封堵严实。这最后的壁垒对于正在变形期的隧蜂宝宝来说是相当好的防护措施，但是当小强盗来过之后，你这么一堵，那可是愚蠢透顶了。隧蜂妈妈对这种愚蠢的举动却毫不犹豫，这纯粹是本能所致，它竟然还把这个空房给贴上封条。我之所以说是空房，是因为狡猾的蛆虫吃完了食物之后，就立即抽身逃跑了，仿佛预料到日后的小强盗会遇到一道无法逾越的屏障似的。在隧蜂妈妈封门之前，它们就已经离开了储藏室。

吃白食者既狡诈卑鄙，又谨慎小心。所有的蛆虫都会放弃那些黏土小房，因为这些小房如果被堵上，那它们就会葬身其中。黏土小房的内壁有波状防水涂层，用以防潮。小强盗的幼虫宝宝表皮很娇嫩敏感，待在这种小房中备感舒适，这里是其理想的栖身之地，然而蛆虫却并不喜欢，它们担心如果变成小强盗，会被困在当中，所以就匆匆离去，分散在升降井周围。

我挖到的小强盗的确都在小屋外面，从没在小屋里面见到过它们。我发现它们一个个都挤在黏土里的一个窄小的窝里，那是它们还是蛆虫时移居到此后建造的。第二年春天，出土期来临时，成虫只

虽然是描写自然界客观的生存法则，但法布尔仍然融入了自己的道德意识，这可以看出作者以人性观照虫性，以虫性反映社会人生的写作特色。

要从碎土中挤出去就能到达地面了，这一点儿都不
困难。

吃白食者的这种没办法的搬迁还有另一个相当
重要的原因。七月里，隧蜂要第二次生产。而双翅
目的小强盗则只生产一次，其后代此时还处于蛹的
状态，只等第二年变为成虫。采蜜的隧蜂妈妈又开
始在家乡小村落忙着采蜜了，它直接利用春天建筑
的竖井和小房，这可大大地节省了时间！精心构筑
的竖井房舍全都完好如初，只需稍加完善便可交付
使用。

吃白食者一
年只生产一次，为
后文《隧蜂守卫》
中隧蜂七月的第二
次成功生产埋下伏
笔。

如果天生就喜欢干净的隧蜂在打扫屋子时发现
一只蝇蛹，它会怎么办呢？它会把这个碍事的东西
当作建筑废料给处理掉；它会把这东西用大颚夹起，
或许把其夹碎，挪到洞外，扔进废物堆里。蝇蛹被
扔到洞外，任随风吹日晒，必死无疑。

我很钦佩蛆虫明智的预料，不求一时的欢快，
而求将来的平安无事。有两个危险在威胁着它：一
是被堵在死牢中，就算变成强盗也无法飞出去；二
是在隧蜂修缮宅子后清除垃圾时把它一块儿扔到洞
外，任其风吹雨打，抛尸野外。为了逃避这双重的
危险，在房门封堵之前，在七月里隧蜂清扫洞宅以前，
它便先行离开险境。

我们现在来看一看吃白食者后来的状况。在整
个六月里，当隧蜂休息的时候，我对我那有很多昆
虫的昆虫小村落进行了全面的搜索，总共有五十多
个洞穴。地下发生的惨案哪件也没逃过我的眼睛。

我们一共四个人，用手把洞里挖出的土筛过，让土从手指缝中缓缓地筛下去。一个人检查完了，另一个人再重新检查一次，然后第三个人、第四个人再进行两次复检。检查的结果令人心寒。我们竟然没有发现一只隧蜂的虫蛹，一只也没有。这隧蜂密集的街道，居民全都被双翅目昆虫取代。后者呈蛹状，多得没法计算，我把它们收集起来，以便观察它的进化过程。

昆虫的生活时期结束了，原先的蛆虫已经在蛹壳内变硬、缩小，而那些深红色的圆筒却一直保持静止不动状态。它们是一些具有很强生命力的种子。七月那似火的骄阳无法把它们从沉睡中烤醒。在这个隧蜂第二代出生的月份里，好像老天颁发了一道休战书：吃白食者停工休息，隧蜂和平地劳动。如果敌对行动接连不断，夏天和春天时一样大开杀戒，那么受害极深的隧蜂也许就要灭绝了。第二代隧蜂有这么大一段休养生息期，生态的平衡也就得以保持了。

四月里，当斑纹隧蜂在围墙内的小径上来回飞，寻找一个合适地点挖洞建房时，吃白食者也在忙着化蛹成虫。呀！迫害者与受迫害者的日历是这么的准确，多么的令人难以相信呀！隧蜂在开始建巢之时，小强盗也已准备到位：它那以饥饿之法消灭对方的故技又要重演了。

如果这只是一个特例，我们就不必去注意它了：多一只或少一只隧蜂对生态平衡并无大碍。可是，以各种方法进行抢掠杀戮已经在众生中肆无忌惮了。从最低等到最高等的生物，只要是生产者，都会受到不是生产者的剥夺。以其特殊位置本应超然于这些灾难以外的人类本身，却是这种弱肉强食的残忍表现的合适的解释者。人在心中想："做生意就是挣别人的钱。"正如小强盗心里所想："偷隧蜂的蜜就是干活。"为了更好地抢夺，人类创造了以战争这种大型屠杀和绞刑这种小型屠杀为荣的文化。

人们每个星期天在村中小教堂里诵唱那个崇高的梦想："荣耀属于至高无上的上帝，和平属于凡世人间的善良百姓！"然而，我们将永远看不到它的实现。如果战争牵扯到的只是人类本身，那么未来也许还会为我们保存和平，因为那些慷慨大度的人在致力于和平。但是，这灾难在动物界也十分肆虐，而动物是不懂的，是永远不会讲道理的。既然这种灾难是普遍现象，那也许就是无法根治的绝症了。未来的生活令人毛骨悚然，将会像今天的生活一样，是一场永无停止的屠杀。

于是，人们便挖空心思，想象出来一个巨人。他能把各个星球掌控于手掌之中，他是无坚不摧的力量的化身，他也是权利和正义的代表。他知道我们在杀戮、在打仗、在放火，野蛮人在取得胜利；他知晓我们拥有炮弹、炸药、装甲车、鱼雷艇，以及各式的高级杀人武器；他还知道包括百姓在内的因贪婪而引起的恐怖的竞争。那么，这位正义使者，这位强有力的巨人，如果他用拇指按住地球的话，他会犹豫着不把地球按碎吗？

他不会犹豫的……但他会让事物顺其自然地发展下去。他心中也许会想："古老的信仰是有道理的；地球是一个长了虫的梨子，在被邪恶这只蛀虫啃咬。这是一种野蛮的开始，是向着更加宽容的命运发展的一个艰难阶段。我们顺其自然吧，因为正义和秩序总是排在最后的。"

本篇开门见山地引出了介绍的主角隧蜂，对隧蜂的外形和生活习性进行了描写。法布尔采用拟人和大量的细节描写描述了隧蜂觅食、筑巢、育儿的过程。而对于隧蜂智力水平和辨别力平庸的特点，他通过小飞蝇这个"强盗"对隧蜂食物和育儿空间的掠夺进行了呈现。

作者对于隧蜂的悲惨遭遇表示出无限的同情与无奈。在文末，作者进行了思想上的升华，由昆虫世界观照到人类世界，试图引发人们对于人类世界弱肉强食现象的思考。

隧蜂守卫

初春季节由孤独的隧蜂挖好的住处，到夏季来临时就成了全家的共同财产。地下有将近一打的蜂箱，可从这些蜂箱里出来的都是雌蜂，这是我饲养的那三种隧蜂的共同规律。它们每年繁殖两代。春天出生的一代都是雌蜂；而夏季出生的一代便有雌有雄，并且雌雄数量几乎差不多。

隧蜂家庭成员的减少，并不是因为事故所造成的，而是由饥不择食的小强盗造成的。隧蜂全家有十二个姐妹（只是姐妹），个个勤劳，人人都能无须性伴侣而繁殖后代。另外，隧蜂妈妈的住处绝不是一间简单的破室：其住宅的主要部分是出入通道，清理一点瓦砾之后就可以进出。这就节省了对于隧蜂而言相当宝贵的时间。洞底的蜂房是一些黏土小屋，几乎完好无损，如要加以利用，只需用细毛刷轻轻整理一下即可。

那么，在有相同特权的幸存的雌蜂中，谁能继承这所住宅呢？根据隧蜂的死亡概率，继承者有六七只或更多一些。隧蜂妈妈的住宅将属于哪一个？它们之间根本不为这事吵架。妈妈的宅子被认

和前面《隧蜂世界》内容相呼应，结合前文我们可以得知隧蜂家庭成员不足的原因是小强盗对隧蜂宝宝食物的间接掠夺。

设置悬念，承上启下。通过一连串发问引起读者的关注，同时也引发读者对于隧蜂妈妈住宅归属权的好奇心。

为是共有财产，这是无可非议的。隧蜂姐妹们从同一个通道和平地钻进钻出，去忙各自的工作，从不你争我夺。

在井的底部，每个隧蜂姐妹都有自己的一小块领土，那是一些最近挖好的一个个蜂房，因为旧的蜂房已被占用，现在数量不够用了。在这些属于私产的地下室里，每个隧蜂妈妈都在一旁工作，守护着自己的财产，严守自己的隐私。其他的地方便都可以自由往来。

隧蜂忙着干工作时进进出出的景象真是好看。一只采花粉的雌蜂从田野回来，毛茸茸的爪子上沾满了花粉。如果洞门没有蜂进出，它便马上钻进地下去。在门口稍等一下纯属浪费时间，工作不等人。有时候，有好几只隧蜂间隔时间不长相继而来，由于通道太狭窄，容不下两只一起进出，为了避免相互摩擦，蹭掉了各自爪子上的花粉，于是离洞口最近的那只就赶快钻进，其他的隧蜂便在门口排好队，不拥不挤，等着轮到自己进入。第一只钻入地下，第二只便紧跟其后，然后第三只、第四只，一只只快速地跟着钻入地下。

有时候会碰到一只要进另一只要出的情况。于是，要进去的就稍往后退，礼让想先出来的。礼让是相互的。我就看见过有一些隧蜂正要钻出地面，又返回去，让出通道给刚飞回来的隧蜂。因为大家的相互礼让，进进出出反而相当的顺畅。

我们再仔细地察看，还有比这种良好进出秩序

思考：读了这段描写，隧蜂给你留下怎样的印象？

更好的呢！当一只隧蜂在花间采集回来时，我看见一种关上的活门突然降了下去，让通道可以通畅。当到来的隧蜂一钻进门里，活门又升回到原来的地方，几乎与地表持平，然后关上。有隧蜂出来，活门也同样操作：活门从后面推顶，往下降去，门就开启，隧蜂就可飞出；隧蜂一飞出来，门又再次关上。

这个在隧蜂每次飞进飞出时在井坑圆柱体内像活塞似的时升时降、时开时闭的活门到底是何种东西？这是一只隧蜂，它已成了宅子的看门者。它用自己的大脑袋在前厅上面形成一道无法超越的障碍。如果宅子里有谁要出去或进来，它就拉动绳子，也就是说，它就退到通道的一处较宽、可以容下两只隧蜂的位置。对方通过之后，它就马上回到洞口，用脑袋把口堵住。它一动不动，用目光观察着，只有在抓捕那些不识趣的家伙时它才脱离自己的岗位。

我们趁它飞出来抓捕的这一短暂时刻细细观察了一番。它看上去与别的现在正忙着采集花粉的隧蜂没两样，不过，它已秃顶，衣裤破旧，已没光泽。在它半脱毛的背部，美丽的棕红与褐色相间的斑马纹腰带几乎看不出来。它的这身因长期工作而破损的衣服明白无误地告诉了我们这一切。

在洞口站岗放哨看门守家的这只隧蜂比其他的隧蜂年龄大。它是这个住宅的建筑者，是现在正在采集花粉的隧蜂姐妹们的妈妈，是现在还是蜂宝宝的隧蜂们的姥姥。三年前，当它还是个青春少女时，它只身一人拼命工作，累得精疲力竭。现在，它的卵巢已经萎缩，它该休息了。No，"休息"一词在此运用不妥。它还在工作，它在为这个家尽自己的微薄之力。它已经不能再繁殖后代，便当上了看门人。它为自己家人关门开门，把陌生人拒之门外。

小心谨慎的山羊从门缝望出去，对狼说道："让我瞅瞅你的爪子，不然我就不开门。"隧蜂姥姥同样小心谨慎，它也要对来者说道："让我瞅瞅你的隧蜂黄爪子，不然就不让你进来。"如果被认为并不是自家人，那谁也甭想进洞来。

类比手法。将隧蜂和山羊进行类比，生动形象地说明了隧蜂看"家"的谨慎性和对于"家宅"安全性的重视。

我们就来看看。一只蚂蚁经过洞穴周围。蚂蚁是个脸皮很厚的亡命徒，它很想知道洞底下为什么有蜜的香甜味飘上来。隧蜂看门人脖子一转，意思是说："快滚，不然要你的命！"通常，这种威胁的动作就足够了，蚂蚁见状立刻走开。如果它赖着不动，隧蜂看门人就会飞出洞来，向那大胆狂徒扑过去，驱赶它，推搡它。把它赶跑之后，隧蜂看门人便马上回到岗位，继续站岗放哨。

现在我们来聊聊切叶蜂。切叶蜂不懂挖洞技巧，便学着同胞的模样，使用一些别的蜂留下的旧通道。春天，当小强盗把隧蜂的地下通道掏得一无所有的时候，这通道对于切叶蜂来说就很适合了。切叶蜂在寻找一个可以堆放其用刺槐叶加工的物件的住所时，经常绕着我的隧蜂小村落飞来飞去，寻寻觅觅。它觉得有一个洞穴挺合适的。但是，在它落地以前，它的嗡嗡声已经被隧蜂看门人觉察到了，只见后者突然飞出，在它门口做了几个姿势。这就够了，切叶蜂马上就明白了，赶紧离开。

有时候，切叶蜂还会迅速落下，将头探进井口。隧蜂看门人马上出现，脑袋稍微抬起，把洞口堵住。随即出现一种不是很严重的对峙。外来者很快就清楚这个洞穴已有主儿了，不可侵犯，也就不再坚持，到别处寻找住处去了。

我曾亲眼见到一个老窃贼——切叶蜂的寄生媚态尖腹蜂，被猛烈地推搡了一会儿。这个冒失鬼本以为自己钻入的是切叶蜂的住处。它弄错了，它遇上了隧蜂看门人，受到严厉防守，赶紧溜之大吉。其他的那些或因忙中出错，或因雄心勃勃而想闯入隧蜂洞穴的昆虫也遭到了相同的下场。

隧蜂姥姥们之间，也是同样的互不相容。将近七月中旬，当隧蜂小村落繁忙热闹的时候，有两种隧蜂是很容易认出的：年轻的隧蜂妈妈和隧蜂老姬。隧蜂妈妈数量更多，身健体轻，衣着鲜艳，不停地在洞穴与田野之间飞来飞去；而隧蜂老姬则面容憔悴，无精打采，闲淡懒散地从一个洞穴逛到另一个洞穴，让人看着好像是迷路了，找不到自己的家门了。它们这么游来荡去的是什么意思？我看见它们一个个都一副痛苦伤心状。由于春天里讨厌的小强盗做的"好事"，它们已无家可归了，很多洞穴都被清扫一空。夏季来临，隧蜂妈妈孤身一人，只好离开自己那已成空房的家，去寻找一个有摇篮、需看护、要站岗的住宅。但是，这些和睦的家庭已经有了自

拟人与对比手法。将母隧蜂拟人化，并将隧蜂妈妈和隧蜂老姬的外貌及动作进行对比，从而生动形象地呈现出不同年龄的隧蜂的特点。

己的卫兵，也就是其创建者，它紧握着自己的权利，对于自己无业的邻居十分冷淡。哨位如此小，一个哨兵足够，两个哨兵的话，容纳不下。

有时候我还能看到两位隧蜂姥姥在吵架。当寻找职业的游荡者突然来到大门口的时候，合法的那位看守者并不离开自己的岗位，不像见到自己的后代从田野回来那样，退回到过道里去。它绝不让出通道，并用爪子和大颚进行恐吓。对方也不甘示弱，仍然想要闯进。双方便推搡起来。斗争以外来者的失败而结束，失败者只好去别地儿找碴儿寻衅了。

这些小场面让我们从斑马纹隧蜂的习性中隐约看到某些相当有意思的细节。春天做窝筑巢的隧蜂姥姥一旦工程完了，就不再走出家门。它要么藏于肮脏狭小的洞穴深处，专心地干些琐碎的家务工作，要么懒洋洋地等待着宝宝们的出世。炎炎夏日，隧蜂小村落又一片热闹繁忙时，外面采集的工作不用它去干，只好在前厅进门处站岗放哨，只许自己外出劳动的儿女们进入，不许歹徒有非分之想。没有隧蜂姥姥的许可，谁也别想进入。

没有任何迹象表明这个警惕的守卫擅离职守过。我从没见过它离开家门，去花间大饱口福，以恢复体力。它年岁已高，而且其看家护院的工作也不很累，大概就用不着吃什么东西。也许儿女们采集回来，不时地从自己的胃囊中吐出一些来给它。不管吃不吃，反正是隧蜂姥姥不再出门了。

但是，它却需要天伦之乐。它们当中有不少已

拟人手法。形象生动地写出了隧蜂明确的分工意识和领地意识，与下文提到的"警惕的守卫"相呼应。

和前面《隧蜂世界》内容相呼应，说明有些隧蜂姥姥晚年凄惨是由于遭受了小强盗的掠夺。

没有家庭欢乐了：双翅目小强盗把它们的家洗劫一空。被洗劫者们只好丢弃那已空空荡荡的老家。那衣衫破旧、忧心忡忡地在隧蜂小村落里四处游荡的正是它们。它们并不走远，更经常的是待在原地纹丝不动。它们因此变得脾气暴躁，粗暴地对待别人，竭力撵走别人。它们就这样一天天地变老、变衰，最后死亡。它们死后的下场是什么？小灰蜥蜴一直在窥看着它们，拿它们饱了口福。

那些安于自己领土中、看护着自己的后代们劳作的制蜜作坊的隧蜂姥姥，始终保持着高度的警觉，一丝不苟。我和它们接触越多，就越钦佩它们。早晨凉爽时，采集花粉的隧蜂们因为找不到被太阳晒熟的花粉而闭门不出的时候，我就看见隧蜂姥姥待在通道上部入口自己的岗位上。它们一动不动地待在那儿，脑袋堵住入口，与地面持平，以防外来者侵入。如果我离它们太近，它们就稍微后退，在暗处等着我这个不受欢迎的人离去。

上午八点至十二点，采集高峰时，我又来观看。由于采集女工们出出进进，一片繁忙，我就看见那扇门一会儿关一会儿开的，不停地忙。这时是隧蜂姥姥最累最紧张的时候。

午后，天气非常热，花粉采集工们不再去田间野地里了。它们钻进住处底部，油漆新建的蜂房，加工供蜂宝宝所需的圆蛋糕。隧蜂姥姥一直留在上面，用自己那光溜溜的脑袋堵住大门。哪怕天气再热，也不会午睡，因为她必须保证全家人的安全。

　　夜幕降临或者更晚一些，我再次回来观察。我借着提灯的光亮又看到隧蜂姥姥仍旧像白天一样忠于职守。其他的隧蜂都休息了，而它却没有，它明显是担心夜里会出现的危险，而这些危险只有它才明白。那么它最后会不会回到下一层的安静地方去呢？有这种可能，因为这样长时间全神贯注地看家护院相当累，必须休息一下。

　　很明显，像这样守卫着洞穴就可以避免类似于五月那使家人大量减员的灾难发生。让盗窃隧蜂蛋糕的小强盗现在来试试看！它的大胆妄为、它的冥顽不化绝逃不过时刻高度警惕着的隧蜂姥姥，后者稍加恐吓就能吓退来犯者，要是来犯者执意不走，那它非用大钳把来犯者夹碎不可。小强盗将不会来了，个中原因我们很明白，因为到春回大地以前，它们都待在地下，处于蛹的状态。

　　就算小强盗没了，可在蝇科这种低下档次中，还有其他一些攫掠他人财富者。这些家伙什么坏事都做得出来，无所不用其极。可是，七月里，我在各个洞穴周围察看时就一个都没有碰到。这帮浑蛋东西真是暗中偷盗的高手！它们多么明白隧蜂洞穴的门口有守卫在把守着啊！对于它们来讲，今年是没有机会了，所以一只蝇科昆虫都没出现，春天里发生的那种灾难没有再降临。

　　隧蜂姥姥因年龄大而免除了做妈妈的烦恼，专司大门守卫、保护全家老小安全之职，这告诉我们在本能起源里突然出现的一些事。隧蜂姥姥向我们展示了一种才智。而这种才智，无论是在它自己过去的举止行为中，还是在它后代们的一举一动中，都没有任何东西能让我们猜测出来。

　　从前，当凶残的小强盗当着它的面闯入家中时，或者当小强盗待在入口，与它面面相对时，愚蠢的隧蜂竟然动都不动，甚至连恐吓一下这个红眼强盗的想法都没有，而它本可以轻松地就把这个小侏儒制伏的。它这是被吓住了吗？不会的，因为它仍然像没事一样地忙着自己的事；而且因为强者不会就这么轻易被弱者吓倒。这是因为它对大祸临头一概不知，这是因为它愚昧无知。

可是今天，这个三个月前还愚不可及的隧蜂竟无师自通地十分了解危险之所在了。任何外来的，一旦出现，无论个头大小，无论属于哪一种科，一概拒之门外。如果肢体的恐吓没有用的话，隧蜂姥姥就会跑出洞外，向赖着不走者扑过去。原来的胆小者现在无所畏惧了。

怎么会有这样一百八十度的大转变呢？我倒是希望这是因为隧蜂吸取了春天灾难的教训，从今往后便开始提高警惕了；我也很想赞扬它是受到经验教训的启发转而学会担当守卫的重任。但是，我这种想法是不对的。如果说隧蜂是由于一点点的进步，最终学会了安排一个守卫来护院看家的话，那又怎么会对窃贼的担心时无时有呢？五月时节，它单独一人，确实无法长期看守大门：首先要做的工作是干家务。但是，自它的家族受迫害时起，它至少应该知道这种寄生虫——小飞蝇，而且当后者时时刻刻几乎都在自己的前爪下转悠，甚至跑到自己的家中来时，它至少应该把窃贼赶走才好，但它并没有这么干。

所以，祖辈的沉重苦难并没有给子孙的平和性格留下任何本质的改变，而它亲身经历过的苦难与它七月里突然的警觉也毫无关系。动物和我们人一样，有自己的快乐，也有自己的不幸。它疯狂地享受着快乐，却很少去关心不幸的事，这无论怎么说，都是动物享受生活的最好办法。为了保护家族和减轻苦难，动物有本能的启发，用不着有什么教训或经验，隧蜂因此而知道设立一个守卫之职。

粮食准备足够之后，隧蜂就不再外出去采集花粉，也不再满载花粉而回，可这时候，隧蜂姥姥仍一如既往地保持着警觉，坚守自己的岗位。最后的准备工作就在地下洞穴中进行，那关系到一窝小隧蜂，每个蜂巢都关闭了起来。直至一切全都结束之前，洞口大门将一直被严密地看守着。然后，隧蜂姥姥和隧蜂妈妈将离开家巢。它们一生忠于职守，将去往我不知道的什么地方悄悄地死去。

从九月起，第二代隧蜂便产生了，既有雌蜂，也有雄蜂。

情 节 评 述

和前面篇章以个体特点为中心对隧蜂进行描写不同，本篇中法布尔以家族为出发点对隧蜂进行了观察和描写。母亲的住宅被隧蜂后代们视为共同财产，在隧蜂住宅中会有一只隧蜂充当看门者，而住宅的建造者则充当哨兵的角色。隧蜂家族对于自己住宅的安全性高度重视，通过层层把关防止外来者进入。

在这篇文章中，隧蜂们没有重蹈《隧蜂世界》中的覆辙，顺利地迎接了第二代隧蜂的出生，保证了隧蜂后代的繁衍。读者们可以将这两篇关于隧蜂的文章结合起来阅读。

笨拙的西班牙蜣螂

　　为了虫宝宝，昆虫由本能驱使去做，人则经过经验和研究得到理性认识，这一点绝非是哲学道理所产生的结果。所以，受到科学的严谨的启发，我什么事都要谨慎对待。我这并非要给科学一副使人憎恶的嘴脸，因为我相信人们能够不使用那些粗俗的语言也可以讲出一些美妙的事情来。清晰透彻是玩笔杆子的人的高尚手段，我要竭尽全力做到这一点。因此，让我停笔思考的那种谨慎是属于另一个范围的。

　　我在问自己：我这是否受到一种思想的欺骗？我一直在想："圣甲虫和其他一些甲虫是粪球制作师。那是它们的职业，不知它们是从何处学的这门技术，大概是机体结构造成的，尤其是因为它们有长长的爪子，并且有的爪子还稍稍弯曲。如果它们在为宝贝而忙碌的话，那它们在地下继续发挥自己那加工粪球的特长又有什么可惊讶的呢？"

　　如果先不说那些很难讲清楚讲细致的梨颈和蛋形粪球突出的一端的话，余下的就是最大的食物团，也就是昆虫在洞外加工的食物球团，再剩下的是圣甲虫在太阳地里把玩的而不作他用的小粪球。

　　那么，这种在酷热夏季中被认为是最有效地防止干燥的球形物是干什么用的呢？就物理学来说，粪球及其相似形状粪蛋的这种特性是不用怀疑的，只是，这两种形状和已经克服的困难只有一种偶然的关系。机体结构导致其在田野里加工粪球的这种昆虫在地下仍在加工粪球。如果说虫宝宝直到最后都有嫩软的食物放在嘴边而悠然自得的话，那我们也别为此就对其母亲的本能大加赞赏。

为了最终说服自己，我得找一只帅气的食粪虫，它在日常生活中根本就不知道粪球加工工艺，但产宝宝时刻到来的时候，它则会一反常态，把收集到的材料加工成粪球。我家周围有这样的食粪虫吗？当然。它甚至是除圣甲虫以外最美最大的一种，它就是西班牙蜣螂。它前胸截成一个陡坡，头上同样长着一个怪角，极其引人注意。

西班牙蜣螂身子矮胖，缩成一团，又厚又圆，行动迟缓，一定对圣甲虫的体操技能一概不知。它的爪子很短，稍有一点声响，爪子就缩回肚子下面，与粪球加工师们的长腿简直没办法相比。只要看看它那矮小的身材、笨拙的模样，就能轻易猜想得到它是根本不喜欢推着一个大粪球去远行的。

对比手法。将西班牙蜣螂与食粪虫进行对比，更加鲜明地呈现了西班牙蜣螂在体形上的矮胖和爪子短小的特点，使得读者对于西班牙蜣螂有了更深刻的印象。

西班牙蜣螂确实喜欢安静，不爱运动。如果找够了食物，晚间或者傍晚时分，它就在粪堆下挖洞。挖的是个粗糙的洞，能放得下一只大鸭梨。之后，它三下两下地一扒拉，粪料就成了屋顶，或者至少拦在其门口，体积超大的食物没有一个准形地掉进洞中，这也正是它贪吃的明证。只要食物没有吃完，西班牙蜣螂就不再返到地面，一门心思地大饱口福。直到饭尽粮绝，这种隐居生活才会结束。于是，夜间它便又开始寻觅、收获、挖洞，另造一个临时居所。

西班牙蜣螂不吃完食物绝不重新觅食的习性，和前文《环卫清洁工粪金龟》中的粪金龟拼命囤积食物的行为形成鲜明的对比。

有了这种不用事先准备就可吞吃垃圾的本领，很显然眼下西班牙蜣螂根本就不用去熟知揉捏粪球的工艺。再说，它爪子短小、笨拙，几乎干不了这种工艺活儿。

五月中，最迟六月份，产宝宝的时间到了。西班牙蜣螂已习惯了用最脏的粪料填充自己的肚子，这下要考虑自己的后代了，就给它出难题了。就像圣甲虫一样，这时候它也必须弄到绵羊的柔软的粪便做成一个软蛋糕。而且还得和圣甲虫一样，这个软蛋糕一定要营养丰富，就地整个儿地埋入地下，地面上不留任何痕迹，因为一定要勤俭节约，一丁点也不能浪费。

只见它没有远走，没有运输，没有任何的准备工作，那个软蛋糕就被扒到洞里去，就在它自己栖身的地方。为了自己的儿女们，它在重复做着以前为自己所做的事情。至于地洞，足有一个鼹鼠洞大，是个宽大的洞穴，离地有二十厘米深。我发现这个地洞比西班牙蜣螂享受时住的那种临时居所要宽敞得多。

不过，我们还是让西班牙蜣螂自由地工作吧。偶尔发现的情况所提供的资料可能是片断的、不全面的，内在关系也不明显。笼中喂养对观察非常有利，而且蜣螂也非常配合。我们还是先看看它是怎样储放食物的吧。

在黄昏那朦胧的光线下，我看到它出现在洞门口。它是从地下深处爬上来搜集食物的。它没怎么

请结合上下文思考：为什么西班牙蜣螂在制造软蛋糕的时候需要勤俭节约？

花工夫就找到了：洞口周围就有很多的食物，是我
搁的，而且我还细心地经常更换。它天生胆小，一
有声响就随时准备缩回去，所以它走路很缓慢，不
灵活。它用头盔扒拉、翻找，用前爪拖拉，很小的
一包食物就给弄出来了，但却被拖散开了，摔成碎末。
蜣螂把食物倒退着拖着，消失在地下。不到两分钟
的时间，它又爬到地面上来了。它仍旧很小心地用
展开的触角瓣查探周围，然后才走出门槛。

动作描写。通过对西班牙蜣螂的一系列动作描写，呈现出西班牙蜣螂在行为上笨拙与性格上胆小的特点。

粪堆与它之间相差两三寸。闯到粪堆那里，对
它而言可是一件了不得的大事。它希望食物正好位
于它的洞口旁，构成它住宅的屋顶，这样它就不用
出门，省得担惊受怕了。可我却另有打算：为了方
便观察，我把食物放在一边，但离洞口不是很远。
慢慢地，胆小的蜣螂心里踏实了，来到露天地里，
到了我的跟前，但我还是尽量不让它发现。它又在
一遍一遍地搬送食物了，但它搬送的总是一些不成
形的碎屑、碎块，就像是用小镊子夹住的那种。

我对它储藏食物的办法已经有很大的了解，所
以任由它自己继续这样干了大半夜。天亮时，地面
上什么都没有了，蜣螂也就不再出来。只一晚上工夫，
相当多的宝藏就堆积起来了。我们先等上一些时间，
让它有时间把自己的收获如愿以偿地整理存放好。
在这个周末以前，我在笼子里翻挖，把我以前见过
的它存放一部分粮食的那个洞挖开。

就像在野外的洞中一样，那是个屋顶不很平的
宽敞大厅，屋顶低矮，但地面似乎是平坦的。在大

厅一处，有一个圆洞张开着，像是一个瓶口。那是平安门，通往一条地道，向上直达地面。这个新土上挖成的住宅四壁都被精心压实，我挖掘时虽有震动，但都没有坍塌。看得出来，蜣螂用尽了全身本领，费尽了全部挖掘工的力气，建了坚固耐用的住房。如果说那个只是为了在其中填饱肚子的陋室是匆匆挖成的，既不坚固又无样式的话，那么现在的这座房屋则是面积宽大、建筑精美的宫殿。

我怀疑是雄雌蜣螂齐心协力地完成了这项大的工程。至少，我常常看到一对蜣螂待在用于产宝宝的地洞内。这豪华而宽敞的房子想必以前是婚礼大厅，婚礼就是在这个大拱顶下举办的，而新郎可能帮着盖了这座大厅，以此来表达自己那不寻常的爱情。我还猜想新郎也帮着新娘收集和储存粮食。在我看来，新郎是如此强壮，他一包一包地把粮食运往地宫。两者齐心协力，这份儿精致的工作就干得快了。只是，一旦屋内存粮已满，新郎就悄悄地离去，返回地面，去别处安家立业，让蜣螂妈妈独自去完成母亲的职责。雄蜣螂在这个家里的任务也就完成了。

在这个我们看见有很多的小粒粮食运进来的地宫中能找到什么呢？一大堆乱七八糟的颗粒吗？肯定不是的。我在里面发现的一直都是一个整块的大圆蛋糕，占满了整个屋子，只在周边留下一条狭小的通道，让蜣螂妈妈自由走动。

这块巨大的蛋糕没有固定的形状。我见过蛋形

对比手法。通过与临时居所简陋、不坚固、无设计的对比，更加凸显了西班牙蜣螂所打造的育儿"住宅"的宽大和精美，也从侧面反映了西班牙蜣螂对于育儿的重视。

的，形状和大小像火鸡蛋；我见过扁平椭圆形的，像一个普通的洋葱头；我也见过几乎呈圆形的，就像荷兰奶酪一样；我还见过朝上的一面圆圆的，稍稍鼓起，就像是普罗旺斯的乡村蛋糕，或者更像是复活节时吃到的蒙古包状的烤馍。无论是什么形状的，表面都很光滑，曲线也很匀称。

同样是制作粪球，蜣螂的粪球和前文圣甲虫的梨形粪球以及法那斯米隆的葫芦形粪球有所不同，蜣螂的粪球没有固定形状，但表面光滑、曲线匀称。

这回我明白了：蜣螂妈妈把先后运送进洞的很多散碎食物聚集起来，揉成一整块，之后，它把这一整块食物混合、搅拌、压实成为颗粒匀称的食品。我多次看到这位女蛋糕师站在那个大蛋糕上；与它相比，圣甲虫做的那个小粪球简直就没法比了。在这个有时有一厘米宽的粪球凸面上，西班牙蜣螂踱着步，走动着；它轻轻地拍打这个大蛋糕，让它变得均匀、瓷实。我只能悄悄地瞅上一眼这个滑稽场面，因为一看到有人，女蛋糕师就顺着弯曲的斜坡滑下来，藏在蛋糕下面。

拟人手法。将蜣螂拟人化，生动形象地表现出蜣螂制作粪球的娴熟技艺和悠闲神态，表现出蜣螂制作粪球的滑稽感，增加了文章的幽默色彩。

为了深入调查，研究细节，就必须用点手段。这可以说不是很困难。或许是因为我长时间与圣甲虫打交道让我在研究方法上变得更加灵活了，或许是西班牙蜣螂不太心细，更能忍受狭小屋室的烦闷，因此我得以随心所欲、毫无阻碍地观察筑巢的每个阶段的情况。我使用了两种办法，每个办法都让我了解某些特殊的东西。

为了观察蜣螂的生活习性，作者采用了控制实验的方法对容器中的光线进行人为调控，通过这种方式能够更好地观察蜣螂筑巢的阶段性特点。

在笼子里有了几个雌蜣螂制成的大蛋糕之后，我便把蜣螂妈妈与这几个大蛋糕一起搬出来，放到我的实验室中去。容器分两种，按我的意愿让它们时明时暗。如果我希望容器里面亮敞，我就用大口玻璃瓶，直径差不多和蜣螂洞一样大，也就是十二厘米上下。每只瓶子底层铺了一层薄薄的新沙子，薄得蜣螂没法钻进去，但却足以让它不至于在玻璃地上来回滑，而且还让它认为是和我刚让它搬走的地方同样的沙地。我把蜣螂妈妈及其大蛋糕就放在这层沙子上。

就算在光线相当微弱的状态下，蜣螂也会因惊吓而不敢做什么。它需要完全没有亮光的环境，于是我就用一个硬纸板盒把大口瓶给罩起来了。我只要小心谨慎地稍微掀起一点这个硬纸板盒，就可以在我认为适宜的时间随时借着室内的弱光，偷看它正在做什么，甚至能观察上好长一段时间。大家都看到了，这个办法比我当时想观察圣甲虫加工梨形粪球时所使用的办法简便多了。西班牙蜣螂性格更好一些，适合使用这种办法，换了圣甲虫可能就不行了。因此，我在实验室的大桌子上放了很多这样的明暗可调的容器。谁要是见到这一排瓶子，可能会误认为灰纸盒下面盖着的是异国的食品调料呢。

如果要完全不透光的，我便用花盆，里面放上新沙子。花盆下面整成一个窝，用硬纸板架个屋顶，挡住上面的沙子，蜣螂妈妈和它的大蛋糕就躺在窝里。或者干脆就把它和它的大蛋糕放在沙子上面，它会自己挖洞做窝，把蛋糕存进去，就像平常一样。不管采用何种办法，都得用一块玻璃片盖住，避免让俘虏逃跑。我期待着这些不同的不透亮的容器能为我证明一个棘手的问题，这个问题我以后会说明的。

这些用不透光的纸盒罩住的大口瓶能告诉我们什么呢？能告诉我们太多东西，很有意思的东西。它们让我们明白，这个大蛋糕尽管形状多变，但它始终是规则的，它的曲线并不是因为滚动所致。我们在观察天然洞穴时已经很明白，这样大的一个圆球几乎占满了整个屋子，所以是无法挪动的。再说，蜣螂也没有这么大的力气去推动这样大的一个粪球。

　　经常察看大口瓶都会得到同一个结论。我看见蜣螂妈妈站在蛋糕上，这儿摸摸那儿敲敲，小心地拍打，抹平突出的地方，把粪球修整得近于完美；我还从没见到过它试图把那个大东西翻转过来。这就十分明白了：圆蛋糕并不是滚动形成的。

　　蜣螂妈妈的耐心细致与勤奋让我想到我以前从没想到的一个问题：加工的时间之长。为何要对这块大家伙翻来覆去地修修补补？为何在吃它以前要等待很长的时间？确实，要经过一个星期乃至更多的时间以后，蜣螂在蛋糕被打磨得光鲜之后才决定享用它。

　　当蛋糕师把面团搅拌均匀之后，它就把它们聚成一堆，放进和面槽的一个角落里。在体积大的面团里，蛋糕发酵的温度调整得更好。蜣螂深知蛋糕加工的这一窍门。它把聚集到的食物堆在一块，细心揉制，做成粗坯，之后再让它有时间去进行内部发酵，让粪团味道变鲜，并让它有一定的硬度，有利于日后的制作。只要这道化学程序没有完成，女蛋糕师和它的小伙计就会等待。对蜣螂来说，这个等待时间十分长，大概得一个星期。

　　发酵完成了。小伙计把大面团分成小面团，女蛋糕师也在这样做。它用头盔上的大刀和前爪上的锯齿切开一个圆槽口，随即切下一小块体积规则的面团来。这切割动作干净利索，一刀成形，不需要再补补修修，完全符合要求。

　　现在就要制作这个小面团了。于是，蜣螂就用它那看上去并不适合这种工作的短小的爪子尽量地抱住小面团，使用它唯一可以使用的挤压办法加以挤压。它十分认真、执着地在还未定型的粪球上挪动着，上上下下，左绕右转，有板有眼地这里多压几下那里少压几下，然后又一直耐心细致地加以装饰。像这样干了二十四小时以后，凹凸不平的粪团就变成了梨子般大小的完美的球形蛋糕了。在那狭小拥挤的车间的一处，矮胖的艺术师几乎待在原地不能动弹地完成了自己的创作，并且一次也没动过那个面团。经过精心细致的长时间工作以后，它终于加工成了相当浑圆的球形，而这是它那笨拙的道具以及狭窄的空间让人觉得根本不可能做成的事。

它还得花很长的时间去仔细改善、抹光那个球形，用爪子温柔地翻来覆去地抹，直到把一点点突兀都给抹掉才行。看上去它那细心的涂抹永无止境一样。但是，将近次日的傍晚时分，它觉得这个圆球已经合适了。螳螂妈妈爬上这个建筑物的圆顶，一直在挤压，在上面压出一个不太深的火山口来。它把宝宝产在这个小盆里了。

随后，它用非常粗糙的工具，以相当大的谨慎与惊人的缜密，把火山口周围聚拢，做成一个拱顶，盖在宝宝的上面。螳螂妈妈缓缓地转动，把肥料一点点地扒拢，推向高处，把顶封好。这是每个工序中最棘手的工作，稍微压重一点，或扒拉得不到位，都可能危及薄薄的天花板下的虫宝宝。封顶的工作有时也要停一停。螳螂妈妈低着头，纹丝不动，似乎在屏息聆听，听听洞内有何反应。

看来安然无事，于是，耐心的女工又开始干起来：从两边一点点往屋顶扒肥料，屋顶渐渐变长、变尖。一个顶端很小的蛋形就如此代替了球形。在多少有点凹凸的蛋形下方是虫宝宝的孵化室。这项精细的工作还要花上二十四小时。制作粪球，在粪球上挖出个小盆，在盆内产宝宝，把圆盆封顶盖住虫宝宝，这些工作加在一起需要四十八小时，有时还要更长一点。

螳螂妈妈又回到了那个切去一块的大蛋糕旁。它又切下了一小块，用相同的做法把它变成一个蛋形粪球，在另一个小盆中产下宝宝。剩下的粪球蛋糕还能做第三个，甚至还可以做第四个。螳螂妈妈在洞穴里堆积了唯一的一个肥料堆，根据我所看到的，最多也就够做四个蛋形粪球。

　　宝宝产下后，蜣螂妈妈就待在自己那小窝里，里面几乎满满当当地挤放着三四只摇篮，一个个紧挨在一起，尖的一头朝上。它现在要做什么呢？是不是要出去转转，这么长时间没有进食，得恢复一下体力了吧？谁要是这样想，那就大错特错了。它依旧待在窝里，自从它下到洞中，它什么也没有吃过，绝对没有去碰那个大蛋糕。大蛋糕已经分成几等份，将是它的后代们的食粮。在疼爱后代方面，西班牙蜣螂克制自己的精神着实很感人，宁愿自己挨饿也绝不让后代缺吃少喝。

　　它这样忍受饥饿还有第二个原因：守护在摇篮周围。从六月末开始，地洞就很难弄成了，因为大风雷雨以及行人的踩踏，洞都没有了。我所见到的几个洞穴里，蜣螂妈妈总是在一堆粪球边上打瞌睡，每个粪球里都有一条已完全发育的胖乎乎的虫宝宝在大吃大喝着。

　　我的那些装满新沙子的花盆——做得不透光的容器里的情况证实了我从田野上所见到的情况。蜣螂妈妈们于五月初和食物一起被埋进沙里，它们就再没有在玻璃罩下的地面上出现过。产完宝宝后，它们就在洞里隐居了，它们和它们的那些粪球一起度过闷热的伏天。毫无疑问，它们是在保护着那些摇篮，我把大口玻璃瓶盖子掀开看到的就是这种场景。

　　直到九月份开头的几场秋雨之后，它们才爬到外面来。而在这时，下一代已经全都成形了。蜣螂妈妈在地下很开心地看到后代们长大了，这在昆虫界是非常少有的天伦之乐。它听到自己的儿女们刮擦着茧子要破壳而出，它看见它如此精心制作的保险箱被打破；要是地面的湿气没有让囚室变得软一些的话，它也许会走上前去帮自己的那些累得不行还出不来的孩子。妈妈和孩子们一同离开地洞，一同上来迎接秋高气爽的季节。这个时节，太阳暖洋洋的，路上绵羊所赐的美味比比皆是。

本篇通过将西班牙蜣螂与食粪虫进行对比，生动形象地呈现了西班牙蜣螂身材矮胖、行动迟缓笨拙的特点。通过对蜣螂的拟人化描写，细腻地呈现出蜣螂为了生育后代对粪球制作和打造生育室住宅的细致与勤奋。法布尔为了确认蜣螂的住宅结构，进行了实地观察和控制实验。

筑巢、提供食物、守护刚出生的小蜣螂……作者通过细节描写和直接抒情的方式，对蜣螂在生育后代方面体现出的无微不至表达了自己的肯定与赞美。

原始的老象虫

　　冬季，当昆虫休息时，对古币学的研究让我度过了一段美好的时光。我反复思考古币那金属小圆块，那可是人们称之为历史灾难的档案。在普罗旺斯的这片土地上，希腊人种植了油橄榄树，拉丁人制定了法律，而农民们在这片土地上耕耘时，发现了这些几乎散落得遍地都是的金属小圆块。他们把这些金属小圆块拿来给我，问我它们价值多少，但却未问我它们有何意义。

　　农民们发现的这些小圆块上的文字跟他们有何关系！人们以前受苦受难，今天还在受苦受难，将来仍会受苦受难，对他们来说，这就是对历史的概述，其余的全是瞎说，纯粹是闲极没事的人的消遣罢了。

　　我对过去的事物却没如此高的冷漠的达观态度。我用指甲尖刮擦小圆古币，小心谨慎地把上面的泥土弄干净，然后用放大镜仔细察看，试图解读上面的说明文字。当我读懂了这银质古币或青铜古币上的说明时，我可真是喜形于色、心花怒放啊！我刚刚读了一页有关人类的记载，但不是从书本那个让人生疑的叙述者那里读到的，而是从与事实和人物同时代的几乎是活生生的档案中读到的。

　　这点银子被制成扁平状，上面的说明文字标明 VOOC——VOCVNT，也就是维松，说明它是来自邻近的那座小城维松的，博物学家普利尼有时就去那里度假。在维松，这位著名的博物学家也许在主人的饭桌上品尝过莺，那是古罗马美食家们赞不绝口的美食，就是在现在，在普罗旺斯的美食家眼里，它也是鼎鼎大名的，被称作"后腿子肉"。

这枚古币一面是头像，另一面是一匹奔马。整个古币很粗糙，头像、奔马都刻得不像样儿。一个第一次用石块在墙壁新刷的灰浆上练习画画的孩子也不至于刻画得这么难看。不，那群剽悍勇猛的粗人肯定不是艺术家。

来自弗凯亚的那些外国人的花样要比他们多很多！这是马萨里亚人的一枚德拉克马，这钱币正面是黛安娜的头像，头像双颊丰满、圆胖，下唇厚突，额头扁塌，戴着一顶凤冠，头发浓密，披在脖后，如瀑布一样，耳垂上戴着耳坠，脖颈上戴着珍珠项链，肩头背着一张弓。在叙利亚的女信徒眼里，偶像就应该是这样一副打扮。

其实，这并不漂亮。如果说这样打扮十分气派豪华的话，那倒还说得过去，不管怎样说，这总要比我们今天那群风雅女子让驴耳朵戴上什么东西摆来荡去的要强得多。时尚真是一种奇异的喜好，在丑化人和物方面真是花样繁多！商家说道，做买卖就不管什么美不美的，在美与利之间，做买卖讲的是个利字。

这枚德拉克马的背面是一头脚抓地、张口大吼的雄狮。这种用某种猛兽来象征强大的未开化的行径并不是从今天开始的，它好像是在说恶是力量的最高表现。雄狮、老鹰以及其他一些恶兽强徒经常被雕刻于钱币的背面。光现实中的还不够，还要凭空想象出一些凶恶的怪兽来，例如半人马的怪兽、凶恶的独角兽、半马半鹰的带翅异兽、双头鹰，等等。

这些怪兽装饰的创造者们比用鹰翅、熊掌、插在头发上的豹牙来表示其英勇善战的印第安人更高明吗？这真令人怀疑。

我们最近投入使用的银币后面的图案比上述恐怖的怪兽要让人喜欢千百倍。我们今天的银币后面有一位播种女神，她在旭日东升时用纤巧的手在犁沟里播撒思想的种子。这种图案虽简单，但却发人深省。

马萨里亚人的德拉克马的优点就在于它那华丽的浮雕。雕刻这枚古币头像轮廓的艺术家是位版画大师，但是他缺少灵气。双颊丰满的黛安娜像个既放荡又凶蛮的悍妇。

这是已沦为尼姆殖民地的沃尔西人的纳马萨特。奥古斯都和他的朝臣阿格里帕的脸部侧面相对。奥古斯都眉毛硬挺，鹰钩鼻子，脑袋扁平，让我感觉不出他的威名显赫，尽管敦厚的诗人维吉尔说他是"成功造就的神"。如果奥古斯都的罪恶预谋没有成功的话，奥古斯都神明也就成了歹徒渥大维了。

他的朝臣阿格里帕反而让我更喜欢一些。他以修桥铺路、引水渠、泥瓦工程等让粗野的沃尔西人稍微开化了一点。离我们村子不远，一条宽阔的马路从埃格河岸边起，笔直地前伸，渐渐往上爬去，越过塞里昂丘陵。这条大道漫长而单调乏味，但却在一座强大的古罗马要塞的保护之下，该要塞很快变成了著名的古堡。

这是阿格里帕修筑的大道中的一段，它把马赛同维恩连接起来。这条具有两千年悠久历史的宽阔纽带始终车水马龙，来往繁忙。我们在那儿已看不到古罗马军团的那些身穿褐色战袍的步兵了，我们今天在那儿看到的是那些赶着羊群和不听话的小猪崽前往集市的农作者由现在街道上赶集的农民联想到过去街道上行进的军队的场面，今昔对比，表现出对和平年代的赞美之情。

民。在我看来，这样反而更好。

让我们把这枚满是黑绿斑点的银子翻转过来。我们可以看到它的后面有"尼姆的移民地"的字样。文字说明的边上有一条锁在棕榈树上的鳄鱼，棕榈树上挂着一顶皇冠。这是被移民地的"开国功勋们"征服埃及的一个象征。尼罗河的鳄鱼在这棵棕榈树下咬牙切齿。它向我们叙述了好酒之徒安东尼；它跟我们讲述了克娄巴特拉的故事。这只背有鳞片的爬行动物——鳄鱼引起的记忆，给我们讲述了一段很美妙的历史。

这种金属古币学的高级课程有很多种样式而又不出我们村子周边一带，就这样长期延续着。但还有另一种古币学，更加高深却花销不多，它用其纪念章——化石向我们叙述生命的历史。这便是石头的古币学。

我的窗户边缘，这个岁月古老的知音独自在同我交谈一个没有了的世界。这是个名副其实的尸骨埋葬地，它的每一小块地方都留有逝去生命的痕迹。这堆石头已经没有生命。鱼类的牙齿和脊椎、海胆的尖头、珊瑚的碎片、贝类的残壳在此形成了一个墓葬群。对我家房子的砖石——观察研究，便知这座宅子是一只圣骨箱、一个古代活物的堆积体。

人们在这儿开挖建筑材料的那个岩石层，用它那坚硬的甲壳覆盖周围这座高原的大部分。不知从几个世纪之前开始，也许自从阿格里帕让人在此为奥朗日剧院的面墙和阶梯切割大理石的那个时候起，采石匠就在那里挖掘了。

铁镐天天都能从那里挖出一些奇形怪状的化石来。最引人注目的是一些牙齿，它们里面光滑，外表粗糙，简直美极了。此外，也可以看得到一些很好的化石，呈三角形，边缘为轧齿状花边，差不多与手掌一样大。

瞧这张牙像耙子一样的嘴，牙齿排成几列，一层层的，直达喉咙，好大的一张嘴呀！被这嘴里的利齿咬到、撕碎的是什么东西呀？你只要在脑子里想象一下这台恐怖的杀人机器，就会浑身发抖的。这个凶神恶煞的东西属于角鲨族，古生物学称之为巨噬人鲨。看看今天那称之为海中老大的鲨鱼，你就会有一个类似的概念了。

比喻和夸张的手法。将化石牙齿比作耙子，生动形象地呈现出鲨鱼牙齿的尖锐和惊人的撕咬力。对于"杀人机器"的想象，凸显了鲨鱼牙齿给人的威慑感。

在这同一块石头中，还有很多其他的角鲨化石，全都是满嘴利齿。你可以看到利齿像尖刀的尖额鲨，下颚长着弯曲带齿像顶重器似的半锯鳐，嘴里满是弯曲锐利、一面凹一面平的尖刀的鼠鲨，扁平牙齿上有发光锯齿的鳃鲨。

这座利齿武库是古代杀戮的有力证据，就像马赛的黛安娜、尼姆的鳄鱼、维松的奔马一样值钱。这座武库以其屠杀武器向我叙述着这种屠杀是怎样在各个时代消灭泛滥成灾的生命的。它还告诉我说："就在你对着一个石块思考的那个地方，以前曾是一湾海水，水中住满了凶狠的嗜血者和平和温驯的被吞食者。一条长长的海湾从前一直占据着后来成为罗讷河谷的那个地方。就在离你家很近的地方，

对比说明。将角鲨牙齿化石和黛安娜、鳄鱼、奔马进行对比，更鲜明地凸显出角鲨牙齿所具备的巨大杀伤力。

曾经是一番波涛澎湃的景象。"

这里的海岸的悬崖峭壁确实保存得相当好，以至于我在沉思默想时，会以为听到了隆隆的涛声。石蛏、海胆、石蛤、海笋都在那里的岩石上面留下了自己的足迹。这是一些半圆形的凹坑，可以放进一个拳头；这是一些洞口狭小的圆形巢室，隐居者在当中接受随时更新且载满着食物的水流。有时候，有古代居民住在里面，尽管已经矿化，但它的条痕和小鳞片这样脆弱的饰品都完整地保留着；而更经常的是，其中的古代居民溶化了，不见了踪迹，房子被已变硬了的细海泥钙核所填满。

在这个安静的小港湾里，漩涡把大小不等、形状各异的贝壳冲积在一块，并把它们淹没在日后变成泥灰岩的淤泥中。这是以一些小丘作为坟墓的软体动物的坟场。我曾挖到过一些长约半米、重达五六斤的牡蛎。用铁锹在这坟堆里翻动，就会见到芋螺、扇贝、笔螺、锥螺、骨螺，以及其他各式各样的海洋生物。看到这样一个偏僻角落竟然藏有从前的充斥着激情的生命所提供的这样一大堆宝物，真让人震惊。

长有贝壳的埋葬虫还向我们证明，时间这个事物秩序的有耐心的革新者，不但毁灭了早生早灭的单个生物，而且还毁灭了全部的物种。今天，相邻的大海——地中海可能已不再有任何同消失的海洋中的居民相似的东西了。想要找到现在与以往之间的一些相类似的容颜，可能得去那些热带海洋了。

气候已经变凉了，太阳在悄悄地运转，物种在灭绝。我家窗户旁边的石头古币就是这样告诉我的。

大家不要离开我那极其狭小、极不起眼但却极为丰富的观察现场，继续向石头请教，但这一次是要请教有关昆虫的问题。

在阿普特周围，一种奇怪的岩石到处都是，它已风化得像书页了，就像浅白色的硬纸板。这种岩石用火点燃会冒出黑烟，有一股沥青味道；它沉积在鳄鱼和巨龟常常出现的一些大湖的湖底。这些大湖人类从没有亲眼见过，湖盆被山脊所代替；湖泥安静地沉积成一层层的薄地皮，变成了既大又硬的礁石。

我们从这礁石上分割出一块石板来，然后再用刀尖把这块石板切成一些薄片，这工作相当简单，就像把重叠在一起的硬纸一层层地剥开一样。我们这样做就如同是在查阅从大山图书馆取出的一本书。我们在浏览一本配有精美插图的书。

这是一本大自然的手稿，比埃及那莎草纸手稿有意思得多。它似乎每页都有一些插图，而且更绝妙的是，那是一些已成图像的现实。

在这一页上，展现的是随便聚集在一块的鱼类。你会认为那是用石油煎炸过的鱼。鱼鳍、鱼刺、鱼头小骨、脊椎架和已变成黑色小球的晶状眼珠等全部印在上面，与生前的自然形态相同，唯一缺少的是鱼肉。

这没关系，鲍鱼这道菜让人大饱口福，使人禁

承上启下。承接上文对于海湾环境的描写，同时从现场的石头引发下文对岩石上动物化石的记叙说明。

与人类的记录不同，化石是自然的手稿，更加客观真实地向我们传递发生过的事情。

不住想要用指尖去刮擦一下，再尝上一口这种保存了上千年的鱼肉罐头。我们来发挥一下奇思妙想：让我们放一点这种石油煎炸的矿物鱼在牙齿下边。

插图周围没有一点文字说明，我们不妨这样思考："这些鱼拉帮结伙地在那平静的水里大量地生活过。湖水突然高涨，夹带着厚厚的泥土的浪涛使它们窒息死掉。它们很快就被淤泥掩盖起来，因而逃过了暴风雨的毁灭性袭击，从而穿越了时空，而且在裹尸布的保护下永远地继续穿越时空隧道。"

这突然高涨的湖水还夹带来周围被雨水冲刷的泥土，以及一堆堆的动物或植物的碎屑残肢，因此这湖泊的沉积物也告诉了我们一些陆地生物的情况。这是当时生命的总结。

我们再翻过我们的石板或者画册的一页。里面有长着翅膀的种子，有着褐色足迹的叶子。石头植物集与专业植物集在比试着植物的清晰度。

这石头植物集在向我们重述贝壳已经告诉过我们的一切：世界在改变着，太阳的炽热在减弱。现在普罗旺斯的植物并不是从前的那些植物，现在普罗旺斯的植物中不再有散发出樟脑味的月桂树、棕榈树、带羽毛饰的南洋杉，以及其他很多现已属于热带植物的灌木和树木。

我们继续往下阅读。现在看到的是昆虫。常见的是双翅目昆虫，个头儿非常小，通常是一些不起眼的小飞虫。大角鲨牙齿的粗糙石灰质外表的中间却十分细滑，让我们看了十分惊讶。对这些镶于泥灰岩圣骨箱中而完好无缺的娇小飞虫又该说些什么呢？我们用手去抓肯定会使它粉身碎骨的，这种娇小生命竟然在高山峻岭的重压之下躺在那里没有变形！

那三对细爪张开在石头上，姿态、形状完全处于休息当中，稍稍一动，爪子肯定会断。爪子很完整，包括指头上的双爪也还在。两个翅膀是展开的，用放大镜对双翅的纤细脉网进行研究，同用大头针把这只昆虫固定住加以研究是一模一样的。触角的羽毛丝毫没失去它的纤巧漂亮；腹部的体节可以数清，由一排微粒围着，这些微粒便是它的纤毛。

乳齿象的骨架在那沙床上躺着，天长日久而不损毁，这就够让我们惊讶不已的了；一只娇弱瘦小的飞虫竟然也完好无缺地保存于厚厚的岩石里，这简直是让我们震惊。

当然，蚊虫并不是来自远方，不是由上涨的湖水带来的。在大水到来以前，涓涓流水本来就会将它化为它已非常接近的没有的状态。它在湖边了结了生命。它被一个早晨的快乐空气杀死了，因为一个早晨对于蚊虫来讲就已算是长命百岁了。它从灯芯草顶端掉下来淹死了，而这个溺水者便马上消失在淤泥坟地里了。

那些短粗的、长着坚硬的凸状鞘翅的虫子，那些数量仅次于双翅目昆虫的虫子，它们是些怎样的虫子呢？看看它们延伸成喇叭形的窄小的脑袋，我们就全明白了。它们是长鼻鞘翅目昆虫，是有吻类昆虫，说得稍微文雅点，就是象虫，中等个儿的、大个头儿的、细小的全都有，与它们现在的同类大小一样。

它们在石灰质岩片上的姿态没有蚊虫的形态端正。爪子乱放，喙要么藏在胸下，要么向前伸出。它们中间，有的露出喙的侧面，更多的是通过脖子的一绺浓毛把喙歪在一侧。

这些身体扭曲着、肢体残缺不全的象虫不是平静地、突然地被埋葬的。虽然有很多象虫是在湖边植物丛中结束一生的，但其他象虫则是来自附近地区，是被雨水冲带来的，在途中遇到碎石细枝，把身体给弄得残缺不全。它们虽然身着铠甲，身子看起来完好无缺，但肢爪上细小的关节却被弄残弄弯，而污泥这块裹尸布把它们在途中被弄成怎样就怎样地裹起来。

这些外来的象虫或许来自远方，它们向我们提供了珍贵的材料。它们告诉我们，如果说湖边昆虫类最具代表的是蚊子的话，那么树林中昆虫类的代表便是象虫。

除了吻管科昆虫之外，我的那些岩石书页在鞘翅目昆虫方面确实没再向我展现什么。那么，其他的那些陆地昆虫类，如圣金龟、食粪虫、步甲虫等被雨水不分彼此地把它们像象虫一样地带到湖中来的那些昆虫现在都在什么地方呢？这些今天繁荣昌盛的昆虫类没有留下一点点线索。

龙虱、豉虫、水龟虫这些水中居民都在哪儿呢？关于这些湖泊昆虫，很可能在我们找到它们时，它们已在两块泥炭岩中间变成干尸了。如果当时有这种昆虫存在的话，那它们便生活在湖泊中，而湖中的泥沙就很可能把这些带角的昆虫比那些小鱼，尤其是比双翅目昆虫更加完整地保存下来。看，关于这些水生鞘翅目昆虫，也没有留下任何的踪迹。

这些地质圣骨箱中找不见的昆虫，它们究竟在何处呢？草丛中的、荆棘丛中的、被虫蛀蚀的树干中的这些昆虫——对猎物开膛破肚的步甲虫、滚粪球的金龟子、会钻木的天牛，它们都在哪儿呢？它们全部处于正在变化中的未成形状态。当时还没有它们，将来在等待着它们。如果我相信我空闲时查看的那些简单的档案材料的话，象虫也许就是鞘翅目昆虫中的长辈。

在初级阶段，生命制造出一些可能与当今和谐状态中的情景相差很远的奇异的东西。当生命创造蜥蜴类动物的时候，它一开始热衷于那些长达十五到二十米的怪兽。它让它们眼睛上、鼻子上长出角，让它们的后背披上鳞片，让它们脖子凹成有刺的袋子，脑袋可以像戴风帽似的缩进去。

生命的演变甚至还试着让这些怪兽长上翅膀，但却没能如愿。经过这些恐怖的事情之后，进化的热情安静下来，于是就出现了我们篱笆上的可爱的绿色蜥蜴。

当生命创造鸟的时候，它让鸟嘴上长有爬行动物的尖牙利齿，让鸟的臀部拖有装饰羽毛的尾巴。这些没定型的、相当丑陋的生物是鸽子和红喉雀的祖先。

所有这些原始动物，头都超小，智力超差。远古的野兽没有其他的才能，只是一部捕捉猎物的机器，一个消化食物的胃。

象虫就在以自己的方式稍微重复着这类变异。看看它小脑袋上的那个奇异的延长部位，那上面有又短又厚的吻，别处有十分粗的圆形吻管或切削成四棱面的吻管。另外，这个延伸部位就像北美印第安人那怪模怪样的长烟袋，它相当纤细，长如身子，乃至超过身长。在这个奇怪的工具末端，在末端口里，是上颚那把精致的剪刀。它身体两侧是两根触角。

这个嘴，这个喙，这个怪异的鼻子有何用途呀？象虫是在哪里找到这种器官的模型的？它哪里也没找到过这种模型，它自己就是这种模型的创始者，它拥有这种模型的专利。除了它这一种族外，其他任何鞘翅目昆虫都没有这种怪模怪样的嘴。

我们还要注意它的脑袋窄小异常。那是在鼻子下面膨胀起来的一个小球。那球里会有什么呢？一个可怜的神经工具，那是相当有限的本能的标志。在看到这些小脑袋的家伙工作之前，没人关注它们智力方面的事。它们被归入木讷迟钝、无本领的昆虫之列。这种看法以后并没有遭到否认。

虽然象虫科昆虫在才智方面没人恭维，但并不能因此就看不起它们。正如湖中岩片书页让我们知道的那样，它们是排在长鞘翅的昆虫之前的。它们早就在预防突发事件方面超前于在孵育方面最为灵巧的昆虫。它们向我们展现了一些原始昆虫形态，有时是相当奇怪的形态。它们在自己那超小的世界中，就如同长着角的蜥蜴和长着齿形大颚的猛禽在高等世界中的情况一般。

它们一直繁荣昌盛，繁衍到现在，但特征未改。它们现在的形态就是它们在各大陆的悠久年代的形态。这一点由石灰岩书页高度地证实了。我有时甚至把其种的名称标注在岩片书页的那些图像下方。

本能的不变性应该是伴随着形态的永久性的。通过查看现代象虫科昆虫的资料，我们就它们祖先的生物单方面写出与实际情况比较相近的一个章节。在它们祖先的那个年代，我们的普罗旺斯还有棕榈树在遮藏着鳄鱼出没的宽阔湖泊。依据现代的历史我们可以复原以前的历史。

情 节 评 述

本篇从景物描写着笔，继而从生物化石引入到对古老生物象虫的描写。作者通过白描的手法，生动形象地呈现出象虫头小有短厚吻的外貌特点。

作为一种古老的生物，象虫以化石的方式被相对完整地保留了下来。而化石是我们了解历史上自然环境和生物形态的重要依据。象虫虽然智力平庸，但因在突发事件预防上的超前性而繁衍至今，作者同时也对这种古老生物维持本能的不变性而繁衍至今的现象进行了说明。

胆小而尽职的米诺多蒂菲

为了给本章要介绍的这个昆虫起名，专业分类学家采纳了两个让人害怕的名字：一个是米诺多，就是弥诺斯的那头在克里特岛地下迷宫中以人肉作为食物的公牛的名字；还有一个是蒂菲，也就是巨人族中的一位，系大地的孩子，试图登天的那位的名字。凭借弥诺斯之女阿里阿德涅给的一团线，阿德尼安·忒修斯捉住了米诺多，把它杀死，毫发无损地走出地下迷宫，从而得以使自己祖国的人民摆脱了被这半人半兽的怪物吞吃的厄运。

蒂菲却是在自己垒起的高山之峰遭遇雷劈，跌进埃特拉火山口中。他仍然在火山口中。他的气息化作火山的烟雾。他只要一咳嗽，就会引起火山喷发出岩浆来；他要想换个肩膀扛着，让另一个肩膀歇一下，就会让西西里岛没有安宁：他将引发西西里岛的地震。

在昆虫的故事里找到一种对这类古老传说的回忆倒并不让人觉得不高兴。这些传说人物的名字听起来响亮悦耳，它们并不会引起和真实情况的矛盾，而那些按照造词法硬造出来的名词反而总会名不副

解释说明。开篇对米诺多蒂菲这个昆虫名字的由来进行解释，引发读者对这个昆虫的好奇心，也增加读者的阅读兴趣。

实。用一些朦胧相似的名字把传说与历史结合起来，这样才是最符合人意的。米诺多蒂菲便是这种情况。

因此，人们将一种体形较大、与地下打洞的昆虫血缘非常相近的黑色鞘翅目昆虫称为米诺多蒂菲。它是一种无害平和的昆虫，但它的角可比弥诺斯的公牛要厉害得多。在我们的那些披着盔甲的昆虫中，谁的武器都没有它的吓人。雄性米诺多蒂菲胸前有三根前伸平行的锋利长矛。假使它体大如公牛的话，就算忒修斯本人在野外遇上，也不敢迎战它那支恐怖的三叉戟。

传说中的蒂菲野心很大，想通过把连根带起的群山垒成一根立柱，去打劫诸神的仙境。博物学家们的蒂菲则不会登天，只能下地，能把地钻得相当深。巨人蒂菲用肩膀一扛，把一个省弄得震动起来；而我们的昆虫蒂菲是用脊背去拱，把泥土拱松软，使小土堆不停震动，就像被埋在火山中的蒂菲一动，埃特拉火山就轰隆作响一样。

我们马上要讲述的就是这种昆虫。

但是，讲这个故事有何用处呢？这么深入细致地去研究又有何意义呢？我知晓，这种研究不会让一粒胡椒身价百倍，不会让一堆苹果成为无价之宝，也不能造成装备一支舰队、让决心拼个胜负的人们相互对峙那样的一些严重的后果。我们的这种昆虫并不期待这样多的荣耀。它只是通过自己那些变化多端的表现来展示自己的生活；它能够帮助我们多少弄懂一点所有的书中最晦涩的那一本——我们人类自己的书。

它很容易就能弄到，喂养也不费钱，观察起来也很有意思，所以它比那些高级动物更能使我们的好奇心得到满足。再说，与我们成为邻居的那些高级动物探究起来十分乏味单调，而它却不同。它的习性、本能和身体构造都颇有特点，是我们所不知的，所以它能为我们揭开一个新的世界，仿佛我们是在同另一个星球的生物举行研讨会。这就是我极高评价这种昆虫并且坚持不懈地与它建立联系的原因所在。

米诺多蒂菲喜欢露天沙土地，因为这是羊群去牧场的必经之路，一路上羊群总会不停地拉下羊粪蛋。那是它平常的美食。如果没有羊粪蛋，也没关系，找些很容易收集的兔子的细小粪便来凑合。一般说来，兔子总是躲到百里香丛中去拉屎拉尿，因为它很胆小，怕暴露目标，遭到袭击。

大约在三月份的前几天，就可以看见米诺多蒂菲夫妇齐心合力，精心筑巢修窝。之前一直分居在各自的浅洞穴中的雌雄米诺多蒂菲，从现在起要共同生活很长的一段时间。

夫妻双方在相当多的同类中间还能互相认出对方吗？它俩之间也有山盟海誓吗？如果说婚姻破裂的机会相当少见的话，那么对于雌性来说这种破裂的机会几乎就不存在，因为做妈妈的很长时间都不会再离开那个住处了。相反，对做爸爸的来说，婚姻破裂的机会却相当多，因为责任所在，它必须经常出去，就像我们立刻就会看到的那样，雄性一生都得为储备粮食奔波，是天生的垃圾搬运工。它白天按时把老婆从洞中挖出来的土运走，夜间又独自在自家房子周围搜寻，寻找为自己的宝宝们做大蛋糕的小粪球。

有时，各家住宅相邻而建，收集粮食的老公回来时会不会摸错了门，闯进别人家中去呢？在它外出觅食时，是否在路上碰到一位散步的单身女性,于是便忘记妻子的恩爱,准备离婚呢?这个问题值得考究。我已尽可能在用下面这个办法解答这一问题了。

有两对夫妻正在挖土建家时被我挖了出来。我用针尖在它们鞘翅下部边缘做了没法抹去的记号,所以我可以把它们区分开。我顺手把这四位分别放在一块有两拃深的沙土地上,这样的土质一晚上时间就能挖出一口井来。在它们急需粮食的状况下,我就给它们弄一些羊粪放进去。我用一只残瓦翻扣在场地上,既能防止它们逃跑又可遮阳,让它们安安静静地去享受它们的时光。

次日,相当满意的答案出来了。场地上只有两个洞穴,两对夫妻和原来一样重新相聚在一起,都各自找到了自己的伴侣。后来,我做了第二次实验,然后做了第三次实验,结果都不变:用针尖做了记号的一对在一个洞中,没做记号的另外一对则在通道尽头的另一个洞穴里。

我又重复做了五次实验,它们每天都得重新开始组建家庭。现在,情况有变了。有时,接受试验的四只每只各住一室,有时在同一个洞穴中待着两只雄性或者两只雌性,有时一只雌性接待另一只雌性或雄性,但组合方式与一开始完全不一样了。我过分地重复实验,这之后就乱套了。我每天这样折腾都把这些挖掘师弄烦了。一个摇摇欲坠的房子总是在重建,最终把合法夫妻给拆散了。既然房屋每天坍塌,正常的夫妻生活也就过不下去了。

不过这并没有太大关系，反正一开始的那三次实验足以说明，尽管那两对夫妻一次次地受到惊吓，但好像并没有破坏它们夫妻间那微妙的纽带，夫妻关系仍保持着一定的抗拒力，夫妻双方在我精心制造的一连串混乱之中仍然能够认出对方来。它们之间信守山盟海誓，这在三心二意的昆虫界确实是一种不可多得的高贵品质。

我们人类是根据话语、音调、音色相互识别的，而它们却是哑巴，没有任何办法进行呼唤，剩下的只有嗅觉了。米诺多蒂菲寻找自己爱人的情况让我想起了我家的爱犬汤姆。汤姆在发情期间，鼻子向上，嗅着由风送来的空气，然后跳过围墙，匆忙跑向远方传来的具有魔力的召唤。我由此还想起了大孔雀蝶，它们从好几千米以外飞来向刚出茧的正待婚嫁的雌蝶表示爱意。

但是，这种对比当然有许多不尽如人意的地方。狗和大孔雀蝶在受到妙龄异性召唤时还不认识对方，而对长途跋涉前去朝圣什么都不懂的米诺多蒂菲却完全相反，它稍稍转上一圈就径直奔向常常与它接触的美女了。它通过对方身体中散发出的与众不同的气味，通过一些除了它这个情人以外别人嗅不出来的独特气味把它的美女辨认出来了。

这些带有气味的散发物是由哪些成分构成的呢？米诺多蒂菲并没有告诉我。这很遗憾，它本会告知一些有关其嗅觉神功的有意思的故事的。

那么，这对夫妇在家中是怎样分工的呢？要想

《昆虫记》中有很多关于昆虫夫妻关系的描绘，有像蝎子和螳螂一样交配后无情吃掉配偶的，也有像米诺多蒂菲这样海誓山盟的。

举例说明。作者以狗为例子，说明自然界中许多动物都是依靠气味相互辨别身份，而米诺多蒂菲也是通过嗅觉来确认配偶的。

知道这些可不是简单的事，并非用小刀尖挑出来看看就 OK 了的事。谁要是想观看在洞中挖掘的这种昆虫的话，就得运用镐头，那可是相当累的活儿。这种昆虫的房子不像圣甲虫、螳螂和另外一些昆虫的房子，用小铲子轻轻一铲，很轻松地就挖开了；米诺多蒂菲住在一个深井中，必须用一把结实的铁铲，不断挖上好几个小时方能挖到底。如果太阳稍微毒一点，做完这个工作你一定会累躺下的。

作者以第一人称的口吻直接抒发了对米诺多蒂菲洞穴的好奇和重视，同时又感叹自己年纪大了，心有余而力不足。

唉！我年龄大了，可怜的关节都老了！明明知晓地下有个有意思的问题想一探究竟，可就是体力不支，挖不动了！可是，我热情一点没减，仍然和当年挖掘条蜂喜爱的海绵性山坡时同样的热情如火。我对研究工作的热爱并没有减退，不过力气上差点。还好我有一个助手，那就是我的孩子保尔。他身强体壮，臂膀有力，帮了我很大的忙。我用脑，他用手。

家里另外的人，包括孩子们的母亲，都很积极，平时总帮我们一把。坑越挖越深，必须仔细察看铲子挖上来的那些东西，查找点滴证据。这时人多眼睛就亮，一个人没瞅见的，另一个人就会看见。双目失明的于贝尔依赖一个目光敏锐的忠诚仆人对蜜蜂进行研究。我比这位伟大的瑞士博物学者条件可好得多了。我的眼睛虽然已经老视，但视力还是不错的，何况我家里人的眼睛都相当不错，他们都在帮着我。如果说我仍在继续进行研究的话，他们是功不可没的，我得非常感激他们。

一大早，我们就到了现场。我们找到了一个洞穴，还有一个很大的土堆，土堆呈圆柱形，是一下子推上来的一整块土。扒开土块，就现出一口非常深的井。我用途中捡到的一根又长又直溜儿的灯芯草秆儿试探着向井下伸去，越伸越深。最后，在一点五米左右的地方，那根灯芯草秆儿就不能再向下去了。我们探到米诺多蒂菲的卧室了。

我们用小铲子很小心地剥落卧室外面的土，于是就看到了屋里的主人，先挖出来的是雄性米诺多蒂菲，再稍稍向下挖一点就挖到了雌性米诺多蒂菲了。夫妇俩被拿出来以后，露出一个颜色非常深的圆点：那是粮食柱的尾端。现在需要加倍小心，轻轻地挖。我们沿着洞底周边把中间的那块土和它周围的土切割开，然后用小铲子兜住底部把那块土整个儿地铲起来，既要干净利落又得小心谨慎。铲起来了！我们弄到了米诺多蒂菲夫妻及它们的卧室。我们挖了一个上午，累得无力，总算得到了这些财富。保尔背上直冒热气，可见他用了很大的气力。

一点五米这个深度并不是永远不变的，许多条件都会使深度改变，例如，昆虫钻过的地方的土质和湿度怎样啦，昆虫干活儿的热情是否饱满啦，时间是不是宽裕啦。我看到过有一些洞穴还要稍微深一些，我也见到过另外一些洞穴还不够一米深。无论是何种情况，为了繁殖后代，米诺多蒂菲都必须有一个相当深的住所，而据我所了解，没有哪种昆虫挖掘工挖过这样深的洞穴。我们马上就会琢磨是什么样的迫切需要在迫使羊粪蛋的收藏者居住在那么深的地方的。

在离开现场以前，我们先记下一个事实，确定这一事实之后会十分有价值。雌性米诺多蒂菲是住在洞穴底层的，而它老公则待在它上方不远处，它俩都被吓得一动不动，现在还不知道它俩在干什么。

这一细节在我翻挖的各个洞穴中都一再地被发现，似乎证明这对伴侣各自有一个固定的位置。

更擅长繁殖后代的米诺多蒂菲妈妈住在下面。它自己在挖掘，因为它精通垂直挖掘的技能。这种挖法事半功倍，可以挖得相当深。它是个能工巧匠，一直不停地对着坑道工作面挖掘着。它的男人只是一名打工仔，待在它的身后，用它的角背篓随时清理浮土。这之后，能工巧匠就变成了女蛋糕师，把给儿女们准备的蛋糕揉制成圆柱形；而米诺多蒂菲老爸则为它打下手，为妈妈从外面搬运来面食材料，就像在所有和睦家庭中一样，男主外女主内。这也许就是为何在管形宅子中它们所在的住处一直不变的原因。以后我们就会知道这种猜测是不是与事实相同。

现在，让我们在家里从容、舒服地察看我们好不容易挖掘出来的洞穴当中的那整块土。这块土中有一个呈香肠状的食品罐头，粗细长短大概像拇指一样。里面装着的食品颜色十分深，压得也很结实，分很多层，可以辨别出当中有已压碎了的羊粪蛋。有时候，蛋糕揉得相当细，从头到尾全都相当匀称，更多的时候这圆柱形面团像一种牛皮糖，里面疙疙瘩瘩的。根据女蛋糕师的闲忙情况，它所揉制的蛋糕看上去千变万化，高兴就做得讲究，不高兴就敷衍了事。

食品罐头牢牢地嵌在洞穴的那个死胡同里，那儿的墙壁比井里其他地方的更平整、更光滑。用小刀尖轻松地就可把它与周边土层剥离开，就像剥树皮一样。我就这样得到了不沾丁点泥土的这个食品罐头。

这项工作已完成，我们现在来了解一下宝宝的状况，因为这个罐头肯定是为幼虫准备的。由于我以前知道粪金龟是把自己的宝宝产在"血肠"底层食物中间的一个独特的窝里的，所以我期盼着在"香肠"底层的一个密室里找到粪金龟的亲戚米诺多蒂菲的宝宝。但是我的判断不正确。我要找的宝宝并不在我所预料的地方，也不在"香肠"的上部，反正食品罐头里到处都没有。

　　我又在食品罐头外面寻找，可算找到了。宝宝就在食品罐头柱下面的沙土里，一点也没有妈妈们细心安排的守护。那里没有一间新生宝宝细嫩肌肤所需要的墙壁光滑的小卧室，而只有一个妈妈随便扒拉起来的粗糙的废墟丘。宝宝要在这个离食物有一些距离的硬床上进行孵化。为了吃到食物，虫宝宝必须扒拉沙土，穿过这个几毫米厚的沙土天花板。

　　我既然挖出了那带着食品罐头的整块土，又有我自己制的工具，我就可以观察这段"香肠"是怎样做成的了。

　　米诺多蒂菲老爸爬出洞外，挑好一个粪球，其直径小于井口直径。它把粪球往井口挪去，时而倒退着用前爪拖拽，时而用头盔轻轻顶着一下下地往前推。推到井口旁边时，它是否猛一使劲儿，一下就把粪球推进洞里去呢？肯定不是，它有自己的算盘，不让粪球狠狠地摔下去。

　　它爬进井口，前脚搂住粪球，小心地把一边塞进井里。到了离井底差不多距离的地方，它只要把粪球稍稍倾斜一点，粪球就可以两头顶着井壁，因为其轴心很宽。这样就形成了一块临时的楼板，可以承受两三个粪球。这就是米诺多蒂菲老爸的制作房，它可以在这工作而又不影响在下面干活儿的爱人。这是一座磨坊，制作蛋糕的粗面粉就要在这里进行加工。

　　这个磨坊工老爸装备精良。你看它的那支三叉戟，非常坚挺的前胸上立着三根锋利的长矛，两边的两根长，中间的那根短，三根的矛头全部直指前面。这件兵器有什么用途呢？我原先认为只不过是雄性的一件佩饰，就像粪金龟族中其余很多族类都佩戴着的一样，只是形状各异而已。可米诺多蒂菲的这个可不是佩饰，而是它的一件劳动工具。

　　那三根矛尖而不齐，形成了一个凹形，里面可以装入一个粪球。

在那块不是铺得太好、晃来晃去的楼板上，米诺多蒂菲老爸必须用四只后爪支撑着井壁方能保持平稳。那它将怎样把那个滚动的粪球固定住，而且把它压碎呢？我们来看看它是怎样做的吧。

它稍微弯下身子，把三叉戟插进粪球，如此一来粪球就卡在新月形的工具里固定不动了。米诺多蒂菲老爸的前爪是空着的，因此它就可以用它前臂上的锯齿状臂铠去切粪球，把粪球切成一块块的，从楼板间隙处丢下去，掉在米诺多蒂菲妈妈的身边。

从磨坊工那里掉下去的是粗粉，没有筛过，里面还掺拌着不是很细的碎块。尽管这面粉磨得不细，但仍给正在精心制作蛋糕的女蛋糕师帮了大忙，使它能够简化工序，一下子就能把好次粉分离开。当楼上的粪球，包括楼板全都被磨碎以后，有角的磨坊工就回到了地面，寻觅新的粪肥，然后再不慌不忙地重新开始研磨。

作坊中的女蛋糕师也没有闲着。它把自己身边纷纷落下的面粉捡起来，进一步碾细，进行精加工，然后进行分类，软一点的用作蛋糕心，硬一点的用作蛋糕皮。它绕过去转过来的，用自己那平扁的胳膊轻轻地打拍着原料；之后，它把原料一层一层地铺开，再用脚踩实，犹如葡萄酒酿制师在榨葡萄汁一样。踩实之后的大面饼方便储藏。通过大概十天的时间，老公供应面粉，爱人揉制加工，夫妻二人终于齐心协力制作成功长圆柱形的大蛋糕。

现在可以概括一下米诺多蒂菲的各种品行了。当严寒过去以后，雄性米诺多蒂菲就开始寻找伴侣，找到之后便与之安居地下，从此，它便对自己的爱人忠贞不渝。尽管它要常常外出，并且也会遇上可能让自己移情别恋的女孩，但它始终不忘结发妻子。它以一种什么也不可以减退的热情帮助自己的那位在孩子们自立以前绝不出门的挖掘女人。整整一个多月，它使用它那角背篓把挖出的土运往洞外，始终没有怨言，永不被那艰险的攀登给吓倒。它把轻松的扒土工作留给爱人做，自己则干着既重又累的工作，把土从一条垂直、高深、狭窄的坑道往上挪出洞外。

之后，这位运土小工又变成了粮食寻找者，处处去搜集粮食，为儿女们预备吃的食物。为了减轻妻子剥皮、分拣、装料的工作，它又当上了磨面师。在离洞底差不多的距离处，它在碾碎被太阳晒干晒硬了的粮食，制作成细粉、粗粉。面粉不停地纷纷飘散在女蛋糕师的蛋糕房内。最后，它精疲力竭地离开了家，在洞外露天地里凄惨地死去。它顽强地尽到了自己作为父亲的责任，它为了自己的家人过得幸福而做出了重大的贡献。

而米诺多蒂菲妈妈也一心扑在这个家上，从没出过大门。古人把这种贞洁女人称之为 domi mansit。它把一个个面团揉成圆柱形，把一只只宝宝分别产于一个个面团当中，从此便看护着自己这些宝宝，直到儿女们长大，能自立离开为止。当秋高气爽的时节到来时，模范妈妈终于又回到地面上来，儿女们簇拥着它。宝贝们自由自在地四散开来，到羊群常去吃草的地方拾捡粪球，大饱口福。这时候，一心为了儿女们的慈母已没事可做，不久便与世长辞。

是的，相比昆虫爸爸们对自己子女普遍的不管不问，米诺多蒂菲是个特例，它对自己的子女们注入了全部的心血。它总是想到自己的家人，从未关心过自己。它本来可以尽享美好的时光，也可与同伴们一起入宴，还可与女邻居们调情耍闹，但它却

在昆虫界，繁育后代的行为基本上都是由雌虫完成的，像米诺多蒂菲爸爸这样尽责地筑巢和寻找食物的实属少数。

没有这样，而是埋头于地下的工作，卖命地为自己的家人留下一份遗产。当它爪硬足僵，奄奄一息时，它便可无愧地安慰自己：我尽了做爸爸的责任，我为家人尽力了。

本篇从米诺多蒂菲的名字起笔，以神话故事中米诺多和蒂菲的故事切入，介绍了米诺多蒂菲名字的由来，为米诺多蒂菲这种昆虫添加了一丝神秘色彩和趣味性。作者通过实验的方式证明了不同性别的米诺多蒂菲在生活中有明显的分工，雄性负责搬运粪球和送出土壤，而雌性负责产卵和粪球的具体制作。

在昆虫世界，像米诺多蒂菲这样对子女负责的父母是极为少数的存在。作者对米诺多蒂菲父母在繁衍后代上的辛劳和无私奉献表达了极高的赞美。

下部

昆虫的习性

欧洲大孔雀蝶

　　这是一个难忘的晚会。我要把它称作大孔雀蝶晚会。谁不认识这漂亮的蝴蝶？它是欧洲最大的蝴蝶，穿着褐色天鹅绒外套，系着白色皮毛领带；翅膀上满是白灰相间的斑点，一条淡白色之字形线条穿过其中，线条周围呈烟灰白，翅膀中间有一个圆形斑点，就像一只黑色的大眼睛，瞳仁中闪烁着白色、黑色、鸡冠花红色、栗色的像彩虹状变幻莫测的色彩。

　　它的体色模糊泛黄的毛虫也一样漂亮好看。它那稀疏地环绕着一圈黑纤毛的体节后端，镶嵌着淡绿色的珍珠。它那粗壮的褐色茧形状十分奇特，口部如渔民的捕鱼篓，一般紧贴在老巴旦杏树根部的树皮上。这种树的树叶是毛虫的美味食品。

　　五月六日那天上午，一只雌性大孔雀蝶在我面前的实验室桌子上破茧而出。它全身湿漉漉的，我马上用金属钟形网罩把它罩了起来。我也是灵机一动才这样做的，因为我还没有针对它的提前安排。我只是凭着观察者的简单习惯，把它关了起来，时时密切关注可能会出现的情况。

　　我很有运气。晚上九点钟左右，全家人都躺下睡觉了，我隔壁房间出现一阵乱糟糟的响动。小保尔没怎么穿衣服，又蹦又跳，来回走动，跺脚踢东西，弄翻椅子，简直像疯了一样。只听见他在叫我。"快来呀，"他在大声叫喊，"快来看这些蝴蝶呀！像小鸟一样大！

房间里全飞满了！”

我赶紧跑过去。一瞧，难怪孩子会那样兴奋、那么乱喊乱叫。那是从未发生过的私闯民宅，是巨大蝴蝶的入侵。有四只已经被抓住，放进了麻雀笼里，还有很多全都在天花板上来回飞。

见此情景，我马上想起了早晨被我关起来的那只雌性大孔雀蝶来。“快穿上衣服，孩子，”我对儿子说，“把你的笼子放在那里，跟我走。咱们去瞧瞧稀罕东西。”

我们在往下走，来到住宅右边我的实验室。在厨房里时，我遇到保姆，她也被眼前发生的事弄得惊讶不已。她在用她的围裙驱散一些大蝴蝶，一开始她还认为是蝙蝠呢！

看起来，大孔雀蝶几乎把我的住宅占领了。这肯定是那只被囚女俘导致的，它周围的那方天地会成什么样儿了呀！幸好，实验室的两扇窗户有一扇是开着的，道路畅通。

我们手里拿着一支蜡烛，冲入了房间。我们第一眼所看到的简直一生难忘。一群大蝴蝶轻打着翅膀，围着钟形罩跳舞，落在罩子上，一会儿又飞走，然后又飞回来，再飞向天花板，一会儿又飞下来。它们扑向蜡烛，翅膀一拍，蜡烛灭了。它们又扑向我们的肩头，钩住我们的衣服，轻擦着我们的脸。这屋子快成了一个巫师招魂的密室，成群的蝙蝠在跳舞。为了壮胆，小保尔紧握住我的手，比平时用力得多。

它们有几只呢？将近二十多只。再加上误进厨房、孩子们的卧室和其他房间的，总共有四十多只。我要讲，这是一次难忘的晚会，一次大孔雀蝶的晚会。它们不知是怎样得知消息的，从四面八方跑来。其实，那是四十多个情人，急不可耐地跑来向今早在我实验室的神秘气氛中诞生的女子致敬的。

今天，我们就别再打搅这一大群追求者了。蜡烛的火焰伤到了这群来访者，它们冒冒失失地向火上扑去，烧着了点身子。明天我就用一份事先拟好的实验问卷再来进行这项调查。

现在，我们先来清理一下思路，来聊聊我观察的这七天里的所有情景中反复见到的情况。次次都发生在晚上八点到十点之间，蝴蝶们是一只只飞来的。是暴风雨的天气，天空乌云滚动，一片漆黑，露天地，树丛内，花园里，伸手不见五指。

对于这些来访者来说，除了这漆黑之夜以外，住所也很难进入。房屋掩映在一些高大的梧桐树下，屋前像前厅一样的是一条两边长着厚厚的玫瑰和丁香树篱的通道，屋前还有丛丛杉柏和松树帷幕在抵挡凛冽的西北风的进攻。大门近处还有一道小灌木丛形成的壁垒。大孔雀蝶要赶到朝圣地就一定得在漆黑的夜晚穿过这杂乱的树枝屏障，左冲右突，迂回前进。

对比描写。将大孔雀蝶和猫头鹰进行对比，说明大孔雀蝶眼睛对于光线的敏感性，体现其勇敢的性格。

在这种情况下，猫头鹰都不敢离开它那油橄榄树的巢穴贸然闯进的。而大孔雀蝶装备精良，长着多面的小光学眼睛，比大眼睛的猫头鹰技高一筹，敢于毫不迟疑地勇往向前，顺利通过，没有发生碰撞。它曲折迂回地飞行着，方向掌握得相当好，所以尽管越过了重重障碍，但到达时仍精神抖擞，大翅膀没有丝毫的擦伤，完好无缺。对于它来讲，黑夜中的那点光亮已经足够了。

就算认为大孔雀蝶具有某些普通视网膜不具有的特殊视觉，那这种超乎寻常的视觉也不会是通知在远处的它飞来这里的东西。远隔着的距离和其间的遮挡物一定使这种视觉起不了很大的作用。

再说，除非有迷惑性的光的折射——这里并不是这种情况——大孔雀蝶会直扑所看到的东西，因为光线的指引是十分准确的。不过大孔雀蝶有时也会犯错，但错的不是要走的大方向，而是诱惑它前去的所发生事情的准确地点。我刚才提过，孩子们的卧室是在到访者们的真正目的地——我的实验室的对面，在我们秉烛闯入以前，已经被一群蝴蝶占领了。它们肯定是因情急搞错了。在厨房里也是同样的，也有一群满腹疑问的蝴蝶，因为在厨房里有一盏灯，很亮，对于夜间活动的昆虫来讲这是一种没法抗拒的诱惑，所以它们可能因此而迷失方向。

我们只考虑黑暗的地方吧！在这种地方迷路者也不在少数。我在它们要前往的目的地周围差不多到处都发现一些。因此，当女囚身陷我的实验室时，蝴蝶们并不是全部从那个直接而可靠的通道——开着的窗户——飞进来的，那通道离钟形罩下的女囚只有三四步远。有很多是从下面飞进来的，它们在前厅四处乱飞，顶多飞到了楼梯口，可那是一条死胡同，上面有一个门关着，进不去的。

这些情况表明，赶来示爱的大孔雀蝶们并没有像普通光辐射告诉它们以后它们所该做的那样（这些光辐射是我们的身体不能感觉到或能感觉到的），直向目标飞来。另有什么东西在远处告诉它们，把它们引到准确地点周围，然后让最终的发现物处于

拟人手法。用拟人的方式生动形象地体现了夜间光线对于大孔雀蝶的致命诱惑，充分说明了大孔雀蝶对光的喜爱，表明了该类昆虫的趋光性特点。

犹豫和寻找的模糊状态当中。我们通过味觉和听觉得到的信息几乎也是这种情况，当必须准确地弄清气味或声音的来处时，味觉或听觉却是十分不准确的。

发情期的大孔雀蝶夜里朝圣时究竟是靠什么样的信息器官呢？人们怀疑它们的触角。雄性大孔雀蝶的触角大概确实是用它们那广阔的羽状薄翼在探测。这些美丽的羽饰只是一些普通的服饰呢，还是也起着一种引诱求爱者找寻气味的作用呢？似乎不难进行一个带结论性的实验。咱们要不来试一试。

入侵发生的第二天，我在实验室里找到了前一天晚上夜袭的访客中的八位。它们在关着的那第二扇窗户的横档上盘踞着，一动不动。其他的在一场飞舞尽兴之后，在晚上十点钟左右从进来的那个通道，也就是全天都敞开着的那第一扇窗户飞走了。这八只坚强不屈者正是我要做的实验所需要的。

我用小剪刀从根部剪掉大孔雀蝶的触角，但并没触及它们身体别的部位。它们对这种手术并没有什么反应。谁都没有动，只不过稍微振动了一下翅膀。手术很成功：伤口大概不怎么严重。被剪去触角的大孔雀蝶没有疼得乱飞乱撞，这对我的实验计划是再好不过的了。一天结束了，它们一直安静地一动不动地待在窗户的横梁上。

剩下要做的还有另外几件事情。尤其是当被剪去触角的大孔雀蝶在夜晚活动时，应给女囚换个住处，不让它待在求爱者们的眼皮底下，以保证研究的成果。因此，我把女囚和钟形罩搬了家，把它们放在地上，在住宅另一侧的门廊下，距我的实验室有五十多米远。

夜幕降临，我最后一次查看了一遍我那八只动过手术者。有六只已经从敞开着的那扇窗户逃走了；还余下两只，但是已经摔在了地板上，我把它们翻过来，仰面朝天，它们都没有力气翻转身子了。它们已精疲力竭，奄奄一息。千万别责怪我的手术不好。就算我不用剪刀剪去它们的触角，它们同样会因衰弱而死的。

那六只大孔雀蝶精力充沛，已经飞走了。它们还会飞回来找寻昨天引诱它们飞来的诱饵吗？它们没有了触角，还能找得到现已移到别处、离原来的地点很远的那只钟形罩吗？

钟形罩放在黑暗当中，差不多是在露天地里。我时不时地提着一盏提灯和一张网跑过去瞧瞧。来访者被我捉住、分类、辨认，并马上在我关上了门的旁边的一间屋子里放掉。这样做能准确地计数，省得同一只蝴蝶被计算上好几次。另外，这临时的囚室空荡宽敞，绝不会擦伤被捉住的蝴蝶，它们在囚室里会觉得十分安静，而且有十分大的空间。在我今后的研究中，我也将采取这样的安全措施。

十点半左右，再没有到访者了，实验完了。捉住的一共是二十五只雄性，只有一只是失去触角的。昨天被做过手术的那六只大孔雀蝶，身强力壮，得以飞出我的实验室，回到野外，当中只有一只回来

解释说明。说明大孔雀蝶的筋疲力尽、奄奄一息是因为大孔雀蝶本身生命力不够顽强，而非作者实验的原因。

提出疑问。通过一连串的提问表现作者对飞走的六只大孔雀蝶去向的疑惑，也起到引出下文的作用。

科学实验可能存在误差，基于严谨性，作者准备再进行一次实验以确认实验观察结果，这体现出作者科学研究的严谨性。

寻找那个钟形罩。如果非得肯定或者否定触角的向导作用，那我还不敢相信这种收获不大的成果。让我们在更大的范围内再做一次实验吧！

第二天上午，我去查看头一天被捉住的囚徒们。我看到的情况并不令人满意。有许多都落在地上，已经没有了生气。我把它们用手指夹住时，有几只稍微有点生命的气息。这些瘫痪了的囚徒还能有何用处？咱们还是试一试吧！或许到了求爱寻欢的时候，它们又会恢复元气的。

有二十四只新来的接受了截去触角的手术。先前被剪去触角的那一只被去除了，因为它几乎已奄奄一息了。最后，在这一天余下的时间里，监狱的大门是敞开的，谁愿意飞走就飞走，谁愿意去赴盛大晚会就去参加吧！为了让飞出去的接受实验，它们在门口一定会遇见的那只钟形罩又被换了地方。我把它放置在一楼对面那一边的一个套间里。当然，这个房间是自由进出的。

这二十四只被剪去触角者中，只有十六只飞到了外边。有八只已精疲力竭，没多时就会死在这儿。飞走的那十六只中，晚上会有几只回来围着钟形罩跳舞呢？一只也没有。第二晚我只抓着七只，全部是新飞来的，也全部是羽饰完好的。这一结果似乎表明剪去触角是比较严重的事。不过，我们还是先别忙着下定论：还有一个疑点，而且是十分重要的疑点。

"瞧我这副熊样吧！我还敢在别的狗面前露面

吗?"刚被别人无情地割掉两只耳朵的小狗蒙拉法说。我的蝴蝶们是否有小狗蒙拉法那样的担忧?一旦没有漂亮的装饰,它们就不敢再出现在情敌们面前向雌性求爱吗?这是它们的惶恐吗?是它们少了导向器的原因吗?是否因为久等而未能如愿以偿,因为它们的狂热是短暂的?实验将回答我们的疑问。

第四天晚上,我捉到十四只蝴蝶,全部是新来者,我逐一地把它们关在一个房间里,它们将在里面过夜。次日,我趁它们习惯于昼间休息不动之机,把它们前胸的毛拔掉一些。拔去这么一丁点毛对昆虫无伤大雅,因为这种丝质的下脚毛能很轻松长出来,所以不会伤及它们在返回钟形罩前的时刻到来时所必备的器官的。对于这些被拔毛者这算不了什么,可对于我来说,这会是我识别哪位来过哪位是新来者的重要标记。

这一次没有出现无法飞舞、精疲力竭者。入夜,十四只被拔毛者飞回野外去了。当然,钟形罩又换了地方。两小时里,我逮住二十只蝴蝶,当中只有两只是拔过毛的。至于前天晚上被剪去触角的大孔雀蝶,一只也没有出现。它们的婚期到此为止,彻底结束了。

在有拔毛记号的十四只中,只有两只飞回来了。其他的十二只虽然有着所推测的导向器,有着它们的触角羽饰,但为何没有回来呢?另外,在囚禁了一晚上以后,为何总是有相当多被证实为体力不支者呢?对此我只有一个回答:大孔雀蝶被强烈交尾的欲望迅速地耗得精疲力竭。

大孔雀蝶为了结婚这个它生命的唯一目的,具备了一种神奇的天赋。它能飞过长距离,越过障碍,穿过黑暗,发现自己喜欢的对象。两三个晚上的时间里,它用几个小时去寻找、去调情。如果不能如愿,一切全都完了:相当准确的罗盘失灵了,相当明亮的灯火熄灭了。那今后还活个什么意思呀!于是,它便缩到一个角落里,长眠不醒,清心寡欲，幻想破灭，苦难结束。

大孔雀蝶只是为了代代相传才作为蝴蝶存活的。它对进食为何事全然不知。如果说其他的蝴蝶是欢快的美食家，在花丛中飞来飞去，展开其吻管的螺旋形器官，插进甜蜜的花冠的话，那大孔雀蝶可是个没人能比的禁食者，完全不受其胃的驱使，不用进食也可恢复体力。它的口腔器官只是徒具形式，是没用的装饰，而不是货真价实、能够运用的工具。它的胃里从没进过一口食物：如果它不是活不长的话，这可是个绝妙的长处。灯如果想不灭就必须给它添油。大孔雀蝶则不用添油，不过它也就因此而活不久。只两三个晚上，那正是配对交欢最起码的必需时刻，这就是全部：大孔雀蝶也就寿终正寝了。

那么失去触角的大孔雀蝶一去不回又是怎么回事呢？它们是不是在证明没有了触角它们就没办法再找到关着那只女囚的钟形罩呢？绝对不是。就像被拔掉毛身体受损却安然无恙的昆虫一样，它们也是在宣布自己的寿命已经终结了。不管是被截肢者还是身体完整者，现在都因年岁大的原因而派不上用场了，它们的存在与否已无意义。由于实验所必需的时间不够，我们没能了解到触角的用途。这种用途先前让人摸不着头脑，今后还是一个疑团。

我囚禁在钟形罩下的那只雌性大孔雀蝶存活了八天。它根据我的意愿，每晚在居住处的一角或另一处，为我引来数目不等的一帮造访者。我用网随到随捕，然后马上把它们关进封闭的房间，让它们过夜。第二天，它们至少要在喉部剪掉些羽毛，以做标记。

来访者的总数在这八天当中高达一百五十只，考虑到往后两年为了继续这项研究我需要费尽心思地去寻找这种活物的话，这个数目已让人瞠目结舌。大孔雀蝶的茧在我住所周围虽说并不是找不到，但至少是十分少见的，因为其毛虫的栖息地老巴旦杏树并不多。那两年的冬天，我对这些衰老的树全都逐一检查过，翻查它们那藏于一些杂乱的木本植物中的树根，可我有多少次都是无功而返、空手而归的。因此，我的那一百五十只大孔雀蝶是从远处，从十分远的地方，或许是从方圆两公里之外甚至更远的地方飞来的。它们是怎样知道我实验室里的情况而纷纷前来的呢？

有三个信息因素是易感性的决定条件：光线、气味和声音。大孔雀蝶从敞开的窗户飞进来以后，视觉在引领着它，但仅此而已。在进来以前，在外面那未知的环境中则不同！说大孔雀蝶具有猞猁那种穿墙视物的视觉是不足以说明问题的，还必须解释为何它有一种敏锐的视觉，能够神奇地看见几公里以外的东西。这个问题超大超难，咱们别去讨论了。

声音同样与这些无关。胖胖的雌性大孔雀蝶虽能够从十分远的地方招引来情人，但它是沉默无语的，连最敏锐的耳朵也听不到它的声音。说它春心萌动、激情抖动，也许用高倍显微镜能观察到，严格地讲，这是可能的。但是，我们不要忘了，到访者应该是在很远的距离以外，在数千米之外获取信息的。在这种情况下，我们就别去考虑声学的因素了，要不然的话，就无安宁可言，周围肯定是闹哄哄一片。

剩下的就是气味了。在感官范围内，气味的散发比其他的东西更能解释为何蝴蝶们会稍微迟疑之后便纷纷前来追逐吸引它们的那个诱饵。是否确实有这么一种相似于我们称之为气味的散发物，这种散发又是相当难以发觉的，是我们所感觉不到可又能让比我们的嗅觉更敏锐的嗅觉能够感觉出来的呢？得做一个实验，这实验十分简单，就是把这些散发物掩盖起来，用更浓烈而长久的一种气味压住它们，成为主流气味，这样一来，微弱的气味就差不多不存在了。

我事先在晚上雄性大孔雀蝶将被招来的那个屋子里撒了些樟脑。另外，在钟形罩下，在雌性大孔雀蝶附近我也放了一只装满樟脑的宽大圆底器具。大孔雀蝶来访的时刻到来时，只需待在房间门口就可以闻到这股子樟脑味儿。我的妙计未能奏效。大孔雀蝶们像平常一样，如约而至；它们闯进房间，穿过那股强烈的气味，像在没有气味的环境中一样，方向准确无误地向钟形罩飞去。

我对嗅觉能不能起作用已产生了疑惑。再说，我现在也没办法继续实验了。第九天，我的女俘因久等无果已精疲力竭，把没能孵出虫宝宝的卵下在钟形罩的金属纱网上之后便死去了。没了雌性大孔雀蝶，也就没事可做，只好等到明年再说。

这一次，我将采取一些防备措施，储存了充足的必需品，以便如我所愿地重复已经做过的实验，并继续做我想要做的实验。说做就做，不必拖延了。

夏季里，我以每只一个苏的价钱买了一些大孔雀蝶毛虫。我的几个邻居小朋友——我日常的供货者们，对这种交易相当感兴趣。每个星期三，他们在摆脱那让人讨厌的动词变位的学习之后，就跑到田间地头，不时地会找到一条大毛虫，用小棍子尖头挑着给我送来。这群可怜的小鬼不敢碰毛虫，当我像他们抓熟悉的蚕时那样用手指捏住毛虫时，他们都吓傻了。

我用老巴旦杏树枝饲养我昆虫园中的大孔雀蝶毛虫，没几天就有了一些优等的茧。到了冬季，我在老巴旦杏树根部一丝不苟地寻找，获得很多的成果，补足了我的收集物。一群对我的研究感兴趣的朋友跑来帮我。最后，通过细心饲养、求人代捉、四处搜寻，虽身上被荆条划得伤痕累累，但却有了很多的茧，其中有十二只很大很重的是雌性的。

失望始终在等待着我。五月来临，这是个气候变化无常的月份，把我的心血化为乌有，让我愁苦不堪，痛心疾首。说话又到了冬季。寒风刺骨，吹掉了梧桐树的新叶，落满一地。这是地冻天寒的腊月，晚间必须生上旺火，穿上厚厚的冬衣。

　　我的大孔雀蝶也备受煎熬。宝贝孵化得晚了，孵出来一些迟钝呆滞的小东西。在一个个钟形罩里，雌性大孔雀蝶根据出生先后今儿一只明儿一只地住了进去，可是十分少或者压根儿就没有外面飞过来探望的雄性大孔雀蝶。周围倒是有一些，因为我收集的长着美丽羽饰的试验用雄性大孔雀蝶，一旦孵化出来，被辨认清楚以后就会马上被关进园子里。不管是离得远的还是就在周围的，它们都很少飞过来，而且就算来了也没精打采的。

　　或许低温对提供信息的气味散发物有相当大的影响，而炎热则大概有利于气味的散发。我这一年的心血算是白费了。唉！这种实验不容易呀！它受到季节变换的反复无常和快慢的制约！

　　我又开始进行第三次实验。我饲养毛虫，到田野里去找寻虫茧。到了五月份，我已经收集了很多。季节不错，符合我的要求。我又见到了一开始导致我进行这项研究的那令人兴奋的大孔雀蝶的入侵的盛况。

　　天天晚上都有大孔雀蝶飞来，有时十一二只，有时二十多只。雌性大孔雀蝶肚子鼓鼓的，紧贴在钟形罩的金属网上。它毫无反应，就连翅膀都没抖动一下。它好像对周围所发生的事情毫无感觉。我家人中嗅觉超灵敏的也没有嗅出什么气味来，我的亲朋中被拉来作证的听觉超敏锐的也没听见任何声响。那只雌性大孔雀蝶纹丝不动、聚精会神地在等待着。

　　雄性大孔雀蝶三三两两地扑到钟形罩圆顶上，绕着来回飞，不停地用翅尖拍打着圆顶。它们之间没有因争风吃醋而发生争斗。每只雄性大孔雀蝶都在竭力地想闯进钟形罩，看不出对其他的献殷勤者有任何的妒忌。徒劳地尝试一番以后，它们厌倦了，飞走了，混入正在飞舞着的蝶群中去。有几只绝望者从那扇敞开的窗户飞走了，一些新来的代替了它们；而在钟形罩的圆顶上，直到十点钟左右，不断地有蝴蝶尝试闯进，随后失望而去，后即又有新来者代替它。

钟形罩每天晚上都要换地方。我把它放在南边或北边，放在二楼或楼下，放在住所左侧或右侧五十米以外，放在一间僻静小屋的暗处或露天地里。这一番神不知鬼不觉的突然挪来挪去，如果不知情者想找大概都找不着，但是却一点儿也没骗过蝴蝶们。我的心思与时间又白费了，没有迷惑住它们。

这里并非对地点的记忆在起作用。就像头一天晚上，那只雌性大孔雀蝶被放置在住处的某间房间里。羽饰漂亮的雄性大孔雀蝶飞到那里舞了两小时，甚至还有一些在那里过了一夜。次日，日落时分，当我转移钟形罩时，雄性大孔雀蝶全在外面。尽管寿命转瞬即逝，但新来者仍有能力进行第二次、第三次的夜间远征。这些只能存活一天的家伙首先将飞往哪里？

它们清楚昨夜幽会的确切地点。我还以为它们将凭着记忆回到那里去，而在那里发现人去楼空时，它们将飞往别处继续寻找。但并不是这么回事：与我的期盼恰好相反，压根儿就不是这样的。它们谁也没有再出现在昨晚反复光顾的地方，谁都没在那儿做过短暂停留。此地已看出是没有人烟了，记忆大概并没有提前向它们提供任何情报。一个比记忆更加可靠的向导把它们召唤去了别的地方。

在此之前，雌性大孔雀蝶一直公开地待在金属网眼上。那些到访者在漆黑的夜晚目光仍是超好的，它们凭借那对我们而言简直就像漆黑的夜色的一点弱光是能够看见那只雌性大孔雀蝶的。如果我把雌性大孔雀蝶关在不透明的玻璃罩中，那会出现何等情况呢？这种不透明的玻璃罩难道就不能使提供信息的气味自由散发或完全阻止它散发吗？

当今，物理学让我们能够发明利用电磁波的无线电报了。大孔雀蝶在这方面是否超越了我们？为了吸引附近的雄性大孔雀蝶，为了通知几公里之外的求爱者，刚刚孵化出来的适婚雌性大孔雀蝶难道已拥有了未知的或已知的磁波和电波？这种磁波、电波难道会被某种屏障隔断而被另一种屏障放行？总之一句话，它是否会按照自己的办法使用某种无线电呢？我觉得这并没有什么不可能的。昆虫是这种高级发明的强者。

于是，我把雌性大孔雀蝶放在不同材料的盒子里。有木质的、白铁的、硬纸壳的，全部关得严严实实，甚至还用油性胶泥给封上。我还用了一只玻璃钟形罩，摆放在一小块玻璃的绝缘柱上。

在这种严密封闭的条件下，没有飞来一只雄性大孔雀蝶，一只也没有，尽管晚上既安静又凉爽，环境宜人。无论是何种材料的——玻璃的、金属的、木质的，还是硬纸壳的——密封盒，都使传递信息的气味物没法散发出去。

一层两手指厚的棉花层也产生了相同的效果。我把雌性大孔雀蝶放进一只超大的短颈大口瓶里，用棉花盖上瓶口，再扎紧。这足以使附近的雄性大孔雀蝶无法知道我实验室的秘密了。这样做后一只雄性大孔雀蝶都没有看到。

相反，我们把盒子不密封，让它稍微开着点，再把这些盒子放入一只抽屉里，装进大衣柜中，但尽管这样藏了又藏，雄性大孔雀蝶仍旧蜂拥而至，多得就像明显地把钟形罩放在一张桌子上时一般。女俘被放在帽盒里，裹入一只关好的壁柜等待着的那个晚上的情景至今仍历历在目。雄性大孔雀蝶们扑向壁柜门，用翅膀扑打着，啪啪作响，想闯进去。这些路过的朝圣者，也不知从何地飞进田野来到此处，它们很了解门后面藏着什么。

因此，任何类似无线电报的通信手段都没法接收，因为一道屏障不管是好导体还是坏导体，一经出现就立刻阻断了雌性大孔雀蝶的信号。为了让信号畅通无阻，传得更远，必须具备一个条件：囚禁雌性大孔雀蝶的囚屋不能关得密不透风，严丝合缝，要让内外空气流通。这又使我们回到了存在一种气味的可能性上，但那是让我用樟脑所做的实验给否定了的。

我的大孔雀蝶的茧业已告罄，但问题仍然没有弄个明白。我第四年还要继续弄下去吗？我放弃了，原因如下：如果我愿意跟踪观察一只大孔雀蝶夜间婚礼中的亲昵动作，那是相当困难的。献殷勤的雄性为达到目的肯定是不需要亮光的，但夜间没有光亮人的微弱视力是看不见什么的。我起码得点上一支蜡烛，但又常常被跳舞的群蝶给拍灭了。提灯倒是能免此烦恼，但是它光线昏暗，又会出现阴影，根本没法让你看得明白。

还不止这一点。灯的亮光还会把蝴蝶从它们的目标引开，使之没法成其美事，而且照得太久，还会严重影响整个晚会的结果。来访者一飞进屋里，就疯狂地扑向火光，烧坏身上的绒毛，而且，从今以后因为被烧伤变疯狂，就无法拿来取证了。如果它们没有被烧着，被隔在玻璃罩外面，落在火光周边，就会像是被施了魔法似的，不再动了。

一天晚上，雌性大孔雀蝶被摆放在餐厅的一张桌子上，正对着敞开着的窗户。一盏煤油灯点着，灯上装着一个搪瓷的宽大灯罩，吊挂在天花板上。一些来访者落在钟形罩的圆顶上，在女囚面前表现出一副急不可耐的样子，另外的一些来访者，飞过女囚室时稍微致意一番，便向煤油灯飞去，盘旋片刻以后，被搪瓷灯罩的反射光照得晕晕乎乎的，便贴在灯罩下面不动弹了。儿女们已经伸手要去抓它们了。"别动，"我说，"别动。别打扰它们，别打扰这些前来光明圣体龛朝圣的客人们。"

整个晚上，它们全部没有动弹过。次日，它们仍留在原地。对亮光的迷恋使它们忘掉对爱情的陶醉。

面对这样一群迷恋亮光的小东西，长久而精确的实验是没法进行的，因为观察者需要照明。我放弃了对大孔雀蝶及其夜间婚礼的调查。我需要一只习性不一样的蝴蝶，它得像大孔雀蝶一样勇敢地奔赴婚礼约会，但又能在白天行房。

在用一只满足以上条件的蝴蝶进行研究以前，暂时先别考虑时间的先后顺序，聊几句我结束研究之前飞来的最后一只蝴蝶的事。那是一只小孔雀蝶。

朋友不知从哪儿给我弄来一只很棒的茧，裹着一个宽大的白色外套。从这个有着不规则的大褶皱的外套中，很容易抽出一只外形像大孔雀蝶茧但体积要小一些的茧来。外套端口用既松散又聚集的细枝结成网状，能出而不能进，我一眼就能看出那是一只晚上活动的大孔雀蝶的同族。外套上有编织者的大名。

果然，三月底，圣枝主日那一天的清早，那只茧孵出一只雌性小孔雀蝶，我马上把它关进实验室的钟形金属网罩里。我打开房间的窗户，好让这等大事传播到田野里去，而且让可能前来的探访者自由进入房间。被困的这只雌蝶贴在金属网纱上，七天都没再动一次。

我的小孔雀蝶女囚漂亮极了，一身呈波纹状的褐色天鹅绒套装，上部翅膀尖部有胭脂红斑点，四只大眼睛，就像同心月牙，白色、黑色、赭石色和红色混在一块。如果不是色泽那么发暗的话，差不多就是大孔雀蝶的饰品。这种服饰和体形如此华丽的蝴蝶，我一生中见到过三四次。我昨天见了茧，但从没见到过雄性蝶。我只是从书本上了解雄性比雌性要小一半，体色更鲜艳，更花枝招展，下部翅膀呈橘黄色。

我还不了解的陌生贵宾——装饰美丽的雄蝶，它会飞来吗？在我们附近这一片几乎很少见到它的。在那遥远的藩篱墙中，它能得知那只适婚雌蝶在我实验室的桌子上正等待着它吗？我敢保证它会前来的，并且我错不了。看，它来了，甚至比我预计的还早到了。

中午时分，我们正要吃午饭，因心里惦记着大概会出现的情况还没来用餐的小保尔，突然跑到饭桌前，脸颊红彤彤的。只见一只美丽的蝴蝶在他的指间扑扇着翅膀，它正在我实验室对面跳舞时，被小保尔一下子捉住了。小保尔递过来给我看，用眼睛询问我。

"哇！"我说，"正是我们想要的朝圣者呀。先别吃了，赶快去瞧瞧是怎么回事。回来再吃吧！"

因奇迹的出现，午饭都给忘了。雄性小孔雀蝶让人难以相信地按时被女囚给奇妙地召唤来了。它们艰难曲折地飞翔，终于一只又一只地飞来了，它们都是从北面飞过来的。这个情况很有价值。确实，乍暖还寒已经七天了。北风凛冽，吹落了老巴旦杏树新绽开的花蕾。这是一场凶狠的风暴，通常在我们这里预示着春天很近了。今天，气候突然变暖，但北风依然在刮着。

在这段天气陡变的时间里，飞来找那只雌性小孔雀蝶的所有雄性小孔雀蝶全部是从北面飞到我的囚蝶园中的；它们是顺着气流飞的，没有一只是逆流而来的。如果它们有和我们相似的嗅觉作为罗盘，如果它们是受分解在空气中的有味道的微粒引导的，那它们就应该是从相反的方向飞来才对。如果它们是从南面飞来的，我们就会以为它们是闻到风吹来的气味才找到地方的；在北风凛冽、空气吹净、什么味道也闻不到的天气里，从北面飞来，怎么可能假设它们在很远的地方就闻到了我们所说的气味呢？我觉得有气味的分子不会顶着强风传给它们。

两小时里，在灿烂的阳光之下，来访的雄性小孔雀蝶们在我的实验室门口飞来飞去。其中大部分都在一个劲儿地寻来找去，或掠地而过，或撞墙欲入。见它们这样犹豫不决，我想它们是因找不到引它们飞来的那个诱饵的具体位置而相当着急。它们从老远飞来，没有弄错方向，可到了地方却又拿不准准确地点了。不过，它们早晚会飞进屋内去向女囚致意的，但也不会恋战。下午两点钟左右，一切都结束了。一共飞来了十只雄性小孔雀蝶。

整整七天，每当中午，阳光十分明亮时，一些雄性小孔雀蝶就会飞来，但数量在减少，前后加起来一共有四十只左右。我觉得不用重复实验了，因为不会给我已了解的情况再增加点资料了，所以我只是在注意两个情况。首先，小孔雀蝶是白天活动的，也就是说它们是在光天化日之下举办婚礼的。它们需要充足明媚的阳光。而与它成虫的形态和毛虫的技艺差不多的大孔雀蝶则全然相反，需要日落天黑以后。这种相反的习性谁有能耐解释清楚谁就去解释吧！其次，一股强气流从相反方向吹散能够给嗅觉提供信息的分子，却不会像我们的物理学所假定的那样，阻止小孔雀蝶飞抵有气味的气流的相反的一面。

为了继续研究，我们需要的是夜晚举办婚礼的大孔雀蝶，而不是小孔雀蝶。后者出现得太晚了，而我并非在研究它。我需要的是大孔雀蝶，无论是什么样的，只要它在婚礼时行房敏捷能干便可。这种大孔雀蝶，我能得到吗？

情 节 评 述

本篇介绍了大孔雀蝶的生活习性，开篇用细节描写向我们呈现了大孔雀蝶的美丽。作者发现雌性大孔雀蝶对雄性大孔雀蝶有着极大的吸引力，于是作者试图通过实验的方式寻找、验证雄性大孔雀蝶求偶的信息器官。

大孔雀蝶是一种生命短暂的生物，精力衰退的速度也很快，因此作者虽然进行了大量实验，也没有得出关于大孔雀蝶求偶信息器官的可靠结果。而这恰恰体现了科学研究的艰辛和科学研究结果客观性的可贵。

美丽的小阔条纹蝶

是的，我将会得到它；我甚至已经得到它了。一个七岁的男孩，脸上透着灵气，但并不每天洗脸，他光着脚，短裤破烂，用一条带子系着，他天天都给我家送西红柿和萝卜。一天清晨，他提着菜篮子来了，收下了我给的菜钱，放在手掌里仔细地数着那几枚他母亲期盼的苏，然后又从口袋里掏了一样东西——那是他前一天沿着一个藩篱拾捡兔草时发现的。

"还有这个，"他把那东西递给我说，"这个您要吗？""要呀，我当然要。你想法再给我弄一些，你找到多少我要多少，而且我答应你每个星期日带你去玩旋转木马。喏，我的朋友，这是两个苏，给你的。把这两个苏单放，别和萝卜钱放在一起，免得给你妈报账时报不清楚。"我的这位头发乱蓬蓬的小朋友看到这么多钱简直开心坏了，突然感到自己要发大财了。

他走了以后，我细细地观察着那个东西。这东西值得花精力去寻找。那是一个美丽的茧，呈圆盾形，让人很容易联想到蚕房里的蚕茧，它很坚硬，呈浅黄褐色。从书本上的一些简单介绍来看，我差不多肯定这是一只橡树蛾的茧。如果真的是的话，那真是老天发善心，我就能继续我的研究，或许还能补足大孔雀蝶让我隐约看见的材料。

橡树蛾的确是一种传统的蝶蛾，没有一本昆虫学论著不谈到它在婚恋期间的杰出表现。据说有一只雌性橡树蛾被困在一所房间里，刚好在一只盒子底层孵卵。它远离乡野，困在一座大城市的喧闹之中。但是，孵卵的事还是传给了草坪间和树林里的相关者。雄性橡树蛾们在一个不可思议的指南针的引导之下，从遥远的田野间飞来，飞到盒子跟前，盘旋，谛听，再盘旋。

这些奇情怪事是我从书本中了解到的，但是，亲眼看到，同时还能稍做一番实验，那完全是另一码事。我花了两个苏买的那个东西的里面有什么呢？会从中飞出来那个有名的橡树蛾吗？

它还有另一个名字：布带小修士。这个新颖漂亮的名字是根据其雄性的外衣所起的，那是一件深红色修士长袍，但它不是棕色粗呢，而是柔软的天鹅绒，前面的翅膀上有一些泛白的、长得像眼珠一样的小白点。

这里所说的布带小修士，就是小阔条纹蝶，不是那种在适当的时候，我们心血来潮，带上个网子出去一捉就能捉到的平淡无奇的蝴蝶。在我们村子附近，尤其是在我的荒石园中，我住了二十来年还从来未见到过它。的确，我不是狩猎迷，标本上的

外貌描写。深红色的天鹅绒修士长袍，带着一些小白点，作者通过对橡树蛾的外形描写，向读者解释了布带小修士名字的由来。

布带小修士就是小阔条纹蝶，这种蝴蝶并不常见，作者在荒石园二十多年都没有见到过它，说明了这种蝴蝶的珍贵和稀有。

死昆虫我并不感兴趣，我要的是活体，要能表现它聪明才智的。不过，我虽没收集者的那种热情，但我对田野里生机勃勃的一切都十分关心。一只服饰和身材如此与众不同的蝴蝶要是被我碰上，我肯定会捉住它的。

我承诺要带他去骑旋转木马的那个小家伙再也没能捉到第二只。三年当中，我拜托邻居和朋友帮我找，尤其是求那些年轻人，他们是荆棘丛林中手疾眼快的搜索者。我自己也在枯叶堆里翻来找去，察看一堆堆的石块，掏摸一个个的树洞，但都一无所获，稀少的蝶茧仍没能找到。这足以证明在我住处附近小阔条纹蝶十分少见。到时候我们就会看到这一点是多么重要。

我猜测得一点儿没错，我唯一的那只茧正是那种著名的蝴蝶。八月二十五日，一只雌蝶从茧中出来，胖乎乎的，肚子大大的，衣着与雄蝶相同，但是它的长袍呈米黄色，更加清雅。我把它放在我工作室当中的一张大桌子上，用金属网罩罩住。大桌子上摆满了短颈大口瓶、书籍、盒子、陶罐、试管，以及另外一些器械。大家清楚这个环境，就是我为大孔雀蝶准备的那个住房。有两扇窗户朝向花园，阳光照进屋中。一扇窗户是关着的，另一扇则全天都敞开着。小阔条纹蝶就待在这两扇窗户当中那四五米间隔之处的半明半暗当中。

当天剩下的时间和第二天过去了，没有什么值得一提的事情发生。小阔条纹蝶用前爪抓住金属网

外貌描写。胖乎乎、大肚子、米黄色长袍，作者对刚出生的小阔条纹蝶外形的细节描写，生动形象地向我们呈现出刚出生的小阔条纹蝶的憨态与可爱。

纱，吊挂在朝阳的那一边，动也不动，像死了一样，翅膀没见抖动，触角也没有抖动，就和大孔雀蝶的情况相同。

雌小阔条纹蝶发育成熟了，细皮嫩肉在变结实。不知它运用了怎样的一种我们的科学还无法解释的办法在加工一种无法抗御的诱饵，把一些拜访者从各个地方吸引过来。它那胖乎乎的身体里出现什么状况了？里面发生了哪些变化把周围闹了个天翻地覆？如果我们能清楚它那炼丹术的秘诀，那我们便会增加好多的知识。

第三天，新娘子已经准备好了，像过节一样的热闹起来了。我当时正在花园里，因为事情拖了很久，对成功已经感到绝望。下午三点钟左右，天气很热，阳光灿烂。突然，我隐约看到一群蝴蝶在开着的那扇窗框间飞来飞去。

它们是一群来向美女献媚取宠的情郎。有一些从房间中飞出去，另一些则飞进去，还有一些落在墙上休息，似乎因长途跋涉而疲劳不堪了。我隐约看见一些从远处飞来，飞入高墙，飞过很高的柏树冠。它们从四面八方飞来，可数量越来越少。我没能看到婚庆开始的情况，现在客人们几乎都已到齐了。

我们上楼去瞧瞧吧。这一次是在大白天，什么细节都没漏掉，我又看到了头一次那只夜巡大孔雀蝶让我见到的令人惊讶不已的情景。在我的工作室里，一大片的雄性小阔条纹蝶在飞舞，绕来绕去。我尽量地以目测估计，大概有六十只。在围着钟形

欲扬先抑的手法。作者一开始感到观察或将遭遇失败，却忽然寻找到了转机，欲扬先抑，让小阔条纹蝶婚礼场面的情景描写更加跌宕起伏、激动人心。

在昆虫界的婚俗中，有的像小阔条纹蝶一样雄性占有绝对主动权，也有的像前文所述朗格多克蝎一样相互选择。

罩绕了几圈之后，有一些就向敞开的窗户飞去，但随后又飞了回来，又开始围着钟形罩瞎转开来。最着急的则停在钟形罩上，用爪子互相抓挠，竞相取代别人抢占最好位置。钟形罩里面的女囚垂着大肚子贴在网纱上，不动声色地等待着，在这群纷乱的雄蝶面前，没有一点激动的表情。

不管是飞走的还是飞来的，不管是坚守在钟形罩上的还是在室内跳舞的，在三个多小时的过程中，雄性小阔条纹蝶一直在狂野地舞动着。但是日已西下，气温有些下降，雄蝶们的激情也随着降温。有很多飞走了，再没飞回来。另外一些占好位置以备明日再战，它们紧贴在那扇关着的窗户的窗框上，就像雄性大孔雀蝶一般。今天的节庆活动到此为止。明天肯定还要继续，因为受网纱阻隔，活动还没有任何结果。

可是不然！让我大为沮丧的是活动并没再继续，这全是我的错。傍晚，有人给我送来一只螳螂，个头儿非常小，所以我很喜欢。由于总是想着下午的各种情况，我便不经意地匆忙把这个食肉昆虫放进了那只雌性小阔条纹蝶的钟形罩里了。我根本就没想到这两种昆虫共处一室是会产生恶果的。那只螳螂一副小样儿，而那只雌性小阔条纹蝶却是那么胖乎乎的！因此我一点也没起疑心。

唉！我对带铁钳的食肉昆虫的凶恶性认识太少！次日，我惊呆了，伤心地发现那只小螳螂正在撕咬那只胖蝴蝶。后者的前胸和脑袋已经没有了。恐怖

心理描写。作者对将螳螂放入有小阔条纹蝶的钟罩的行为进行心理描写，为小阔条纹蝶的意外死亡做铺垫。

直接抒情。表达了作者对小阔条纹蝶死去的痛苦和悲伤，以及把小螳螂放入钟罩的后悔。

科学研究是一个漫长的过程，作者仅寻找小阔条纹蝶茧就用了三年时间，这显示出科学研究事业的艰辛不易。

的昆虫！你让我度过了多么痛苦的时刻啊！再见了，我夜夜冥思苦想的研究工作。三年里，我因没有研究对象而无法继续我的研究。

但愿这倒霉事别让我们忘记刚了解到的那一丝情况。仅一次聚会，就几乎有六十只雄性小阔条纹蝶飞来。如果我们考虑到这种蝴蝶的罕见，如果我们忆起我和我的助手们那整整数年连续无果的研究，那么这个数目会让我们惊讶不已的。找不到的那种蝴蝶在一只雌蝶的诱惑下，一下子来了这么多。

那么它们是从何处飞来的呢？毫无疑问，是从很远的地方，是从四面八方。我长久以来一直在我住处周围寻来找去，一堆堆石块，一丛丛荆棘，我都翻了个遍，所以我能肯定我们附近没有橡树蛾。为了在我的工作室中聚集一大群这种蝶蛾，我曾寻遍郊外各地，也不知找了多少地方。

三年过去了，我梦寐以求的运气终于给我送来两只小阔条纹蝶茧。八月中旬左右，这两只茧相隔几天为我孵出雌蝶来，这使我可以丰富并重复我的实验。

我很快就重新进行了大孔雀蝶已经给了我相当肯定答复的各种实验。白天的朝圣者也很灵巧，并不比晚间的朝圣者差。它挫败了我全部的计划。它准确地飞向被金属网罩罩着的那个女囚，无论网罩被置放在何地：它能够在壁柜暗处发现女囚；它能够在一只盒子的最里面找到女囚，只要这只盒子不是盖得太严。如果盒子关得严丝合缝，它得不到信息，也就不再来了。在此之前，它一再重复的是大孔雀蝶的英勇行为，不会做其他的。

一只盖得很严实的盒子，空气无法流通，雄性小阔条纹蝶也就完全没法知晓女囚的情况。就算把这盒子放在窗户上十分明显的位置，也没有一只雄性飞来。因此，这又立刻使我想起了不管是木质的、金属的、硬纸板的还是玻璃质的隔墙，都传播不了有气味的散发物。

我对夜巡大孔雀蝶就此做过实验，它没被樟脑味蒙蔽——在我看来，樟脑气味太浓了，人的嗅觉就感觉不到被它盖住的细微气味了。我用小阔条纹蝶重新做了这种实验。这一次我把我所存有的汽油和有气味的物质全部都给用上了。

一打的碟子放好了，一些放在囚禁女俘的金属网罩里，另一些放在网罩周围，围成一圈。有几个装着宽叶薰衣草香精，有几个装着樟脑，有几个装着汽油，还有几个装着有臭鸡蛋味的硫化物。不能再多放什么了，否则女囚会窒息身亡的。这些小碟子早晨便放好了，以便聚会开始时屋子中已经弥漫着这种种气味。

到下午，工作室已经成了恶心的配药室，到处弥漫着一股强烈的薰衣草香气加上硫化物恶臭的混合气味。请别忘了我还在这间屋里大量地熏烟。烟馆、煤气厂、炼油厂、香料厂、臭气熏天的化工厂全部集中在这间屋子里了，这样能不能使小阔条纹蝶迷失方向呢？

一点儿都没有。三点钟左右，雄性小阔条纹蝶像平常一样纷纷飞来。它们都往钟形罩那里飞，其实我事先已经用一块厚布把罩蒙上了，以便加大难度。它们一飞进屋内，就被一种混杂着各种气味的强烈氛围包围住了，但它们仍然向着女俘的囚室飞去，想从厚布的褶皱下方钻进去与女囚约会。我的计谋没能奏效。

这次实验全部失败了，重复了大孔雀蝶实验的结果。这次失败以后，我理所当然地要放弃是有气味的散发物在引导小阔条纹蝶参加婚庆的观点。我之所以还没放弃，应该归功于一次偶然的观察。偶然和意外有时会给我们带来惊喜，把我们引向之前一直在毫无结果地寻觅的真理的道路。

一天下午，我想弄明白蝴蝶一旦飞进屋里，视觉在寻找目的物的过程中是不是还起点作用，就把那只雌性小阔条纹蝶放在一只钟形玻璃罩里，还弄了点带枯叶的橡树小枝让它倚靠。玻璃罩就放在桌子中央，冲着敞开的那扇窗户。雄蝶飞进屋里一定会看得到女囚的，因为后者就在它们的必经之路上。雌蝶在其上待了一夜和一个早上的那个金属网罩下放了一层沙土的陶罐，我觉得很碍事，没加任何考虑就把它放到屋子的另一头的地板上，那个角落只可以透进半明半暗的光线，离窗户有十来步远。

接下来发生的事把我的头绪搅成一团。飞进来的拜访者中没有一位在玻璃罩那里停下来，而玻璃罩就在明亮的阳光下面，女囚显眼地居于当中。它们全都没看雌蝶一眼，没有寒暄一下。它们全都飞向房间另一边我放着陶罐钟形罩的那个黑暗的角落。

它们落在金属网罩的圆顶上，长久地在探寻着，扑扇着翅膀，还在互相争斗。整个下午，直到日落西山，它们都围着空空的圆顶跳舞，之前雌蝶就身陷当中。最后，它们飞走了，但还有几个执着者不愿意走，死死地钉在那儿，像是被施了定身法一样。

这真是个奇怪的结果：我的这些蝴蝶飞到那人去楼空之地，长留不走，尽管眼见罩中没人却仍不甘心。从雌蝶所在的那只玻璃钟形罩边飞过时，来来回回的这群雄蝶中不可能一只都没看出有雌蝶，但它们就是没有在那里哪怕做稍许的停留。它们被一个诱饵给弄得神魂颠倒，竟置实物于不顾了。

它们是被什么所欺骗的呢？第一天整个晚上和次日的整个上午，雌蝶都是待在金属网罩里的，它有时吊在纱网上，有时在陶罐的沙土层上休息。它碰过的东西，特别是它那大肚子碰过的东西，被长时间接触以后，浸透了一些散发物的味道。那就是它的诱饵，就是它的促进情欲的药物，就是引得雄蝶纷至沓来、神魂颠倒的尤物。沙土层把这尤物保存一段时间，并向周围扩散出去。

因此，是嗅觉在引诱雄蝶们，在远处向它们发出信息。它们为嗅觉所控制，不去参考视觉所提供的信息，所以即使路过美女正被关押其中的玻璃囚室时，也一飞而过，直奔在散发着奇妙气味的沙土层、纱网，直奔女法师除了气味以外什么也没留下的那座空屋。

那无法抵抗的尤物需要一定的时间方可配制好。我猜它是一种挥发性气体，一点点地散发出去，让丝毫不动的大肚雌蝶碰过的东西浸满了这种气体。就算玻璃钟形罩放在桌子正中央，或者更好一些，放在一块玻璃上，内外都没法很好地沟通，雄蝶凭嗅觉什么也感觉不到，它们就不会跑来，不管你实验多久都没用。可我眼下不能以这种内外无法沟通作为理由，因为就算我弄出一个好的沟通环境，用三个小垫子把钟形罩抬离支点，雄蝶们也不会马上飞来，尽管屋子里蝴蝶数量很多。但是，等上30分钟左右，盛有雌蝶尤物的蒸馏器便开始启动了，求爱者们马上就会像通常那样纷纷而来。

掌握了这些出乎意料的驱云拨雾的材料，我就能进行不同的实验，这些实验在同一个方面是具有结论性的。清晨，我把雌蝶放在一个钟形金属网罩里。它的休息处是同先前相同的一根橡树细枝。雌蝶在里面丝毫不动，像死了一样。它在细枝上待了很久，藏在大概浸润着其散发物的叶丛里。当探视时间靠近时，我把浸足了散发物的细枝抽出来，放在离敞开的那扇窗户不远处。另外，我让钟形罩中的雌蝶待在房间中央的桌子上明显的地方。

蝴蝶纷纷到来，先是一只，然后是两只、三只，很快就是五只、六只。它们进来，出去，又回来，飞来飞去，飞上飞下，始终是在那扇窗户周围——那根细橡树枝放在椅子上，离窗户不远。谁也没往那张大桌子飞，而雌蝶就在那里的金属网罩中等待它们，离它们并没有多远。它们在迟疑，这能清楚地看出来：它们在找寻什么。

最后，它们终于找到了。那它们找到什么了？找到的正是那根细枝，那根细枝清晨曾是胖雌蝶的粉床。它们快速扑扇着翅膀，飞落在叶丛里，忽上忽下地搜寻、抬起、挪动树叶，以致最后那束十分轻的细枝被弄掉到地上去了，它们仍在落在地上的细枝叶丛中寻找。在细爪和翅膀的拍打抓挠下，细枝在地上挪动着，像被一只小猫用爪子抓扑的破纸团。

当细枝连同那群搜索者移动到远处时，突然新飞来两只小阔条纹蝶。那把刚才放有细枝叶的椅子就在它俩经过的途中。它俩在椅子上落下，急切地在刚才放过细枝的地方闻个没完。然而，对于新到者和先来者来讲，它们期盼的那个真实目标就在那里，很近，被一只我忘了遮盖起来的金属网罩罩着。它们谁也没有注意到它。它们在地上继续推挤雌蝶清晨睡过的那个小床，在椅子上继续嗅闻那张粉床曾经放置过的地方。日落西山，撤退的时刻到了。再说，撩拨的气味也在渐渐地消散、淡去。拜访者们没什么可干的了，只好飞走，明天再来。

我从之后的实验中得知，任何材料，不管是哪一种，都能替代我那偶然的启示者——带叶的细枝。我稍微提前一点把雌蝶放在一张小床上，上面有时铺垫着法兰绒或呢绒，有时放些纸张或棉絮。我甚至还强迫雌蝶睡大理石的、木质的、玻璃的、金属的硬硬的行军床。所有这些东西在被雌蝶接触了一些时间以后，都像雌蝶本身一样对雄蝶们有着同样的吸引力。它们全部具有这种吸引雄蝶的特征，只不过是有的弱些有的强些。最好的是法兰绒、棉絮、沙子、尘土，总之是那些多孔隙的东西。而大理石、金属、玻璃则很快地就失去它们的效果。总而言之，只要雌蝶接触过的东西，都能把它吸引力的特征传出去。因此，橡树细枝掉到地上以后，雄蝶们仍旧纷纷飞到那把椅子的坐垫上。

我们来选用一张超好的床，比如法兰绒床，我们就要看到新奇的事。我在一根长试管或小阔条纹蝶正好能飞进去的一只短颈大口瓶里搁一块法兰绒，让雌蝶整个早晨都待在上面。来访者们钻进器皿中，在里面拼命折腾，却怎样也飞不出来了。我给它们布置了个陷阱，能让它们来多少死多少。我们把那些落难者放走吧，把藏于盖得严实的盒子的最秘密处的那块床垫拿出来。晕头转向的雄蝶们又回到那支长试管里，又钻入了陷阱当中。它们是受到浸透尤物的法兰绒传给玻璃的那种气味的诱导才这样做的。

我因此更坚信了自己的想法。为了邀请附近的众蝶飞赴婚宴，为了很远地通知它们并引诱它们，婚嫁娘散发出一种我们人的嗅觉感觉不出来的十分细微的香味。我的家人们包括儿女们那最灵敏的鼻子，靠近那只雌性小阔条纹蝶也没有闻出丝毫的气味来。

雌性小阔条纹蝶停留过一些时间的任何东西都很轻松地浸润了这种尤物，所以这些东西自此也就像雌性小阔条纹蝶一样成为具有相同功效的吸引力的中心，只要它的散发物不消失掉。

没有任何能用眼看出的诱饵。在求欢者们心急如焚地围床飞舞的刚刚弄好的纸床上，没有任何看得出的痕迹，也没有一丝浸润的样子，其表面在浸润了尤物之后与没有浸润之前一样的整洁干净。

这种尤物配制得相当慢，须一点点地积聚，之后才能充分地散发出去。雌蝶被从它的粉床弄走，挪到别处，暂时失去了诱惑力，变得冷淡起来；雄蝶们飞往的是经过长时间浸润之后的雌蝶休息地。然而，宝座重新放好，被抛弃的女皇又一次掌权了。

信息流通的出现时间早晚不定，根据昆虫种类而定。刚孵出的那只雌性小阔条纹蝶需要一些时间才能发育成熟，才能掌握自己那蒸馏器一样的器官。雌性大孔雀蝶清晨孵出，有时候当晚就有探访者飞来，但更经常的是次日，经过四十多个小时的准备之后才有求爱者。雌性小阔条纹蝶则把自己呼唤异性的活动推得还迟，它的征婚广告要等个两三天以后才发布。

让我们稍微回过头来看看其触角的蹊跷用途。雄性小阔条纹蝶与婚恋方面的竞争对手同样有着美丽的触角。把其层叠状的触角看作导向罗盘是否合适？我并没有太大把握地对它们进行了我以前做过的那种截肢手术。被动过手术的雄性小阔条纹蝶没有一只再飞回来过。但也别忙下结论。我们从大孔雀蝶那儿已经清楚，它们的一去不回还有着比截肢更加重要的原因。

此外，第二种小阔条纹蝶——苜蓿蛾蝶，这种同第一种小阔条纹蝶很相似的蝴蝶，也有着漂亮的羽饰，它也给我们出了一道难题。在我家周围常常看到它们，就在我的那座荒石园中我都发现过它的茧，很容易与橡树蛾的茧弄混。我曾一开始就把它们弄混过。我本指望从六只茧中得到小阔条纹蝶，但将近八月底时，我得到的却是六只另一品种的雌蝶。这下好了，在这六只雌蝶附近，我从没见过一只雄蝶出现，尽管周围无疑就有雄性小阔条纹蝶出没。

假设宽大而多羽的触角真的是远距离信息传输工具的话，那为何我的那些有着漂亮触角的邻居却没获知我工作室里发生的情况呢？为何它们的漂亮羽饰并没有让它们对一些事情感兴趣呢？而所发生的这些事情本会让另一种小阔条纹蝶纷纷跑来的呀！这又一次说明器官并不决定才能。尽管有着一样的器官，但某种才能一种昆虫会有，而另一种却不一定有。

情 节 评 述

　　本篇作者向我们介绍了一种珍贵的蝴蝶：小阔条纹蝶。作者以获得一只雌蝶茧为开端，展开了对小阔条纹蝶的研究。作者通过细节描写展现了小阔条纹蝶的外貌特征，而小阔条纹蝶获得之艰难、研究之困难也突出了这类蝴蝶的稀有性和科学研究的空白。

　　接下来，作者使用拟人的方式向我们呈现了雄蝶向雌蝶求偶的热烈场面。经过实验，作者发现了小阔条纹蝶的两个特点：雌蝶对雄蝶有强烈的吸引力；雄蝶通过嗅觉而非视觉去寻找雌蝶的所在。文章最后提示读者，即使都是蝶类，同样的器官也可能有不一样的功能，不可一概而论。

小魔鬼似的蟋蟀

任谁想观看蟋蟀产卵都用不着做任何准备工作，只要有点耐心就可以。布封说耐心是一种天赋，我却谦虚地称之为观察者的优秀品质。四月份，最迟五月份，我们给它们配对，单独放在花盆里，放一层土，压实。食物只是一片莴苣叶，要常常换上新鲜的。花盆上要盖上一块玻璃，以防它们跳出来跑掉。

这种装置简单有效，必要时还可以加一个金属网罩，那就更加高级了，这样我们就可以获得一些非常有趣的资料了。我们以后再谈这些。眼下，我们要盯着它产卵，必须时刻戒备着，不让有利时机溜走。

六月的第一个星期，我锲而不舍的观察有了初步满意的结果。我忽然发现母蟋蟀纹丝不动，输卵管垂直地插入土层里。它并不在意我这个冲动的观察者，久久地待在那同一个地方。最后，它拔出输卵管，心不在焉地把那小洞的痕迹给抹掉，停留片刻，溜达了一会儿，随后便在花盆内它的地界儿里继续产卵。它像白额螽斯一样反复干着，但动作要慢很多。二十四小时之后，产卵似乎结束了。为了安全起见，我又继续观察了两天。

接着，我翻动花盆的土。卵呈淡黄色，两端圆圆的，大概长三毫米。一个一个地垂直排列在土里，相互倚靠在一起。每次产卵的数目不等，有多有少。我在整个花盆的两厘米深的土里都发现有卵。我用放大镜竭尽全力地数清土里的卵，我估计一只母蟋蟀一次产卵有五六百个。这么多的卵肯定不久就会大大地被淘汰。

对蟋蟀的卵进行细节描写，生动形象地呈现了虫卵在土里的形状、大小和排列特点。

蟋蟀卵真像一个奇妙的小机械。孵出后，卵壳似一只不透明的白筒子，顶端有一个十分规则的圆孔，圆孔边缘是一个圆帽，作为孔盖用。圆帽并非由新生儿随便顶开或钻破，而是中间有一条特殊线条，闭合不紧，可自动打开。看宝贝孵出会挺有意思的。

比喻手法。将蟋蟀的卵壳比喻为白筒和圆帽，使得蟋蟀卵壳的整体特征更加形象，便于读者理解。

卵产下之后大概半个月，前端出现两个又大又圆的黑黄点，那是蟋蟀的眼睛。在这两个圆点偏高处，在圆筒子的顶端，出现一条细小的环状肉。卵壳将从这儿破裂。很快，半透明的卵就能让我们看到蟋蟀宝宝那孵化中的小样儿。这时候就必须格外小心，增加观察次数，特别是早晨。

幸运垂青耐心的人，我的专心致志终于有了回报。稍稍隆起的肉在不停地变化着，出现了一捅就破的一条细线。卵的顶端被其中的蟋蟀宝宝的额头顶着，顺着那条细肉线抻着，像小香水瓶一样轻轻打开，分落两旁。蟋蟀宝宝便像小魔鬼似的从这个魔盒中钻出来了。

比拟手法。将蟋蟀卵比作香水瓶盖、蟋蟀宝宝比作恶魔，生动形象地呈现了蟋蟀宝宝破卵而出的场景，表达了作者对蟋蟀宝宝的喜爱之情。

小魔鬼出来以后，壳儿还鼓胀着，完整而光滑，呈纯白色，圆帽挂在孔口。鸟蛋是由雏鸟喙上专门长着的一个硬肉瘤撞破的；蟋蟀的卵则是一个高级小机械，就像一只象牙盒子似的自动打开。小蟋蟀额头一顶，铰链就启动，壳就张开了。

小蟋蟀一脱掉身上的那件精致外衣，便马上与上面压着的土搏斗开来。它用大颚拱土；它蹬踢着，把松软的碍事的土扒拉到身后去。它终于钻出土层，沐浴着灿烂的阳光，但它如此瘦小，不比一只跳蚤大，它将在恃强凌弱的世界上经历风雨。二十四小时后，它体色变化，成了一只漂亮的小黑蟋蟀，乌黑的颜色可与成年蟋蟀一比高低。原先的灰白色只剩下一条白带子围在胸前，就像牵着婴孩学步的背带。

它十分灵敏，用它那颤动着的长触须在探查周围空间；它奔跑、蹦跳，高兴得很，以后体态发胖就没这么活蹦乱跳了。它年幼胃嫩，该给它吃些什么呢？我一无所知。我像喂成年蟋蟀一样，拿嫩莴苣叶喂它。它不去吃，或者也许是吃了点而我没看出来，因为它咬的痕迹不清楚。

不几天时间，我的十对蟋蟀大家庭成了我的一大压力。一下子就是五六千只小蟋蟀，当然是一群漂亮的小东西，可如何照料它们我却一窍不通，这叫我如何是好。

啊，我可爱的小家伙们，我将给予你们充足的自由，我将把你们托付给大自然这个至高无上的教育者。

我就这么办了。我找到花园里最好的一些地方，把它们这儿那儿地放生一些。如果它们一个个都活得很好，明年我的门前会有多么奇妙动听的音乐会呀！但是，这美景并未出现，可能不会有什么奇妙动听的音乐会了，因为母蟋蟀虽然大量产卵，但随之而来的是凶残的屠杀，幸存下来的很可能只有几对蟋蟀。

首先奔来大开杀戒地抢掠这天赐美味的是小灰壁虎和蚂蚁。特别是蚂蚁，这个可恶的凶暴之徒恐怕不会在我的花园里给我留下一只蟋蟀的，它抓住可怜的小家伙们，咬破它们的肚皮，疯狂地大吃一顿。

拟人手法。将小灰壁虎和蚂蚁拟人化，生动形象地呈现出它们杀死小蟋蟀的凶狠，同时表现了作者对于小蟋蟀的同情。

啊！该死的恶虫！可我们一直把它看作第一流的昆虫呢！书本上在赞扬，对它还赞叹不已；博物学家们把它们捧上了天，每天都在为它们赞不绝口。动物界同人类一样，让自己名声远扬的办法有千万种，但最可靠的办法则是损人利己，这是不容置疑的道理。

作者在其后《蝉和蚂蚁的故事》等章节中还有关于蝉和蚂蚁的描述，但是对蚂蚁的憎恶态度在此已可见一斑，早早埋下了伏笔。

谁都不了解十分珍贵的清洁工食粪虫和埋葬虫，可吸血的蚊虫、长毒刺的凶狠好斗的黄蜂，专干坏事的蚂蚁却是没有人不知道的。在南方的村子里，蚂蚁毁坏房屋椽子的热情如同它们掏空一棵无花果树一样。我不用多说，每个人都能从人类的档案馆中找到相似的例证：好人无人知晓，恶人声名远扬。

对比手法。作者认为有些害虫广为人知，而了解清洁工食粪虫、埋葬虫的却不多，表达了好人无人知晓、恶人声名远扬的观点。

由于蚂蚁以及其他的一些杀戮者的无情屠杀，我花园中数量繁多的蟋蟀日渐减少，这使我的研究难以继续。我只好跑到花园以外的地方去进行查看了。

八月里，在尚未被三伏天的烈日烤干的草地上，我发现了已经长大了的小蟋蟀，与成年蟋蟀一样全身极黑，初生时的白带子已经全消失了。它飘忽不定，一片枯叶、一片砖瓦足够挡风遮雨，犹如不考虑何处歇脚的流浪民族的帐篷一样。

直到十月末，寒潮来临，它才开始筑巢做窝。据我对囚禁在钟形罩中的蟋蟀的观察，这个工作十分简单。蟋蟀从不在其中的一个暴露地点筑巢，而总是在吃剩的莴苣叶掩盖着的地方做窝，莴苣叶代替了草丛作为躲藏时必不可少的遮盖物。

蟋蟀工兵用前爪挖掘，利用其颚钳挖掉大沙砾。我看见它用它那有两排锯齿的有力的后腿在踢蹬，把挖出的土踹到身后，呈一斜面。这就是它筑巢做窝的全部技术。

一开始工作干得挺快，在我的囚室的松软土层里，两小时的时间，挖掘者便消失在地下了。它还不时地边后退边扫土地回到洞口。如果干累了，它便在还没完工的屋门口停下来，头伸在外面，触须轻轻地抖动着。休息一会儿，它又返回去，边挖边扫地又接着干起来。它干干歇歇，休息的时间也越来越长，我观察的劲头儿也随之降低了。

最紧张的工作完成了。洞深两寸，目前已够用了，剩下的工作费力费时，得抽时间去做，每天干点。天气慢慢转凉，自己的身体在渐渐长大，巢穴

动作描写。通过蟋蟀工兵充分利用前爪、颚钳、后腿完成筑巢过程的描写，向读者展现了蟋蟀的高超技艺。

得逐渐加深加宽。就算到了大冬天，只要天气暖和，洞口有太阳，也能经常看见蟋蟀在往外弄土，说明它在修理扩建巢穴。到了春和景明时，巢穴仍在继续维修，不停地重建，直到屋主去世为止。

四月过完，蟋蟀开始歌唱，先是一只两只，羞答答地在独鸣，不一会儿便响起交响乐来，每个草丛里都有一只在歌唱。我很喜欢把蟋蟀列为万象更新时的歌唱家之首。在我家乡的灌木丛中，在百里香和薰衣草开放之时，蟋蟀不乏其附和者：百灵鸟飞向蓝天，放开歌喉，从云端把其绝妙的歌声传到人间。地上的蟋蟀虽歌声单一，缺少艺术修养，但其淳朴的声音与万象更新的朴实欢乐是多么的和谐呀！它唱的是万物复苏的赞歌，是萌芽的种子和嫩绿的小草能听懂的歌。<u>在这二重唱中，优胜奖将授予谁？我将把它给予蟋蟀，因为蟋蟀以歌手之多和歌声连绵不绝占了优势。</u>当田野里青蓝色的薰衣草犹如散发青烟的香炉在迎风摇动时，百灵鸟就不再歌唱了，人们只能听见蟋蟀仍在继续低声地唱着，仍在庄重地赞颂着。

现在，解剖家跑来唠叨了，粗鲁地对蟋蟀说："把你那唱歌的东西让我们看看。"它的乐器极其简单，犹如真正有价值的一切东西一样。它的乐器原理与螽斯的相似：带齿条的琴弓和振动膜。

蟋蟀的右鞘翅除了裹住侧面的皱襞以外，差不多全部覆盖在左鞘翅上。这与我们所见到的绿蚱蜢、螽斯、距螽，以及它们的近亲整个相反。蟋蟀是右

作者通过自问自答的方式引起读者的注意，体现蟋蟀在四月的"歌手"二重唱中的优势，并对此观点进行强化。

撇子，而其余的则是左撇子。

两个鞘翅结构全部一样，知道一个也就了解了另外一个。我们来看看右鞘翅吧。它差不多平贴在背上，但在侧面突呈直角斜下，以翼端紧裹着身体，翼上有一些斜向平行细脉。背脊上有一些粗大的翅脉，呈深黑色，整体构成一幅繁杂而奇特的图画，如同阿拉伯文似的天书。

鞘翅透明，呈淡淡的棕红色，只是两个连接处不是这样，一个连接处大些，呈三角形，位于前部；另一个小些，呈椭圆形，位于后部。这两个连接处都由一条粗翅脉围着，并有一些细小的褶皱。第一处还有四五条加固的人字形条纹，后一处只是一条弓形的曲线。这两处就是这类昆虫的镜膜，构成其发声部位。其皮膜的确比别处的微薄，是透明的，尽管略呈黑色。

那的确是灵巧的乐器，比螽斯的要高级得多。弓上的 153 棱柱齿与左鞘翅的梯级互相啮合，使四个扬琴同时振动，下方的两个扬琴靠直接摩擦发音，上方的两个则由摩擦工具振动发声。它发出的声音是多么浑厚有力啊！螽斯只有一个不起眼的镜膜，声音只能传到不远的地方，而蟋蟀有四个振动器，歌声可以传到几百米以外。

蟋蟀的声音亮度可与蝉匹敌，而且还不像蝉的叫声那么嘶哑，令人厌烦。更绝的是，蟋蟀的叫声抑扬顿挫。我们说过，蟋蟀的鞘翅各自在体侧伸出，形成一个阔边，这就是制振器。阔边多少往下一点，即可改变声音的高低，使之根据与腹部软体部分接触的面积大小，有时是轻声低吟，有时是歌声洪亮。

只要不爆发交尾期间本能的争斗，蟋蟀们便会在一起和睦相处。在求欢者们之间，打斗是司空见惯的，而且誓不两立，但结局并不严重。两个情敌互相头顶着头，互相咬脑袋，但它们的脑壳是一顶坚硬的头盔，能够顶住对方铁钳的夹掐，只见它俩你拱我顶，扭在一块，然后又挺立，随后各自离去。战败者逃之夭夭，胜利者放开歌喉辱骂对方，然后转而柔声低吟，围着情人轻唱求爱。

求爱者很会搔首弄姿。它手指一勾，把一根触须拽回到大颚下面，把其卷曲起来，用唾沫作为美发霜在其上涂抹。它那长着尖钩、嵌着红饰带的长长的后腿，着急地跺着，向空中踢蹬着。它因兴奋而唱不出声来。它的鞘翅在快速地颤动着，却不再发出响动，或者只是发出一阵纷乱的摩擦声。

求爱无果。母蟋蟀跑到一片生菜叶下躲藏起来。但是，它还是微微撩起门帘在偷窥，而且也想被那只公蟋蟀瞧见。

> 它向柳树丛中逃走，
> 却在偷窥着求欢者。

两千年前的一首牧歌就是这样温情地歌颂的。情人间眉来眼去到处都一个样儿！

情 节 评 述

本篇从观察者角度，以时间顺序详细记录了蟋蟀从卵到成虫的生长过程。作者对蟋蟀卵孵化和蟋蟀筑巢的过程进行了大量的动作描写，力求呈现出蟋蟀顽强的生命力。

关于蟋蟀歌唱天赋的描写，作者采用了和百灵鸟、蝉做对比说明以及排比等方式。基于比较，我们可以得出蟋蟀歌唱具有绵延不绝和音色明亮的特点。大量的细节描写和拟人手法的运用，使得蟋蟀的生活习性跃然纸上，也体现了作者对蟋蟀的喜爱之情。

爱唱歌的意大利蟋蟀

我们这里见不着蛋糕铺和乡间灶屋里的常见的那种家蟋蟀。不过，如果说在我们村子里壁炉石板下面的缝隙里没有蟋蟀的叫声的话，那么作为补偿，夏夜的田野里却响着美妙的歌声，那是北方不能听到的。春季里，阳光灿烂时，田间地头的蟋蟀便唱起了交响曲；夏日里，在夜深人静时，则有树蟋蟀，或称意大利蟋蟀在鸣唱。一个是昼间蟋蟀，一个是夜间蟋蟀，它们平分那美妙的季节。在前者停止歌唱期间，后者便开始唱起小夜曲来。

意大利蟋蟀没有黑色外衣，而且体形也没有一般蟋蟀那种粗笨的特点。恰恰相反，它细长、苍白、瘦弱，几乎全白，正适合夜间活动的习惯要求。你捏在手里都生怕把它捏碎。它在各种小灌木上，在高高的草丛中蹦来跳去，很少待在地上生活。从七月一直到十月，它们傍晚时分开始歌唱，一直唱到大半夜，是一场非常动听的音乐会。

这儿的人们都特别熟悉这种歌声，因为无论多小的荆棘丛中都有这种交响乐的演唱者。它们甚至还在粮仓里歌唱，那是因为运草料时把它们夹带了

外貌描写。细长、苍白、瘦弱，作者对意大利蟋蟀外形的细节描写，突出其适合夜间活动的特点，并对比得出意大利蟋蟀和普通蟋蟀外表完全不同的结论。

来，使它们迷失了方向，无法返回。这种苍白的蟋蟀习性神秘，所以谁也不确定是什么蟋蟀唱出的这么好听的小夜曲，人们误认为是普通的蟋蟀唱的，可是这个季节普通蟋蟀还小，还不会歌唱。

意大利蟋蟀的歌声是"格里—依—依""格里—依—依"这种缓慢又柔和的声音，唱起来还有点发颤，使歌声更加好听。你一听就会猜想到它的振动膜是多么细薄而宽大。如果它待在叶丛中无人打扰的话，它的声音就不会变化，但稍有动静，这位歌手便马上改用腹部发声。你刚才听见它一直在你面前歌唱，可突然间，你听见的是它在那边二十步开外的地方继续鸣唱，但音量减弱了，你还以为是距离使然。

你跑过去，但什么也没发现，声音仍旧是从原来的地方发出来的。还不仅仅如此，这一次声音是从左边传来的，也许是从右边或者是从后面传来的。你完全给弄晕了，无法凭借自己的听觉去辨别蟋蟀到底在哪里鸣叫。你必须提着提灯，而且要极有耐心，还得小心翼翼，不出任何声音，才能在灯光的帮助下捉到这个歌唱家。我就如此这般地捉到了几只，放进笼中，从此多少了解了一点点诱惑我们听觉的演唱家的情况。

两片鞘翅都是由一片宽大的半透明干膜组成的，薄如一片白色洋葱片，能够整个儿地颤动。鞘翅状如圆的一端，上端略小。圆的这一端按一条粗重纵翅脉折成直角，再以鞘翅凸边沿体侧往下，在蟋蟀休息时，包住其身体。

通过拟声词的使用，形象鲜明地展现了意大利蟋蟀的"歌声"缓慢柔和的特点，使得它"歌唱家"的身份更加名副其实。

作者描述了一个生活场景，使得我们在生活中常常被蟋蟀发声系统误导的记忆被重新唤起。这一现象说明许多科学研究的发现，都是基于对生活的洞察。

细节描写。通过对意大利蟋蟀鞘翅的细节描写，对意大利蟋蟀"琴弓"和"摩擦器"的说明，作者试图向我们呈现意大利蟋蟀的发声过程。

右鞘翅覆盖在左鞘翅上。右鞘翅内侧靠翅根处有一块胼胝，辐射出五条翅脉，两条往下，两条冲上，而第五条几乎呈横向，稍微泛红，是基本部件，也就是琴弓，这从其上横向的细锯齿一看便知。鞘翅的其他地方还有几条不太粗的翅脉，功用在于绷紧薄膜，但不是摩擦器的组成部件。

左鞘翅，或者说下鞘翅，结构与右鞘翅类似，但区别在于琴弓、胼胝以及由胼胝辐射出去的翅脉位于上部表面。此外，我们还可以看到左右两把琴弓呈斜向交叉。

当蟋蟀放声歌唱时，左右鞘翅高高地竖起，宛如一张薄纱船帆，只是内边缘相互接触。这时候左右两把琴弓是彼此斜着咬合着的，它们相互摩擦便使得绷得紧紧的薄膜产生强烈的震动。

根据每把琴弓是在另一个鞘翅的胼胝（其本身也是粗糙的）上还是在四条光滑的辐射翅脉中的一条上摩擦，蟋蟀发出的声音有所不同。这也许部分地说明了为什么胆小的蟋蟀怀疑遇到危险时会用声音诱导我们，让人觉得声音发自前后左右，难以猜透。

作者对意大利蟋蟀的声音变化和鞘翅的不同位置、形态关系进行了说明，解释了意大利蟋蟀演唱时带给人距离上错觉的原因。

声音的强弱、响亮、沉闷变化，使人产生距离上的错觉，这是蟋蟀这个腹语者的高超艺术手段，而这种错误的感觉的产生还有其他原因，这是很容易发现的。声音洪亮时，鞘翅是完全竖起的；声音沉闷时，鞘翅则多少有点下垂。当鞘翅处于下垂状态时，其外侧边缘不同程度地压在蟋蟀柔软的侧部，从而随之减小了振动部分的面积，声音也就随之变小。

　　用手指触摸敲响的玻璃杯，它便声音低沉，好像是从远处传来。灰白色蟋蟀深深知道这个声学奥秘。当有人去捉它时，它便把振动片的边缘压在柔软的肚腹上，使人不知它身在何方。我们的乐器有**制振器、消音器**，意大利蟋蟀的制振器、消音器可与之比美，而且结构简单，效果奇好，胜我们一筹。

　　田间地头的蟋蟀以及同类昆虫也使用这种消音方法，把鞘翅边缘压在肚腹或高或低处，以减轻振动，但是它们中没有谁能像意大利蟋蟀的本事那么大，能产生如此惊奇的功效。

　　我们的脚步声一接近，哪怕是很轻很轻的，**蟋蟀就会用这方法对付我们**，使我们产生错误的判断。除此之外，它的声音还非常纯正，带有柔和的颤音。仲夏夜，夜深人静时，还有哪种昆虫的鸣叫胜过意大利蟋蟀呢？那么优美，那么清脆。我不知有多少次，席地躺在迷迭香花丛中躲着，偷听那令人着迷的音乐演唱会！

　　我的花园里夜间歌唱的蟋蟀很多。每一簇红花岩蔷薇都有其合唱队员，每一束薰衣草里也都有自己的乐队。那枝繁叶茂的野草莓树丛，那笃耨香树丛，都成了蟋蟀们的演唱场地。这个小天地中的小生物们在以自己那优美清脆的声音彼此探问，相互应答，或者说是对别的歌手置之不理，只是自顾自地在抒发自己的情怀。

　　高处，我头顶上方，天鹅星座在银河中伸长它

直接抒情。作者以第一人称方式，直抒胸臆地表达了仲夏夜里对意大利蟋蟀优美歌声的喜爱之情。

拟人手法。作者将夜空中的繁星拟人化，通过星星高高在上、平静与冷漠的姿态，体现了宇宙的浩渺、自然界的广大，这与人类认知的局限性形成鲜明对比。

科学可以帮助我们解决许多问题，但在科学之外，自然和生命的力量同样令人感动和敬畏。

那庞大的十字架；下方，就在我的周围，蟋蟀在演唱交响曲，忽高忽低，和谐悦耳。正在唱出自己欢乐心声的这些小小的生命使我忘记了繁星闪烁。天空中的那些眼睛平静冷漠地眨巴着，在看着我们，可我们对它们却闻所未闻。

科学告诉我们它们离我们有多远，它们的速度有多快，它们的体积有多大，它们的重量有多重，还告诉我们它们不可胜数，令我觉得不可思议，但是这并未使我们有一丝的激动。为什么？因为科学缺少了那个巨大的秘密，即生命的秘密。天上有什么？太阳在温暖着什么？理性告诉我们，有一些类似于我们的世界，有一些生命在其间进行无止境变化的大地。这种宇宙观可谓宏大无比，却是一种观念罢了，并没有确定的根据。确凿的事实才是至高无上的，是看得见摸得着的。所谓"可能"，甚至"极其可能"，都不是"明显"，并不是有目共睹、天衣无缝的。

可我的蟋蟀们却是我的伙伴，它们使我感到了生命的颤动，而生命正是我们的灵魂。正因为如此，我才身子倚靠迷迭香树篱，只是漫不经心地向天鹅座看上一眼，我的心思都集中在它们那小夜曲上了。

一小块注入了生命的能感受苦与乐的蛋白质，其趣味远远超过庞大的无生命的原料。

　　作者开篇以夜间昆虫鸣唱的美妙小夜曲引入到了本篇的主角：意大利蟋蟀。作者首先通过外貌描写，区别了意大利蟋蟀和普通蟋蟀；紧接着通过对意大利蟋蟀鞘翅等发声器官的细节描写，向读者解释说明了为什么同一只意大利蟋蟀的演唱能够造成人关于声音的不同距离感知。

　　在文章的最后，作者直抒胸臆地表达了对仲夏夜间意大利蟋蟀演唱的喜爱和赞美之情。在自然界中感受意大利蟋蟀歌唱的体验，也使得作者感受到了生命的力量。

蝉动与蝉洞

将近夏至时分，第一批蝉出现了。在人来人往、被太阳暴晒、被踩踏结实的一条条小道上，张开着一些能伸进大拇指、与地面持平的圆孔洞。这便是蝉的宝宝们从地下深处爬回地面来变成蝉的洞口。除了耕耘过的田地以外，几乎随处可见一些这样的洞。这些洞通常都在又热又干的地方，特别是在道旁路边。出洞的蝉宝宝有锐利的工具，必要时可以穿透干黏土和泥沙，所以它喜欢很硬的地方。

我家花园的一条小道由一堵朝南的墙反射阳光，照得就像到了塞内加尔一样，那儿有很多的蝉出洞时留下的圆洞口。六月的最后几日，我检查了这些刚被丢弃的洞坑。地面土十分硬，我必须用镐来刨。

地洞口是圆的，直径大概 2.5 厘米。在这些洞口的周边，没有一丝浮土，没有一丝推出洞外的土形成的小丘。事情相当清楚：蝉的洞不像粪金龟这帮挖掘工的洞，上面堆着一个小土包。这种差异是两者的工作程序所决定的。食粪虫是从地面往地下挖进，它是先挖洞口，然后往下挖去，随后把浮土推到地面上来，形成小丘。而蝉的宝宝却相反，它

《昆虫记》一书中有许多昆虫挖洞的情节。食粪虫、隧蜂、蛴螬等都是成虫为虫宝宝挖洞做育儿室，而蝉宝宝却是自己挖洞再从育儿室离开。

是从地下钻到地上，最后才钻开洞口，而洞口是最后的一道工序，一打开就不能用来清除浮土了。食粪虫是掘土进洞，所以在洞口留下了一个鼹鼠丘；而蝉的虫宝宝是从洞中出来，没办法在还未做成的洞口边堆积任何东西。

蝉洞约深 40 厘米。洞是圆柱形，因地势的关系稍有点弯曲，但始终要靠近垂直线，这样路程是相当短的。洞的上下完全畅通无阻。想在洞里找到挖掘时留下的浮土那是没用的，哪儿都看不着浮土。洞底是个死胡同，成为一间稍稍宽敞些的小房，四壁光亮，没有任何与延伸的通道相连的迹象。

根据洞的直径和长度来看，挖出的土有将近 200 立方厘米。挖出的土都跑哪里去了？在干燥易碎的土里挖洞，洞底小屋和洞坑的四壁应全是粉末状的，容易塌方，如果只是钻孔而没进行任何其他加工的话。可我却惊讶地发现洞壁表面被粉刷过，刷了一层泥浆。洞壁实际上并不是十分光洁，差得远，但是，粗糙的表面被一层涂料盖住了。洞壁那易碎的土料沾上黏合剂，便被粘住不掉落了。

蝉的宝宝可以在地洞中来来去去，爬到靠近地表的地方，再下到洞底小屋，而带钩的爪子却没刮擦下土来，否则会堵塞通道，上去十分难，回去又不能。矿工用横梁和支柱支撑坑道四壁，地铁的建造者用钢筋水泥加固隧道，蝉的虫宝宝这个一点儿不逊色的工程师用泥浆涂抹四壁，让地洞长期使用却不堵塞。

如果我惊动了从洞中出来爬到旁边的一根树枝上去，在上面蜕变成蝉的宝宝的话，它会马上小心地爬下树枝，毫无阻碍地爬回洞底小屋中去，这就说明就算此洞要永远被抛弃了，洞也不会被浮土堵塞起来。

这个上行管道不是因为蝉宝宝急于重见天日而急忙赶制成的；这是一座货真价实的地下小城堡，是蝉宝宝要长期居住的房子。墙壁进行了加工粉刷就证明了这一点。如果只是钻好以后不久就要丢掉的简单出口的话，就用不着这样费事了。毫无疑问，这也是一种气象观测站，外面天气怎样在洞内就可以探知。蝉宝宝成熟以后要出洞，但在深深的地下它无法判断外面的气候条件是不是适宜。地下的气候变化很慢，不能向虫宝宝提供准确的气象资料，而这又正是蝉宝宝一生中最重要的时光——来到阳光下蜕变所必须知道的。

蝉宝宝花上几个星期，也许几个月耐心地掘土、清道、加固垂直洞壁，却不把地表挖穿，而是同外界隔着一层一指厚的土层。在洞底它比在别地儿更加精心地建造了一间小房。那是它的等候室、隐蔽所，如果气象报告说要延期搬迁的话，它就在里面休息。只要稍稍预感到风和日丽，它就爬到高处，透过那层薄土盖子观测，看看外面的湿度和温度怎样。

如果气候条件不合适，如果下大雨刮大风，那对蝉宝宝蜕变是相当严重的威胁，那谨小慎微的小东西就又回到洞底屋中继续静等着。反之，如果气候条件合适，蝉宝宝便用爪子捅几下土层盖板，就可以钻出洞来。

似乎全部都在证实，蝉洞是个气象观测站，是个等候室，蝉宝宝长期待在里面，有时爬到地表下面去观测一下外面的天气情况，有时就潜于地洞深处更好地隐藏起来。这就是为何蝉在地洞深处建有一个适宜的歇息地，并将洞壁刷上涂料以防止塌掉的原因之所在。

但是，不容易解释的是，挖出的浮土都到哪里去了？一个洞平均得有两百立方厘米的浮土，怎么全部不见了踪影？洞外不见有这样多浮土，洞内也见不着它们。再说，这如炉灰一样的干燥泥土，是怎样弄成泥浆涂在洞壁上的呢？

蛀蚀木头的那些虫子的虫宝宝，例如吉丁的虫宝宝和天牛的虫宝宝，好像应该能回答第一个问题。这些虫宝宝在树干中往里钻，一边挖洞，一边把挖出来的东西吃掉。这些东西被虫宝宝的颚挖出来，一点点地被吃下消化掉。这些东西从挖掘者的一头穿过，直达另一头，筛出那一点点的营养成分后，把余下的排泄出来，堆积在虫宝宝身后，彻底堵塞了通道，虫宝宝也就不能再从这儿通过了。由颚或胃进行的这种最终分解，把消化过的东西压缩成比木质更加结实的东西，致使虫宝宝前边就出现一个空地儿、一个小洞穴，虫宝宝能在其中工作。这个小洞穴很小，只够关在里面的这个囚徒行动。

蝉的宝宝是否也是用相似的办法挖掘地洞呢？当然，挖出来的浮土是不会通过虫宝宝的体内的，而且，哪怕是最松软的腐殖土，也绝不会成为蝉宝宝的食物的。但是，无论怎么说，被挖出来的浮土不是随着工程的进展逐渐地被抛在蝉宝宝身后了吗？

蝉在地下要待四年。这样漫长的地下生活当然是不会在我们刚才描述的准备出洞时的小屋里度过的。蝉宝宝是从别处来到那里的，想必是从很远的地方来的。它是个流浪者，把自己的吸管从一个树枝插到另一个树枝。当它因为冬天太冷而逃离上层土壤，或因为要定居于一个更好的住处而迁居时，它就为自己开出一条道来，同时将用颚这把镐尖挖出的土抛在身后。这一点是无可争议的。

就像吉丁宝宝和天牛宝宝一样，这个流浪者在移动时只要很小的空间便足够了。一些松软的、潮湿的、容易压缩的土对于它来说就相当于吉丁宝宝和天牛宝宝消化过后的木质糊糊。这种泥土非常容易压缩，非常容易堆积起来，留出空间。

困难来自另一个方面。蝉洞是在干燥的土里挖掘而成的，只要土一直保持干燥，那就很难压实压紧。如果蝉宝宝开始挖通道时就把一些浮土扔到身后的一条先前挖好现已消失的地道中去，这也是有可能的，尽管还没有任何迹象可以说明这一点。不过，如果想到洞的容量以及很难找到地方堆积这样多的浮土的话，你就又会怀疑起来，心想："这样多的浮土，一定有一个很大的空间才能存放得下，而将这个空间挖成也一样要出现很多的浮土，要存放起来一样是困难重重。这样就又得有一个空间，同样又会有很多浮土，如此循环不停。"就这样转来转去，没个头。因此，光是把压实压紧的浮土抛到身后还无法解释这个空间的出现这一难题。为了清除阻挡路的浮土，蝉应该是有一个特殊法子的。我们来尝试解开这个谜。

我们仔细观察一只正在往洞外爬的蝉宝宝，它多多少少总要带上点或干或湿的泥土。它的挖掘道具——前爪尖上沾了不少的泥土颗粒，其他地方像是戴上了泥手套，背部也全是泥土。它就像一个刚扫完阴沟的清洁工。这么多污泥看了使人惊讶不已，因为它是从一个很干燥的洞中爬出来的。本以为会看到它满身粉尘，却发现它是一身污泥。

再顺着这个思路往前想一下，蝉洞的秘密就解开了。我把一只正在对其洞穴进行挖掘的蝉宝宝给挖了出来。我运气真好，蝉宝宝正开始挖掘时我就有了惊人的发现。一个大手拇指一样长的地洞，没有任何的阻塞物，洞底是一间休息室，眼下所有工程就是这个情况。那位勤劳的工人现在是个什么样呢？就是下面的这种情况。

这只蝉宝宝的颜色比我在它们出洞时捉到的那些蝉宝宝显得苍白很多。眼睛很大，十分的白，浑浊不清，看不清东西。在地下视力有何用？而出了洞的蝉宝宝的眼睛则是闪闪发亮、黑黑的，说明能

对往外爬的蝉宝宝进行细节描写，通过蝉身上沾附的泥土等细节，向读者呈现了蝉洞的环境。

对比说明。通过洞内和洞外蝉眼睛的不同外观对比，说明蝉在地下看不清东西，出了洞才具备视力的特点。

看得到东西。将来的蝉宝宝出现在阳光下，就必须找寻，有时还得到离洞口很远的地方去找寻将在其上蜕变的悬挂树枝。这时候视力就十分重要了。这种准备蜕变时期的视力的成熟足以告诉我们蝉宝宝并不是仓促地即兴挖掘自己的上行通道的，而是干了非常长的时间。

另外，眼盲而苍白的蝉宝宝比成熟状态时体态要大。它身体内充满了液体，就像是得了水肿病。用指头捏住它，尾部就会渗出清亮的液体，弄得满身湿漉漉的。这种由肠内排出来的液体是否是一种尿液？或者只是吸收液体的胃消化后的残汁？我没法肯定，为了讲起来方便，我就叫它为尿吧！

动作描写。对蝉宝宝从蝉洞往外爬的过程进行动作描写，挖、浇、压等动词的使用，生动形象地呈现出蝉宝宝挖掘的艰辛过程。

看，这种尿液就是谜底。蝉宝宝在向前挖掘时，即时地把粉状泥土浇湿，使它成为糊状，并马上用身子把糊状泥压贴在洞壁上。这具有弹性的湿土就糊在了原来干燥的土上，形成泥浆，渗到粗糙的泥土缝隙中去。搅得最稀的泥浆渗透到最里层；余下的则被蝉宝宝再次堆积、挤压，涂在其余的间隙中。这样一来，坑道便没有阻碍了，一点浮土都没有了，因为已被就地和成了泥浆，比原来的没被钻透的泥土更结实、更均匀。

比拟手法。将蝉宝宝比作矿工，以矿工的特点形象地说明了蝉宝宝爬出蝉洞过程的艰难不易。

蝉宝宝就是在这黏糊糊的泥浆中工作着，所以当它从十分干燥的地下出来时便满身泥污，让人觉得十分奇怪。成虫虽然完全摆脱了矿工那又累又脏的工作，但并没完全丢弃自己的尿袋；它把剩余的尿液保存起来当作保护自己的手段。如果哪位离得太近地观察它，它就会向这个不识趣的人射出一泡尿，然后就一下子飞走了。蝉尽管喜欢干燥，但在它的两种形态中，都是一个了不起的浇灌者。

不过，尽管蝉宝宝身上积满了液体，但它还是没有足够多的液体来把从整个地洞挖出的浮土弄湿，并让这些浮土变成容易压实的泥浆。积水池干涸了，就得重新积水。从哪儿积水？又怎样积水？我觉得可以看到问题的答案了。

我相当小心地整个儿地挖开了几个地洞，发现洞底小屋壁上镶着一根生命力很强的树根须子，有的像铅笔粗细，有的像麦秸秆一样。露出来能看得见的树根须子非常短小，只有几毫米。须子的其他部分全都植于旁边的土里。这种液汁泉是偶尔遇上的呢，还是蝉宝宝故意寻找的？我偏向于后一种答案，因为至少当我小心挖掘蝉洞时，总能看到这样一种须子。

是这样的。要挖洞筑室的蝉，在开始为将来的地道下手以前，总要在一个新鲜的小树根的附近寻觅一遍。它把一点须子刨出来，嵌于洞壁，而又不让须子突出壁外。这墙壁上有生命的地方，我想就是液汁泉，蝉宝宝的尿袋在需要时就能从那儿得到补充。如果由于和干泥而把尿液用光了，蝉宝宝矿工就下到自己的小屋里去，把吸管插进须子，从那用之不竭的水桶里吸足水。尿袋灌满之后，它便再次爬上去，继续工作，把硬土弄湿，用爪子拍打，再把身边的泥浆压紧、抹平、拍实，畅通无阻的通

思考：这里的设问和后面的设问有怎样的关联性？

道就做成了。情况大致就是这样的。虽然无法直接观察到，而且也不可能跑到地洞里去观察，但是逻辑推理和各种情况都证明了这一结论。

如果没有须子那个大水桶，而蝉宝宝体内的积水池又干涸了，那会怎么样呢？下面这个实验会告知我们的。我把一只正从地下爬出来的蝉宝宝捉到了，把它放到一个试管的底部，用疏松堆积起来的满试管干土把它埋起来。这个土柱子高十五厘米。这只蝉宝宝刚刚离开的那个地洞比试管长出三倍，虽说是相同的土质，但洞里的土要比试管里的土密实很多。蝉宝宝现在被埋在我那短小的粉状土柱子里，它能再次爬到外面来吗？如果它使劲挖的话，一定是可以爬出来的。对于一个刚从硬土地中爬出来的蝉宝宝来讲，一个不牢固的障碍能在话下吗？

但是我却有所怀疑。为了顶开把它同外界隔开的那道障碍，蝉宝宝已经把最后储备的液体用尽了。它的尿袋干了，没有活的须子它就再没办法把尿袋灌满。我怀疑它不能成功是有道理的。果不出所料，三天后，我看到被埋着的蝉宝宝耗尽了体力，终没能爬上一拇指高。浮土被扒拉过，因没黏合剂而没法当场黏合，没法固定不动，浮土刚一拨弄开，就又塌下来，回到蝉宝宝爪下。老这么扒、挖，总也不见好的成效，总是在做无用功。第四天，蝉宝宝就死了。

如果蝉宝宝的尿袋是满的，结果就大不一样。我用一只正在准备蜕变的蝉宝宝进行了相同的实验。

它的尿袋鼓鼓的，在往外渗，身子全都湿了。对于它来说，这工作是小菜一碟。疏松的土几乎没有阻碍。蝉宝宝稍微用尿袋的液体润湿，就把土拌成了泥浆，黏合起来，再把它们抹平、抹开。地道通了，但不很规则，这倒不假，随着蝉宝宝不断往上爬，它身后差不多给堵上了。看起来好像是蝉宝宝知道自己没法补充水，所以为了尽快地摆脱一个让它很陌生的环境而节约自己身上那仅有的一点液汁，不到万不得已绝不使用。就这样精打细算的，十来天以后，它终于爬到了外边来。

出洞口弄开之后，它张大嘴待在那儿，而地洞就像被粗钻头钻出的一个孔。蝉宝宝爬出洞以后，在周围徘徊一会儿，寻找一个空中支点，例如百里香丛、细荆条、灌木枝杈、禾蒿秆儿什么的。一旦找到以后，它就爬上去，用前爪死死地抓住，脑袋昂着。其他的爪子，假如树枝有地方的话，也撑在上面；假如树枝超小，没多少地方，两只前爪钩住就足够了。然后便休息一会儿，让悬着的爪臂变硬，成为牢不可破的支撑点。这时候，中胸从背部裂开，蝉从壳中蜕变出来，前后大概半小时的时间。蝉从壳中蜕变出来后，与先前的模样儿大不一样！翅膀湿润、透明、沉重，上面有一条条浅绿色的脉络。胸部略显褐色，身体的其他部分显浅绿色，有一处处的白斑。这瘦小的小生命需要长时间地沐浴在阳光和空气之中，来强壮身体，改变体色。大概两小时过去了，却没见有显著的变化。它只是用前爪钩

外貌描写。对离开地下的蝉的外形作细节描写，与前文的外貌描写产生对比，同时也向读者呈现了蝉的外形特征。

住旧皮衣，稍有点风吹草动，它就飘荡起来，一直是那么脆弱，一直是那么绿。最后，体色变深了，越变越黑，终于完成了体色改变的过程。这一过程用了30分钟。蝉上午九点悬在树枝上，到12点30分的时候，我看见它飞走了。

旧皮除了背部的那条裂缝以外，并没有破损，并且牢固地挂在那根树枝上，深秋的风雨都没能把它打下或吹落。常常能看到有的蝉壳一挂就是好几个月，乃至整个冬天都挂在那儿，姿态仍与蝉宝宝蜕变时一模一样。旧皮质地坚硬，犹如干羊皮，就像蝉儿的替身一样久久地待在那里。

唉！如果我把那些农民邻居所说的全部信以为真的话，关于蝉儿的故事我可有很多好听的。我就只讲一个他们曾讲给我听的故事吧！只讲一个。

你有肾衰之苦吗？你因水肿而走路悠悠晃晃吗？你急需治它的特效药吗？农村的偏方在治这种病上有特效，那便是用蝉来治。把蝉的成虫在夏天里收集起来，穿成一串，在太阳底下晾干，然后好好地藏在衣柜角落里。假如一个家庭主妇七月里忘了把蝉穿起来晒干收好，那她会感到自己太粗心大意了。

你是不是肾脏突然有点炎症，尿尿有点不顺？赶紧用蝉熬汤药吧！听说没什么比这更有效的了。以前，我不知哪里有点不舒服，一个好心肠的人就让我喝过这种汤药，我原先不知道，是之后别人告诉我的。我很感谢这位热心人，但我对这种偏方深感怀疑。让我惊讶不已的是，阿那扎巴的老医生迪约斯科里德也建议用这偏方，他说："蝉，干嚼吃下，能治膀胱痛。"从佛塞来的希腊人把蝉和无花果树、橄榄树、葡萄等传授给了普罗旺斯的百姓，从此，从那遥远年代起，普罗旺斯的百姓便把这珍贵的药材奉为至宝。只有一点有所不同：迪约斯科里德建议把蝉烤着吃；现在，大家把蝉用来煮汤，当作煎剂。

说这偏方可以利尿，纯属天真幼稚。我们这儿人人皆知，哪位要想抓蝉，它就马上向哪位脸上撒尿，然后飞远。因此，它告诉了我们其排尿的功能，以致迪约斯科里德及其同时代的人就以此为证据，而我们普罗旺斯的百姓至今仍这样认为。

啊，善良的人们啊！如果你们知道蝉宝宝能用泥和尿来建自己的气象站的话，那你们又会怎样想呢！拉伯雷描写道，卡冈都亚坐在巴黎圣母院的钟楼上，从自己超大的膀胱里往外尿尿，把巴黎成千上万的闲散的人淹死，还不包括儿童和妇女，否则人数将更多。你们知道这个故事后，也会相信吗？

作者借对蝉的叙述，顺便向人们澄清了许多关于蝉的所谓偏方的错误认识。对于传言和所谓的偏方，我们应当有自己的辨识力。

情 节 评 述

本篇从蝉洞写起，以时间顺序对蝉的出生、离开蝉洞、彻底成熟的生命过程进行了描写。蝉洞是从地下向地上挖掘的，蝉宝宝就如工程师和矿工一样，整日和泥土打交道，在地下修建房间挖掘通道，等待着最适合破土而出的时机。

全文大量采用了细节描写，对于蝉洞、蝉破土而出的过程进行了详细刻画，形象地向我们展示了蝉的生长过程。在文章的最后，作者对蝉的许多"偏方"进行了辟谣，传递出追求科学的精神信仰。

蝉和蚂蚁的故事

声誉也许和故事传说有关，而童话则更胜故事一筹，不管是有关动物的还是有关人类的。尤其是昆虫，如果说它不管是以何种方式都能够吸引我们，那是因为有着许多有关它的传说，而这种传说的真假与否则是无关紧要的。

例如，有哪位不知道蝉的？起码也听说过其名吧。在昆虫学领域里，还能找到如它那样名声很大的昆虫吗？它那热衷于唱歌而不顾未来怎样的名声，早在我们训练记忆之初便已被当作材料了。人们用好懂易学的短小诗句告诉我们，当寒风四起，严冬来临，一无所有的蝉便跑到邻居蚂蚁那儿去乞讨了。乞食者不被欢迎，遭到不堪忍受的挖苦讽刺，这反而让它名声大起。蚂蚁说了如下的两句虽粗俗无情却简短的话语：

您之前唱了又唱！我听着舒服，
好啊，您现在就跳吧。

这两句话给蝉带来的声望远胜于它精湛的演唱

反问手法。通过反问有没有人不知道蝉、有没有和蝉名声一样大的昆虫，强调蝉在昆虫界所具有的巨大名气。

名声。这深深地印入了孩子们的心灵深处,永不会消失。

　　蝉生活在有橄榄生长的地区,大多数人并不知道它歌唱的本领,但它在蚂蚁面前的沮丧落魄样儿,无论小孩还是大人全都知道。名声便源于此!一个犹如自然史一样,其道德受到践踏的相当有争议的故事,一个全部好处就在于奶妈讲的又小又短的故事,就是一种声望的基础,而这种声望就会像《小红帽》中的烙饼和《小拇指》中的靴子一样,牢牢地支配着岁月留下的少许记忆。

　　儿童的记忆是不易抹去的。传统、习惯一旦存进其记忆库,就没办法抹去。蝉的大名应归功于儿童,他们在最初学着背诵时,就结结巴巴地说出了蝉的不幸遭遇。构成寓言基本内容的那些荒谬肤浅的东西因他们而将保存下来:寒冬来临时,蝉将永远受饿挨冻,尽管冬天已不再有蝉了;蝉将永远乞讨几颗麦粒,尽管它那娇嫩的吸管根本就吸不进这种食品;蝉还将讨要蚯蚓和苍蝇,尽管它从来不吃它们。

寓言故事对儿童的认知塑造是十分重要的,而关于蝉的寓言的谬误,导致了人们对蝉的误读。

　　这些荒谬的错误,责任到底在谁呢?在拉·封丹,他的大部分寓言因观察的细微,很让我们着迷,但有关蝉的描述却是欠考虑的。他寓言里最早的那些主角,如狼、狐狸、山羊、猫、老鼠、乌鸦、黄鼠狼以及其他很多动物,他十分熟悉,所以他在跟我们叙述它们的动作和事情时,入木三分,惟妙惟肖。它们是一些高级的动物,是他的常客,是他的邻居。它们私下的和公开的生活都是他每天所见的,但是,在兔子欢蹦乱跳的地方,蝉是见不到的。拉·封丹

通过设问的方式强调了拉·封丹关于蝉的寓言内容的不可靠,说明书本知识,并不完全可靠。

从来没听过它歌唱，从没看见过它。他以为，这个著名的歌唱家一定是一种蚱蜢。

格兰维尔的画笔尽管与拉·封丹的寓言配合得相当绝妙，但也犯了相同的错误。在他的插图里，蚂蚁一副勤劳的家庭主妇的装扮。它站在门槛上，身旁是一袋一袋的麦子，不屑地背对着伸着爪子——对不起，伸着手的乞讨者。头戴18世纪阔边女帽，腋下夹着吉他，裙摆被刺骨寒风吹贴在小腿肚子上，这就是那第二个人物的形象，与蚱蜢相同。格兰维尔和拉·封丹一样，也没弄清楚蝉的真实相貌，他栩栩如生地再现了那个以讹传讹的错误。

在这个内容贫乏的小故事里，拉·封丹只不过是捡了另一位寓言作家的便宜而已。蝉备受蚂蚁冷眼的传说像利己主义，也就是说像我们的世界一样，历史久远了。古雅典的孩子背着满袋油橄榄和无花果去上学时，嘴里就已经像是在背书一样地在嘟囔这个故事了："冬天到了，蚂蚁们把自己受潮的食物搬到太阳下晾晒。突然间，一只饥肠辘辘的蝉跳上前来乞讨。它想讨几粒粮食。小气的蚂蚁们回答说：'你夏日里唱歌，那冬天你就跳舞吧！'"尽管这个情节有点枯燥，但那正是拉·封丹有悖常理的主旋律。

可这个寓言正是来自希腊，那是有名的盛产油橄榄、蝉也相当多的地方。难道伊索果真像传说中的那样，就是这则寓言的作者吗？这让人怀疑。不过，这也没有关系，因为那位讲故事的人是希腊人，

举例论证。通过对拉·封丹寓言插画中有关蝉形象的错误的描绘，说明拉·封丹对于蝉的不了解，也就降低了寓言中有关蝉的描写内容的可信度。

是蝉的老乡，他应该对蝉十分了解。在我们村子里，没有那种缺少见识的百姓——他会不知道冬天原本就没有蝉。冬季到来，必须为油橄榄树培土时，村子里只要是用锹铲土的人都认得蝉的初始体貌——幼体的。他们在小路边成千上万次地看见过它，知道夏季到来时，这个幼体是怎样从自己建设的圆洞中钻出地面的，知道它怎样抓挂在细树枝上，背上裂开一条缝，蜕去比硬羊皮纸还要硬的外壳，变成浅草绿色，然后又变成了褐色，成了一只蝉。

对蝉蜕皮的过程的细节描写，生动形象地呈现了蝉从幼虫蜕变为成虫的艰难过程。

阿蒂卡的百姓也并不傻，他们也注意到了最不开眼的人都能看得出的情况，他们对我那些土邻居相当清楚的东西也是知道的。这则寓言的作者，无论他是哪位文人，都处于最有利的条件之下，对这类事情肯定是相当了解的。那么，他的故事的这种荒谬到底源自何处呢？

拉·封丹情有可原，而古希腊的那位寓言家则是不可原谅的，他只叙述书本上的蝉，而不去了解近在咫尺的像锣钹似的振翅鸣叫的真正的蝉。他不关注现实，却因袭传说。他是一位相当古老的故事叙述者的应声虫。他在复述源自各种文明的可敬之母——印度的某种传说。他根本没有弄明白印度人笔下描述的寓意是在表明一种没远见的生活会导致怎样的危险，却以为编成故事的动物场景比蚂蚁和蝉的交谈更靠近真实。印度是动物的伟大朋友，它是不会犯这种错误的。这一切似乎说明，原始故事的那个主角不是我们的蝉，而是另一种动物，或者

议论描写。从"应声虫"这个词的使用，我们可以直接感受到作者对于寓言家们不关注现实，只懂得因袭传统的否定态度。

称之为昆虫，其习性与所编的故事十分吻合。

这则古老的故事在许多世纪里让印度河流域的哲学家们深思，令那里的儿女们得到快乐。它也许像历史上某个酋长第一次提出节俭持家一样年代长远，并一代代地流传下去，内容基本上还算是忠实的，但正如所有的传说一样，因为要适应当时当地的情况，细节即因岁月的无情而有所改变了。

希腊乡间并无印度所叙述的这种昆虫，人们便把蝉加进故事里去了，就像现代雅典——巴黎一样，那里的人把蚱蜢与蝉给搞乱了。错已造成，从此谬论深深印进了孩子们的记忆当中，无法抹去，假成了真，真却成了假。

让我们试着为这个被寓言践踏的歌手正名吧。我必须得承认，它是个讨厌的邻居。年年夏天，它们被两棵枝繁叶茂的高大法国梧桐所吸引，成百上千地飞到我家门前安营扎寨，从日出到日落，此起彼伏地叫个不停，震得我脑袋生疼。在这一片吱吱声中，你没法思考问题，思绪被打乱，脑涨头昏，无法定下心来。如果我不起早点儿做些事，那整个一天就会完蛋了。

呀！该死的虫子，我本想安静地待着，可你却成了我住所的一大灾难。竟然有人说，雅典人把你养在笼子里，好悠闲地听你唱歌。吃饱饭眯着眼，有一只蝉叫叫还可以，但成百只一起叫嚷，震得人耳鼓疼痛，没法集中精力，真让人活受罪呀！你振振有词，说是你先来到这里的，有权唱歌。在我住

通过层层推导，作者得出寓言故事出现谬误的真相：最初的作者将蚱蜢和蝉混淆，最终以讹传讹深植进了孩子们的记忆中。

到这里以前，那两棵法国梧桐完全归你，而我却成了其树荫下的不速之客。可我得先警告你，为了照顾给你写故事的人，你得在你的响钹上装个消音器，压低你的声音。

事实真相把寓言家向我们叙述的东西当作肆意杜撰给摒弃了。当然，蚂蚁和蝉之间有时候是有一些关联的，这是毫无疑问的，只不过，这些关联与人们讲给我们听的恰恰相反。这些关联并不是出自蝉的主动，它从不需要别人的帮助来存活下去，而蚂蚁这个贪得无厌的剥削者，它把一切可吃的东西全都搬到自己的粮库里。无论何时，蝉都不会跑到蚂蚁门前喊饿去，还一本正经地承诺将来连本带息一并奉还。完全相反，是蚂蚁实在饿得不行，跑去乞求那个歌手的。我说的是"乞求"！借与还是从来不存在于掠夺者的习性里的。蚂蚁剥削蝉，肆无忌惮地把它抢劫一空。我们要讲讲这种抢劫，这是至今无人知晓的历史悬案。

七月似火，午后酷热难受，成群的昆虫干渴难忍，在打蔫儿的枯萎的花上爬来爬去，想找点儿水解渴，而蝉却对普通的水不屑一顾。它用它那像钻头一样的细嘴，在自己那永不干涸的酒窖中钻了起来。它不停地歌唱着，落在一棵小树的细枝上，钻透那平滑坚硬、被太阳晒得液汁饱满的树皮。它从钻孔中把吸管插进去以后，便聚精会神地、一动不动地、美滋滋地沉浸在歌声和汁液的甜美当中。

如果我们多盯着它看一会儿，或许会看到一些

作者在此采用第二人称的叙述方式，增加了读者阅读的代入感和亲切感，也体现了作者对蝉鸣噪声的不耐烦态度。

在昆虫界，这种打劫的现象并不少见。除了前文所述小强盗对隧蜂育儿室的侵占，这类直接抢夺劳动成果的现象真是屡见不鲜。

场面描写。通过各种昆虫争抢蝉钻取的汁液的热闹场面的描写，体现了这种汁液对昆虫的吸引力，并从侧面表现了蝉的良善宽厚。

意想不到的悲惨事件。果然，很多渴得不行的家伙在转悠着。它们发现了这口井，因为井边溢出汁液而暴露了。它们蜂拥而上，一开始还有点儿小心翼翼的，只是舔舔溢出来的汁液。我看见拥挤在甜蜜的井口边的有苍蝇、胡蜂、泥蜂、球螋、蛛蜂、金匠花金龟，最多的是蚂蚁。

最小的，为了靠近清泉，便从蝉的腹部下钻过去。宽厚仁慈的蝉就抬起爪子，让这帮不速之客自由通过。个头儿大的急得不行，挤上前去，飞快地嘬上一口，退了出来，跑到旁边的树杈上兜上一圈，然后又更加大胆地返回来。不速之客们贪欲越来越大：刚才还小心翼翼的它们突然变成了一群乱哄哄的侵略者，一心要把挖井者从井边驱赶走。

在这群冲锋陷阵的强盗中，最大胆又坚决的就是蚂蚁。我看见有一些蚂蚁在咬蝉爪，还看见一些蚂蚁在扯蝉的翅膀尖，趁势爬上蝉背，挠蝉的触角。一只胆大包天的蚂蚁就在我的跟前咬着蝉的吸管，使劲儿地往外拽。

巨蝉被这群小蚂蚁搅扰得已没耐心，终于弃井而去。它在逃走时还向这群劫匪撒了一泡尿。对蚂蚁来讲，蝉的这种高傲的轻视无伤大雅！反正它们的目标已经达到了，它们成了这口井的主人。但是，让井冒水的泵已不再转，井很快就干涸了。井水虽少，但很甘甜。如果再有机会，它们还会用同样的办法再喝上几大口的。

大家都看到了，事实彻底地把寓言联想的角色给翻转过来了。毫不客气、抢劫时绝不退缩的求食者是蚂蚁，而情愿与受苦者分享甘露的能工巧匠是蝉。还有一点也足以把颠倒的情况调整过来。经过五六个星期的漫长歌唱以后，歌手生命已尽，从大树高处跌落下来。它的尸骸被烈日烤干，被行人的脚践踏。时刻在寻找战利品的蚂蚁遇见了它，蚂蚁立刻把这美食弄烂、肢解、扯碎，搬到自己那丰富的食物堆中去。甚至还能看到蝉虽然已经奄奄一息，但翅膀还在灰土中颤动，可是一小帮蚂蚁便拥上去从各个方向撕拽它、拉扯它。此时的蝉伤心到极点。看了这场残杀之后，就不难看出这两种昆虫之间到底是怎样的关系了。

古希腊和古罗马对蝉有着十分高的评价。人称"希腊贝朗瑞"的阿纳克雷翁为蝉写了一首颂歌，对蝉赞颂有加。他说："你几乎就像诸神明一样。"但诗人这么歌颂蝉，他的理由却并不很恰当。他的理由是蝉有以下三个特点：生于地下，有肉无血，不知疼痛。我们也不用指责诗人犯了这些错误，因为这是当时的普遍看法，而且在有人细致入微地进行观察之前，这种看法已流传已久。再说，在这种讲究对仗押韵的小诗句中，人们对这一点也没有太多关注。

就像在今天，和阿纳克雷翁一样很熟知蝉的普罗旺斯的诗人们，在歌颂他们当作标志的这种昆虫时，也并没怎么关心真正的蝉。但是，这种指责却牵扯不到我的一个朋友，他是个痴迷的观察者和一丝不苟的务实派。他允许我从他的活页本里抽出一页普罗旺斯语的诗，他以相当严谨的科学态度重点描述了蚂蚁和蝉的关系。诗中的意境形象及道德评价归因于他，这样美丽的花朵在我的博物学园地上是长不出来的。但是，我得肯定他叙述的真实性，与我年年夏天在花园中丁香树上所看到的情况一样。我把他的诗翻译成法语附在下面，但有很多地方译的意思只是相近而已，因为法语中并非总有普罗旺斯语的相应词。

蝉和蚂蚁的赞歌

一

上帝啊，好热呀！但却是蝉的好时光，

它乐到疯狂，欢唱昂扬。

七月流火，收割忙。

金色麦浪翻滚，收割者，

弓背弯腰，辛苦劳动不歌唱：

它口干舌燥，有歌没法唱。

这是你的好时光，你就放声歌唱吧！

娇小可爱的蝉啊，

敲响你的响钹，

扭动你的肚子，亮出你的两面镜子。

农夫在挥刀，刀起秆落，

刀光在麦浪中闪耀。

小水罐挂在割麦人腰间，

罐里装满水，罐口有草堵塞。

磨刀石静静地待在木盒里，

不停地有水浇灌，

可农夫在烈日下呼哧喘息，

比喻手法。将一大片麦田被风吹动的景象比作麦浪，生动形象地呈现了麦田的丰收场景。

比喻手法。将蝉的发声器官比作响钹，生动形象地说明了蝉鸣叫时的声音音量之大、音色之亮。

只觉得骨髓都快煮沸。

可你，蝉儿，你可是有甘泉解渴呀！

你那细尖的小嘴钻进细枝树皮，

出现一口清甜多汁的水井。

糖汁顺着窄狭的管道涌出。

泉水汩汩流出，

你美美地吮吸畅快。

啊！太平时光不会总这样长！

左邻右舍尽是盗贼，

外加游勇散兵流浪儿，

都看见你挖了一口甘井。

它们口渴难忍，痛苦地拥上前来，

意欲攫取你的一滴甘浆。

小心点儿呀，我的小宝贝：

这帮非常饥渴的家伙，

先是谦卑恭顺，

转眼间就变成无赖之徒。

它们先是沾沾嘴唇，

然后便不满足于你的剩饭剩菜，

它们抬起头来，想把一切舔光。

它们将会如愿以偿。

它们爪像耙，搔弄你的翼尖。

在你宽厚的脊背上，

一阵爬来爬去地忙，

拽你的角，抓你的嘴，扯你的脚趾。

它们从这儿那儿到处扯，

拟人手法。将抢夺蝉钻取的汁液的昆虫拟人化，呈现了这些昆虫抢夺汁液时从谦卑到无赖的全过程，生动形象地表现了这些昆虫对汁液的渴望和奇特的掠食方式。

通过搔弄、爬、拽、抓、扯等动作描写，刻画了这些抢夺者凶猛、无耻的性格以及行为，也衬托出蝉的弱小和无助。

让你惆怅又冒火。
你滋地一泡尿，
喷向这帮强盗，
你便离开树杈。
你远远地离开这群无赖，
可它们抢占了你的甜水井，
满心欢畅，狂笑不已，
津津有味地舔着琼浆玉液。
而这群不知疲惫地吮吸的流浪汉中，
数蚂蚁为最强。
黄边胡蜂、苍蝇、鳃角金龟、胡蜂，
等等各种骗子、无赖，
都是被大太阳逼迫无奈地来到你的井边，
唯独蚂蚁是铆足劲儿地要把你伤害。
挠你的脸，踩你的脚趾，
捏你的鼻子，躲你肚下乘凉，
如此种种，只有它最强。
这浑蛋拿你的爪子当梯，
大胆地爬上你的翼，
趾高气扬地晃来晃去，
上下忙活。

夸张手法。将蝉从树干中钻出的汁液比作琼浆玉液，以夸张的手法体现了这种汁液的美味和对抢夺者的致命诱惑。

二

以"不足以信"的否定句式开头，却又继续展开叙述，通过这种矛盾的方式让读者自行判断以下内容的真实性。

现在叙述一个不足以信的故事。
早些年，老人们对我们说，

冬季某日，你饥饿难耐，耷拉着脑袋，

悄悄地前去蚂蚁的地下大粮库窥探。

富有的蚂蚁把夜里寒露打湿的麦粒摊晾在太阳

下，

准备藏于地窖中。

麦粒已晾干，蚂蚁在装袋。

你眼含泪水，突然驾到。

你央求它说：

"天寒地冻，北风呼啸，

我快饿死了。

你余粮成堆，

给我一点儿，

甜瓜成熟季节，

我一定奉还！"

"借我点麦粒吧！"

你还是走吧！

你要是认为它会借给你，

你就大错特错了。

那一大袋一大袋的粮食，

你休想弄到一点点儿。

"滚开，刮桶底儿去吧。

你夏天唱得起劲儿，

冬天就应饿死！"

古老的寓言就是这样说的，

它劝诫我们学做吝啬鬼，

看好钱袋偷着乐……

直接引语是对事件的直接描述，显得更有真实感。以蚂蚁的口吻呈现的直接引语，让读者更容易体会到语句中所呈现的蚂蚁的冷酷无情。

让那些傻蛋尝尽饿肚之苦才满足！

寓言作者说得让我冒火，

竟然说你冬天去寻找谷粒、小虫、苍蝇，

可你从来不吃这些啊！

麦粒！天哪，你要它做什么！

你有自己的甘泉，

不需任何其他物。

冬季与你何干！

你的子孙后代在地下酣睡，

而你也将长睡不醒。

你的尸骸落下，香消玉碎。

有一天，觅食的蚂蚁，遇见了它。

在你干瘪的皮肤上，

可恨的蚂蚁在争抢；

挖空了你的胸腔，

把你撕成了碎块，

当作腌货贮存，

冬天大雪纷纷，

这可是美味佳肴。

三

这才是真实的故事，

与寓言所讲的完全不同。

该死的，你们有何感想！

啊，专捡便宜的东西，

利爪带钩，腆肚挺胸，

带着保险箱统治在世间。

混账的，你们还口吐流言，

说艺术家从不工作，

傻蛋就该遭殃。

闭上你们的臭嘴吧！

蝉钻透树皮找佳酿，

你们却忙着偷吃偷喝，

它玉碎身亡，你们仍揪住不放。

　　我的朋友用他那富于表达的普罗旺斯方言，如此这般地为被寓言作者污蔑的蝉平了反。

情 节 评 述

　　作者在这篇文章中主要想向我们讲述蝉和蚂蚁两者之间的关系。文章以蝉和蚂蚁的寓言开头，采用反问和议论的方式表达了作者认为寓言故事不可靠的观点，明确了想要获取确凿知识应当从实际出发在生活中寻找答案的态度。

　　紧接着作者用第一人称直接抒情和第二人称记叙的方式呈现了蝉发声使人感到聒噪以及自己的愤懑之情。通过实地考察，作者得出了和寓言相反的结论：蝉不是乞讨者，恰恰相反，蚂蚁才是真正的乞讨者和掠夺者，再次印证了开篇的观点。

　　篇末三首关于蝉和蚂蚁的普罗旺斯方言诗歌以场景描写和对话的方式为主，向我们展现了蝉和蚂蚁以及其他昆虫的关系。虽然我们并不能从语句中体会到韵律感和节奏感，但是诗句的内容向我们清晰地阐述了蝉和蚂蚁的真实关系：蚂蚁不仅是蝉汁液的掠夺者，还是蝉残忍的杀害者。

作者用大量比喻和拟人的手法，凸显了蝉可怜弱小的形象以及蚂蚁的残忍和冷酷。通过三首方言诗歌，作者为寓言故事中的蝉平了反。

七月的绿蚱蜢

现在已是七月了，从气象学上说，三伏天刚刚开始，但实际上，炎热赶在日历之前到来，几个星期以来，真是酷热难当。

今晚，村子里在举办庆国庆的晚会。孩子们正围着一堆篝火在蹦来跳去，我隐隐约约地看到火光映到教堂的钟楼上面，"咚咚"的鼓声伴随着"钻天猴"烟火的"嗖嗖"声响。这时候，我独自一人在晚上九点钟左右的习习凉风中，躲在暗处，侧耳倾听田野间那快乐的音乐会。这是庆丰收的音乐会，比此时此刻村里广场上那篝火、烟花、纸灯笼，尤其是劣质烧酒组成的节日晚会更加庄严壮丽，它虽简朴却美丽，虽宁静却具有威力。

夜已深了，蝉鸣声止。整个白天，它们饱尝炎热和阳光，尽情欢唱不停，而夜晚来临，它们要休息了，但是它们经常被打扰得无法休息。在梧桐树那浓密的枝杈中，忽然会传来一声如哀叫般的闷响，短促而凄厉。这是被绿蚱蜢忽然袭击所惊扰的蝉的绝望哀叫。绿蚱蜢是夜间凶猛恶毒的猎手，它向蝉扑去，拦腰将蝉抱住，把它开膛破肚，掏心挖肺。欢歌曼舞之后，竟是凶杀。

在我的住处周围，绿蚱蜢似乎并不多见。去年，我计划着研究一下这种昆虫，但是一直没有找到它，只好求助一位看林人帮忙，他终于帮我在拉加尔德高原抓到两对绿蚱蜢。那里是严寒地带，山毛榉现在正开始向旺杜峰长上去。

好运总是要被捉弄一番，然后才向着坚强不屈者微笑的。去年一直找不到的绿蚱蜢，今夏已经随处可见了。我不用走出我那狭小的院子，就能捉到它们，想要多少就能捉多少。每天晚上，我都听见它们在茂密的草柯树丛里鸣叫。我得把握好机会，机不可失，时不再来。

从六月份起，我就把我所捉到的足够多的绿蚱蜢关进一个金属网罩里，下面是一个瓦罐，铺了一层沙子作底。这美丽的昆虫简直太棒了，全身淡绿色，身体两边有两条淡白色的饰带。它身轻体健，体形优美，一对绸纱大翅膀，是蝗虫科昆虫中最优雅漂亮的。我因捉到这样的一些俘虏而得意扬扬。它们会告诉我些什么呢？等着看吧！眼下必须把它们饲养好。

我给这帮囚徒吃莴苣叶。它们果然在啃咬，但是吃得很少，而且显露出一副不想吃的样子。我很快就弄清楚了：我养的是一些不太喜欢吃素的家伙。它们需要别的，看上去是想捕捉活物。但到底是哪些活物呢？一个偶然的机会恰巧让我知道了是什么。

破晓时分，我在门前闲逛，突然旁边一棵梧桐树上掉下些什么东西，还吱吱地在叫。我赶紧跑上前去，原来是一只蚱蜢在挖空被它抓住的一只蝉的肚子。蝉徒劳地挣扎、鸣叫，蚱蜢一直紧咬住不放，把脑袋深扎进蝉的内脏里，一小口一小口地撕拽出来。

我知道了，蚱蜢是一清早在树的高处趁蝉休息时发动袭击的，受袭的被活活开膛的蝉忽然一惊，随即被袭者和进攻者扭成一团掉落下来。那次之后，我曾多次看到这相似的屠杀场景。

我甚至见到过胆量过人的蚱蜢蹿起追扑晕头转向瞎飞逃命的蝉，就像在高空中追逐云雀的苍鹰。与胆量过人的蚱蜢相比，猛禽略逊一些。苍鹰专攻比自己弱小的动物，而蝗虫类却相反，攻击比自己个头儿大得多、强壮得多的庞然大物，而这场个头儿相差很多的肉搏的结果是小个头儿稳赢。蚱蜢有超强的下颚和利爪，很少不把对方开膛破肚的，而后者因没有武器，只有挣扎和哀号的份儿了。

对比说明。通过苍鹰和蚱蜢猎食对象的对比，表现了蚱蜢胆量过人的特点，同时向读者展示了蚱蜢在猎食中残酷的屠杀行为，体现了其凶残性。

重要的是要把猎物捉住，这倒并不难，趁夜间猎物打瞌睡的时候下手便可。凡是被夜巡的凶狠的蚱蜢撞上的蝉都难免惨死。这就可以理解了，为何夜深人静，蝉声停叫之时，有时会突然听到树冠中传出吱吱的惨叫声。那是身着淡绿色衣服的盗贼刚刚捉住一只已睡了的蝉。

我找到了我的食客们所需的食物了：我就用蝉来饲养它们。它们觉得这道菜很合胃口，所以两三个星期的时间，我那笼子里就一片狼藉，空胸壳、蝉脑袋、断翅膀、断肢碎爪，无处不在。只有肚子差不多整个儿地不见了。肚子是块好肉，虽然营养成分不高，但看来味道相当好。

通过一片狼藉的饮食环境的场景描写，从侧面表现出绿蚱蜢进食时凶残的习性。

的确，蝉腹中的嗉囊里积存着糖浆，那是蝉用自己的小钻从嫩树皮里吸出来的甘甜液汁。是不是就因为这种蜜饯的缘故，蝉的肚子才成为猎人的首选？这很有可能。

为了让食谱多样化，我还专门喂它们一些可口的水果，比如葡萄、梨片、甜瓜片，等等。这些水果它们全都很喜欢吃。绿蚱蜢就像英国人：它很喜欢浇上果酱的牛排。也许这就是它一抓住蝉，就开膛破肚的原因：肚子里装的是裹着果酱的鲜美肉类。

不是在任何地方都能吃到这种甜蝉美味的。在北方地区，绿蚱蜢满地都是，它们不可能找得到它们在我们这儿所喜欢的这种美食。它们可能还有别的食物。

为了弄明白这个问题，我给它们吃细毛鳃角金龟，这是一种夏季鳃角金龟，与春季鳃角金龟一样。这种鞘翅昆虫一扔进笼里，绿蚱蜢们便毫不犹豫地扑上去了，吃得只剩下爪子、脑袋和鞘翅。我又扔进去肉肥而漂亮的松树鳃角金龟，结果也一样，次日我发现它已经被那群凶神恶煞者给开膛破肚了。

这些例子足以说明问题了。这证明蚱蜢是个好食昆虫者，尤其喜欢吃没有过硬甲胄保护的那些昆虫；这还证明它们很喜欢吃肉，但又像螳螂那样只吃自己捕捉的猎物。这个蝉的刽子手还知道吃肉热量太高，须用素食加以调节。它们喝完血吃完肉之后，还要来些水果什么的，有时候，实在没有水果，来些草吃吃也是可以的。

然而，同类相残的情况仍旧存在。其实我还从没看到我笼中的飞蝗像螳螂那般的野蛮行为，后者经常拿自己的情敌开刀，吞食自己的伴侣。不过，

假如笼中的某个弱小的飞蝗倒下，幸存者们会像对
待一般猎物那样毫不犹豫地扑上去的。它们并不是
因为食物匮乏才拿死去的同伴充饥。不管怎样说，
凡是身有佩刀的昆虫都不同程度地有以体弱同伴为
食的喜好。

　　除了这一点以外，我笼子里的飞蝗们倒是和平
相处地生活着。它们相互之间从没有过狠斗狠打，
最多也就是因食物而稍许争抢一下罢了。我刚将一
片梨扔进笼子里，一只飞蝗便马上霸占了。因为怕
别人来争夺，它就蹬脚踢腿，不让别人过来抢夺它
的美食。自私自利无处不有。它吃饱了，就把位子
让给别人，后者随后也霸道地占着梨片。笼里的食
客就这么一个个地飞上去占上一番。吃饱喝足以后，
大家便用大颚尖挠挠脚掌，用爪子蘸点唾沫洗洗眼
睛和额头，然后便用爪子抓住网纱或躺在沙地上，
做沉思状，悠闲地在消食。白天的很多时间都睡大觉，
尤其是天气炎热时更是这样。

　　到了夜幕降临，日落西山时，这帮家伙劲头儿
就上来了。9点钟左右闹腾得最厉害。它们忽而猛
地冲上圆顶高处，忽而又兴冲冲地下来，一会儿再
冲上去。大家吵嚷着来来去去，在环形道上蹦蹦跳跳，
遇上好吃的便吃上两口，也不停下来。

　　雄性绿蚱蜢等在一边，用触须挑逗过路的雌性。
未来的妈妈们严肃庄重地踱着步，佩刀半抬着。对
于那些性急的狂热雄性来讲，现在的大事便是交配。
有经验者一看便知道它们想做什么。

動作描写。描写绿蚱蜢进食后的动作，挠、蘸、抓、躺等一连串的动词使用，鲜明而生动地呈现出绿蚱蜢进食后的悠闲姿态。

和前文提及的小阔条纹蝶一样，在蚱蜢的婚俗中，雄性也是主动的追求者，而雌性保持着一定的谨慎与端庄。

这也是我所观察的重要内容。我的愿望可以满足，但并不是完全满足，因为下面的好事拖得太久，我没能看到最后那一幕。那最后的一幕要拖到深夜或者凌晨。

我所看到的那一丁点只局限在没完没了的序幕那一段。热恋中的情人面对面，几乎头碰头地用各自的柔软触角互相触碰，彼此试探。它们就像两个用花剑互相击打以示友好的对手。雄性不时地鸣叫几声，用琴弓拉上几下，之后便悄然无声，或许是因为过于激动而没继续拉下去。11点了，求爱仍没结束。我实在是困得不行，很遗憾地撇下了这对情人。

次日清晨，雌性产卵管根部下方吊挂着一个奇特的东西，是装着精子的口袋，就像一只乳白色的小灯泡，大小像天平砝码，隐约地分出数量不多的椭圆形泡囊。当雌性绿蚱蜢走动时，那小灯泡擦着地，粘上一些沙土。然后，它把这个受孕的小灯泡当作盛宴，慢慢地将其中的东西吸光，再咬住干薄皮囊，久久地反复咀嚼，最后再全部吞咽下去。不到半天时间，那乳白色的赘物没有了，连渣渣末末都被它美滋滋地吃光了。

这种难以想象的盛宴大概是从外星球传进来的，因为它与地球上的筵席习惯大相径庭。蝗虫科昆虫真令人感到惊奇，它们是陆地上最古老的动物中的一种，而且就像头足纲和蜈蚣纲昆虫一样，是古代习性沿用到今的一个代表。

本篇着重对绿蚱蜢的狩猎行为和求偶交配行为进行了观察记录。通过拟人手法和细节描写，作者向我们展现出绿蚱蜢的外形特征，以及绿蚱蜢在捕食猎物时的迅猛和凶残。在吃饱喝足后，绿蚱蜢会露出惬意的姿态。虽然绿蚱蜢是个十足的好食昆虫，但它在饮食上也会进行"荤素搭配"，偶尔也会食用水果甚至青草。

细节描写和拟人化是呈现绿蚱蜢生育过程的主要方式。绿蚱蜢繁育后代的过程是由其触角的触碰开始的，成功交配后的雌性会食用受孕的精子口袋，这也是绿蚱蜢的独特习性。

五月的豌豆象

人一直对豌豆有十分高的评价。自远古时起，人通过精耕细作，想尽方法让豌豆结的果实更甜美、更大、更嫩。这种作物十分善解人意，遂人所愿，终于满足了园丁的企盼，提供了他们想要的东西。我们今天离科吕麦拉和瓦罗们多么遥远啊！我们离第一个或许是用岩穴熊的半颌骨（因为颌骨上的牙齿就像铧犁）扒划土地以种下这种野生果实的人多么遥远啊！

这种豌豆的始祖植物究竟在野生植物世界里的什么地方呢？我们所在的各个区域都没有相似的这种植物。在别处能找得到它吗？在这一点上，植物学家们或含糊其辞，或缄默不语。

另外，对于很多可食用的植物，人们一样是一无所知。向我们提供蛋糕的备受称赞的小麦来自哪里？没人知道。我们除了精耕细作以外，就别再费尽全力地在这里寻根溯源了，也别到国外去探索来龙去脉了。在东方这片农业诞生之地，采集植物标本者从未在没被犁耙翻耕过的土地上见到过这种独自繁衍成长的圣麦穗。

同样，对于燕麦、大麦、黑麦、萝卜、胡萝卜、小红萝卜头、甜菜、笋瓜和其他很多作物，我们也不甚了解。我们不知道它们原产于哪里，最多也就是根据几百年来的以讹传讹去加以猜测而已。大自然在把它们交给我们时，它们饱含着野生的生命力和不怎么高的营养价值，就像大自然今天把灌木丛的黑刺李和桑葚提供给我们一般，它们处于一种吝于施舍的粗胚状态，我们得经过辛勤劳作才能使它们的果实饱含营养成分。这是我们投入的第一笔资金，这笔资金通过耕耘者的出色劳动在那特殊的银行里一直在不断地增息翻本。

谷物和豆类植物作为储存食物，大部分是人工生产的。其初始状态很不发达的那些改良对象，我们是按原样从大自然的宝库中提取的。通过改进的品种向我们提供大量的食物，这是我们的技术创造的成果。

如果说豌豆、麦子以及其他的作物对我们来说是不可缺少的，那么我们的精心照顾作为正当回报对于它们来说也是必不可少的。这些植物在生命的激烈斗争中没有抵抗能力，是我们的需要使它们在成长发育，如果我们弃它们不顾，任其自生自灭，就算它们的种子多得无法计算，也会很快灭绝的，就像愚蠢的绵羊，没有精心圈养照料，很快就会灭亡一样。

它们是我们创造的产物，但并不总是我们所特有的财产。在食物大量存积的任何地方，都有大量的食客从四面八方赶来，不管不顾地大饱口福。食物越丰盛，食客来得越多。只有人能够促使农业的发展，进而成为各方食客蜂拥而至的盛宴的举办者。人在创造更加丰盛、更加美味食物的同时，无可奈何地也把千千万万的饥肠饿肚者招引到谷堆粮仓中来，它们的尖牙利齿让人无法抗拒。人生产得越多，就上贡得越多。大量的作物，大规模的耕作，大量的积存，胖了我们的竞争者——虫子。

这是事物固有的规律。大自然以相同的热情向全部的婴儿提供乳汁，既喂养生产者，也喂养剥削他人财富的人。大自然为我们这些辛勤劳动并因此而累得筋疲力尽的人使小麦成熟，同时也为小象虫们让麦子成熟。这种小象虫不在田间劳动，却在我们的谷仓里安家落户，用它那尖嘴在麦垛里一粒粒地咀嚼麦粒，把麦子全吃成麸子了。

　　大自然为我们这些因浇灌、翻地、锄草而累得腰酸背疼的人催促豆荚快些饱满，也为小象虫们让豆荚快些成熟。豌豆象对田间劳作一窍不通，但仍旧在春回大地的时候，按时从收获物里提取自己的那一份儿。

　　让我们好好看看豌豆象这个税官是怎样卖力地工作的。我是个主动纳税者，我任由豌豆象自由行事：我正是为了它才在我的荒石园中耕种了几垄它所喜爱的植物种子。除了这几垄不多的豌豆以外，我没有任何别的可呼唤豌豆象的东西，但它五月里就按时前来了。它知道在这个不适合辟作菜园的荒石园里，头一回有豌豆在开花。这位昆虫税务官急匆匆地跑来履行自己的职责了。

　　它是从哪里来的？这可是无法说得准确的。它应该是来自某个隐蔽之处，在那里呈僵直状态地度过了寒冬腊月。在炎热酷暑中自己脱皮的法国梧桐，用它那稍微翘起的木栓质皮片为无家可归的虫子提供避难之处。我常常在这种冬季避难所里看见我们的豌豆象。只要严冬肆虐，寒风凛冽，豌豆象就藏在法国梧桐的这些微翘的枯皮下，或者用别的办法以求逃过劫难，直到温暖的阳光初抚它几下，它就苏醒过来。这是它的生物钟在通知它。它们像园丁一般，知道豌豆的花期，于是，它们便估摸着时间从各个地方，迈着细碎的脚步，心急如焚地向着它们所喜爱的植物跑来。

通过对豌豆象不请自来的叙述，说明了豌豆对于豌豆象这类昆虫的吸引力，也从侧面解释了昆虫名字的由来。

通过设问的方式设置悬念，引发读者探究豌豆象从何而来的好奇心，吸引读者继续阅读下文。

比拟和动作描写。将豌豆象拟人化，基于豌豆象熟悉豌豆花期的特点将它比作园丁，生动形象地说明了豌豆象对于豌豆成熟的察觉。细碎脚步和急切奔向的动作描写，表现了豌豆象的迫不及待。

大嘴，小头，身着带有褐色斑点的灰衣服，长有扁平鞘翅，尾根有两颗大黑痣，身材粗矮，这就是我的访客的大概样子。五月上旬刚过，豌豆象的尖兵已到。

它们在长有蝴蝶般白翅膀的花上安营扎寨：我看见有一些住在花的旗瓣上，一些则藏于龙骨瓣的小盒子中。还有一些数量很多，盘于花序中吮吸着，产卵时刻还没到来。早晨天气暖和，太阳虽明亮，但不晒人。这是明媚阳光下举行婚礼、开心享受的美好时刻。它们因此在享受着生活的乐趣。有一些在成双配对，但马上又分开了，随后又聚在一起。将近中午时分，烈日当空，男男女女全都退隐到花褶的暗处。这种阴凉的地方它们十分熟悉。第二天，它们又一次寻欢作乐，第三天依旧乐此不疲，直到一天天鼓胀起来的豌豆果实撑破龙骨瓣的小盒子才结束。

有几只比其他更着急的豌豆象产妇，把卵托付给了新生豆荚，而后者细小扁平，刚刚才褪掉花蒂。这些匆忙产下的卵或许是因卵巢已没法等待而被迫这样的，我觉得它们的处境相当危险。豌豆象卵所依赖的种子此时此刻还只是个脆弱的细粒，既没韧性又没粉质堆。除非豌豆象卵极有耐心，能扛到果实成熟，否则在那里是找不到吃的。

但是，卵一旦孵化出来，它能够长时间不进食吗？我所见到过的一些宝贝表明，新生儿一出来就忙着要吃的，如果没有吃的，就会死去。因此，我认为在还没成熟的豆荚上产下的卵是必死无疑的。但种族的兴旺繁衍并不会受到多大的影响，因为豌豆象妈妈是多产的。我们一会儿就能看到豌豆象妈妈是怎样满地下种的，而其中大部分都注定是要死掉的。

五月底，当豌豆荚在籽粒的促动下变得多节，达到或接近成熟的时候，豌豆象妈妈的任务也就完成了。我急切地盼望着能看到豌豆象是怎样以我们昆虫分类学所给予它的象虫科昆虫的身份干活儿的。其他的象虫是一群带嘴象、带喙象，它们配备有一根尖头桩，用它来修筑产卵的巢穴。而豌豆象则只有一个短喙，在吸食点甜汁方面十分有用，但论起钻探来则是毫无用途的。

因此，豌豆象安顿家人的办法是不一样的。它不像熊背菊花象、橡树象、黑刺李象等那样做一些灵巧细致的准备工作。豌豆象妈妈没有配备钻头，所以只好把卵产在露天里，没有任何保护以防风吹日晒。它这样做简直是太简单方便了，但这是风险相当大的，除非宝贝有特殊体质，能抵抗酷热严寒、干燥潮湿。

对比手法。通过和熊背菊花象、橡树象、黑刺李象的对比，鲜明地呈现了豌豆象产卵时简单和缺乏细致准备的特点。

上午 10 点，阳光温和，豌豆象妈妈步伐匆忙，一会儿大步，一会儿小步，从上到下，又从下到上，从反面到正面，又从正面到反面地把自己挑选的豌豆荚看个遍。它不时地把一根细小的输卵管伸出来，左探探右触触，像是要划破豆荚的表皮一样。然后便产下一个卵，随后便弃之不管了。

豌豆象妈妈的输卵管就这样在豌豆荚的绿皮上左碰一下右碰一下的，就算完事了。卵就留在那里，没有任何保护，任由太阳暴晒。在帮助将来的宝贝，使它在必须自己进入食橱时缩短寻找时间方面，豌豆象妈妈没有任何考顾，没有想到为儿女找个合适的地方。有的卵产在被豌豆种子鼓胀起来的豆荚上，有的还下在像贫瘠小山谷一样的豆荚膜内。在豆荚上的卵差不多同食物直接接触着，而豆荚膜内的卵

豌豆象妈妈产卵时既没有挖掘育儿室，也没有准备充足的食物，相比金甲虫、米诺多蒂菲等昆虫妈妈显得对生育虫宝宝非常草率和不负责任。

则离食物很远。以后就靠虫宝贝自己去辨认方向、寻觅食物了。总之，豌豆象的这种无序产卵让人想到粗放式播种。

更严重的是，产在同一个豆荚上的卵的数量同豆荚内的豌豆粒数量不成比例。首先我们得知道，一个卵就得有一粒豌豆，这是必需的定量，这一定量对一个卵来说是富足有余的，但是好几个卵同时享用，哪怕只是两个虫宝宝，那也是很勉强的。每个卵一粒豌豆，不要多也不可以少，这是一成不变的规定。

这就要求豌豆象妈妈产卵时必须探知豆荚里的含豆量，限制自己的产卵数。但是豌豆象妈妈根本就不理这种限制。对一个定量，豌豆象妈妈总是产下很多的卵。

我所有的统计在这一点上都是相同的。在一个豆荚上产下的卵总是过多，而且经常是大大地超过可食用的豌豆粒的数量。不管粮食多么瘪，上面都有大量的卵。我把豆粒和卵的数量分别数了一下，发现一粒豆子上总有五至八个卵，有时甚至有十个。真是粥少僧多！在一个豆荚上产这么多的卵做什么？它们肯定要被驱出盛宴的呀！

豌豆象卵呈琥珀黄色，挺鲜明，很光滑，圆柱状，两头圆圆的。它长不过一毫米。每个卵都用凝固的蛋清细纤维网粘在豆荚上。不管是风还是雨，都吹打不下来。

豌豆象妈妈产卵经常是成对的，一个卵在上另

夹叙夹议的手法。作者通过记述豌豆荚上的卵超过可食用豌豆的事实，说明豌豆象妈妈产卵无计划、不合理。

外貌描写。琥珀黄、光滑、圆柱状等细节刻画，生动形象地体现了豌豆象卵的外形特征。

一个在下，而常常是上边的那个卵得以孵化，而下边的那个则干瘪而死。为了孵化出来还不死，需要什么呢？或许是需要阳光的沐浴，而下边的卵正好被上边的遮挡着，没有了这种温暖孵化。或者是由于不合适的挡板遮挡的影响，或者是由于别的什么原因，反正孪生卵中的先产下者极少得到正常的发育，在豆荚上干瘪，没有出世便夭折了。

这种夭折也有例外的时候：成对的卵两个都发育很好，但这种情况实属少见，所以总这么成双地产卵，豌豆象的家族成员几乎要减少一半。有一项不利于我们的豆荚却有利于象虫科昆虫的临时措施能减少这种毁灭：大部分的卵都是一只一只地产下的，并且是独自待在一处。

最近孵化的标记是一条弯弯曲曲的淡白色或苍白色小带子，它在卵壳周围翘起，撑破豆荚的皮层。这是虫宝贝的产物，是皮下通道，宝贝在当中蠕动，寻觅钻入点。找到这个钻入点以后，全身苍白、身长刚刚一毫米、头戴黑帽的虫宝宝就在豆荚上钻孔，钻入豆荚宽敞的肚子中。

它爬到豆粒处，在就近的那颗豆粒上安顿下来。我用放大镜观察它，同时观察它的豌豆地球——它的世界。它在豌豆球面上垂直地挖出一个井洞。我曾看见过一些宝贝半个身子下到井洞里去，后半身则在井外边蹬踢增力。不一会儿时间，宝贝便不见了，钻进了自己的家中。

入口较小，但一眼就可以认出来，因为它在豌豆金黄色或淡绿色的衬托下呈褐色。入口没有固定的位置，总的来说，除了豌豆的下半部以外，豌豆表面的其他地方都可以钻洞，因为下半部的顶端是悬韧带的肥硕之地。

豌豆的胚胎就在这个位置，可它却没受到宝贝的损害，而且还发育成胚芽，尽管豆粒上面被豌豆象成虫钻了个大洞。为何这个部位完好无缺呢？是何原因使它免遭宝贝的侵害的呢？

豌豆象肯定不是在关心园丁的效益。豌豆是为它而生，只为它才生。它之所以不去啃那几口让种子死亡，目的并不是减轻灾害。它克制自己是有另外一些原因的。

请注意，豌豆是一粒粒互相紧贴在一起的，寻觅下嘴部分的宝贝在豆粒上行走并不自如。还要注意，豌豆的下端因肚脐的瘿瘤而变厚，钻孔就十分困难，而在只有表皮保护的其余部分就没有这种困难。甚至或许在肚脐这一特殊部位有一些特别的液汁是宝贝所不喜欢的。

毫无疑问，这就是豌豆被豌豆象蚕食却又照样能够发芽的秘密之所在。豌豆虽破损，但并没死亡，因为入侵是针对空着的上半部，那是既可轻松钻入又无伤大雅的地方。另外，整粒豌豆对于单独一个消费者来讲是绰绰有余的，而且受害部位只是这个消费者所喜爱的部位，而不是豌豆生长的关键部位。

在另外的一些条件下，在种子个头儿非常大或太小的情况下，我们可能看到的情况就大不一样了。在种子个头儿太小的情况下，由于宝贝吃不着什么，不够塞牙缝的，胚芽就一起被吃掉了；在种子个头儿超大的情况下，食物丰盛，可以接待多个食客。如果豌豆象喜爱的豌豆短缺，豌豆象就退而求其次，去吃马蚕豆和野豌豆，这两种植物也向我们提供了

连续提问。对于豌豆胚胎发育完好、免受侵害这一"不可思议"的事实进行连续提问，设置悬念引发读者的阅读兴趣。

解释说明。对上文叙述的豌豆胚胎完好的现象进行解释，说明豌豆胚胎免遭毒手和豌豆的结构以及豌豆象幼虫的饮食习惯都有关系。

相似证据。野豌豆颗粒小，被吃得只剩下一层皮，根本无法发芽生长；马蚕豆个头大，尽管之上有豌豆象的多间住宅，但同样能破土发芽。

我们已知豆荚上的宝贝数量总是大于荚内豆粒的数量，我们清楚每个被占有的豆粒是一只宝贝的私有财产，那就得问，多余的那些宝贝会有怎样的下场呢？当最早成熟的宝贝一个个在豆荚食橱里占好位置时，多余的那些宝贝是不是在外面死去了？它们是不是被先行占领阵地的宝贝无情地咬死了？都不对。情况是这样的。

就在这一时刻，在豌豆象成虫钻出来时留下了一个大圆洞的老豌豆上，用放大镜能辨别出一些棕红色的斑点，数量有所不同，斑点中间全有钻孔。我数过，每粒豌豆上有五六个甚至还多的钻孔。那么这些斑点又是什么呢？我不会弄错的：有几个钻孔就有几只宝贝。有好几只宝贝钻进了一个豆粒里，但长大长肥、能存活的、变为成虫的却只有一只。那么其余的呢？我们立即来瞧瞧。

五月底和六月份是产卵期，豌豆仍旧又绿又嫩。几乎所有被宝贝侵入的豆粒都向我们显示出很多斑点，这我们已经从豌豆象遗弃的那些干豌豆上见到了。这是不是好多宝贝聚在一起的标记呢？没错儿。我们搜集所讲的那些豆粒，把子叶分开，需要时再加以细分。我们把好几只蜷在豆粒内的很小的宝贝暴露出来。

聚在一块儿的这些宝贝相安无事，安详幸福。邻里间互不相争，和睦相处，进餐开始，食物丰盛，就餐者被子叶还没被触动的部位所形成的膜分开着，各自待在自己的小间中，不会相互争斗，没有任何因无意的碰触或有意的挑衅而引发的大动干戈。对全部的占有者来讲，所有权一样，胃口一样，力量一样。那么共同享用同一个豆粒的情况将怎样结束呢？

我把一些被以为有豌豆象居民的豌豆剖开以后放在玻璃试管里。我天天都剖开一些。我通过这种方法了解到共处一室的豌豆象的生长发育情况。一开始并没任何特别的情况。每只宝贝独自在自己的狭小的窝里，咀嚼自己周围的食物。它们省着吃，不闹不吵。它们还太小，稍稍吃一点点食物就饱了。然而，一粒豌豆没法供养这么多宝贝吃到长大为止。饥饿有可能发生；除了一只以外，剩下的全部得死去。

事情的确很快就发生了变化。宝贝中位于豆粒中间位置的那一只发育得比其他的宝贝要快。当它稍微比自己的竞争对手们个头儿大一点时，后者就全都停止进食，克制着自己不再向前探索食物。它们丝毫不动，听天由命，它们就这样静静地死去了。它们消失了，灭亡了，溶解了。这些可怜的牺牲者是那样小！从此，那粒豌豆整个儿地属于那个唯一的存活者了，在这个特权者的身旁，其他的都一个个地死掉了，到底是怎么回事呢？我没有确凿的答案，只能提出一种假设。

豌豆的中间比其他地方更多地受到太阳的光合作用的偏爱，那里会不会有一种婴儿食品，一种更适合豌豆象宝贝那娇弱的胃的松软食品呢？在豌豆的中间，宝贝的胃或许受到一种味美、松软、香香的食物的滋养，变得强健，能够消化一些难以消化的食物。婴儿在吃流质、吃大人吃的蛋糕之前，吃的是奶。豌豆的中央部分会不会就像是豌豆象妈妈的乳汁？

豌豆粒的所有占据者雄心一样，权利相同，所以全部往最美味的地方爬去。行程充满艰苦，临时的栖身之地反复出现，以便休息。在期盼更好的食物的同时，它们凑合着吃点自己身旁已成熟了的食物，它们更多的是用牙来为自己开辟通道而不是进食。

最后，那个挖掘方向正确的掘土工就抵达了豆粒中央的乳制品厂。于是，它便在那里安顿下来，而一切就已成为定局：其他的宝贝只有死路一条。其他的宝贝是怎样得知中心部位已被占有了的呢？

它们听到自己的那位同胞在用大颚敲击其小房的墙壁了吗？它们很远地就感觉到有啮啮的动静了吗？也许出现过某种相似的情况，因为自此时起，它们就不再往前探路了。迟到的宝贝们没有去同幸运的优胜者拼抢，没有去试着将它赶走，而是自己选择了死亡。我很喜欢太晚赶到的虫宝宝们的那种淳朴的忍让精神。

还有一个条件——空间的条件，在这件事里起着作用。在我们的那些豆象中，豌豆象是个头儿超大的。当它到了成年时，它就需要一个较宽敞的住所，而其他的那些豆象成年时并没有这种要求。一粒豌豆能为豌豆象提供一个很宽敞的住所，但是要住两只就不可以了，因为即便紧挨着也不够宽。如此一来，就必须毫不留情地精简数量，所以在一粒被侵入的豌豆中，除了一只虫宝宝以外，其他的竞争者一个不剩地被除掉了。

而蚕豆则不一样，它差不多像豌豆一样深受豌豆象的偏爱，但它却能接待好些个豌豆象同时下榻。刚才所说的那种独居者在蚕豆这里就成了共居者。蚕豆住房宽敞，可住下五六只甚至还多的虫宝宝，并且使它们互不侵犯邻居的领地。

此外，最初几天每只虫宝宝都有松软的蛋糕在自己的嘴旁，也就是远离表面、硬化缓慢、味道保存得很好的那一层。这里面的一层是蛋糕心，其余的则是蛋糕皮。

在豌豆里，这松软的一层位于中央部位，是豌豆象虫宝宝必须到达的超小的一个点，到不了那里，就必死无疑；而在蚕豆这块大圆蛋糕里，其内层覆盖着两片扁平的豆瓣，要在这很大的豆瓣上随便吃上一口的话，每只虫宝宝只需在自己面前向下钻，很快就能钻到想吃的食品。

这样的话会出现怎样的情况呢？我统计了一下固定在一个蚕豆荚上的虫卵，又数了一下豆荚里的蚕豆粒，两相比较，我便得知按五六只虫宝宝计算，这只蚕豆荚有富余的空间容纳全部家庭成员。这就不存在差不多从卵中孵出之后就死去的多余者了；人人都有一份丰盛的食物，个个都能人旺家兴。食物的丰盛保证了这种粗放式的产卵办法。

如果豌豆象一直都是以蚕豆作为自己全家的住处的话，我就能了解它为何在同一个豆荚上产下那么多的宝贝了：食物丰盛，又能轻松吃到，所以就能招引豌豆象产下大量的卵来。而豌豆就让我困惑不已了。是何原因促使豌豆象妈妈昏头昏脑地把宝宝产在缺粮的地方，以致宝宝被活活地饿死呢？为何有那么多食客围着只能坐一人的餐桌呢？

在生命的进程中事情可不是这样发展的。某种预见性在调节着卵巢，使它根据食物的多寡产下卵。泥蜂、金龟子、葬尸虫还有其他为儿女们储藏食品罐头的妈妈们，都是严格控制自己生育的，因为它们蛋糕铺里的松软蛋糕、它们搜集的一筐筐的野味肉、它们埋尸坑里的腐肉块等是通过辛苦劳动获得的，并且数量很少。

反之，肉上的绿头苍蝇则成堆成堆地堆积它的卵。它相信尸肉是取之不竭的财富，因此便在其上大量下蛆，根本不在乎下了多少。此外，昆虫要掠抢食物，常常会导致死亡事故的发生，因此昆虫妈妈也就用大量产卵的方法来抵消意外死亡的损失，以保持平衡。芜菁科昆虫就属于这种情况，它常在相当危险的情况下抢掠他人财物，因此它的繁殖能力就超强。

豌豆象既不清楚被迫减少家庭人口的劳动者的艰辛，也不了解被迫大量增加家庭成员的寄生者的艰苦。它自由自在，从不费尽全力地去寻找，只是在明媚的阳光下在自己所喜爱的植物上溜来荡去，便给自己的每个宝贝留下了足够财物。它是做得到的，并且还疯婆子似的想让大量的宝贝生在一个豌豆荚上，致使多数宝贝饿死在这间营养不足的哺乳室里。这种愚蠢的做法我不能理解：它同昆虫妈妈的母性本能固有的远见卓识背道而驰。

因此我认为，在世上的财富分享中，豌豆并不是豌豆象初期所取得的那一份，大概是蚕豆才对，因为一粒蚕豆就能够养育半打甚至更多的食客。种子个头儿大，昆虫产卵与可吃食物之间的明显的不协调也就不存在了。

此外，毋庸置疑，在我们园中种植的各种豆类里，蚕豆是历史最久远的。它个头儿超大，而且口感又超好，肯定自古以来就引起人类的关注。对于饥饿的种族来讲，它是现成的、营养丰富的食物。因此，人们急不可耐地在自己宅边园地里大量地种植它，这便是农业的开始。

中亚地区的移民用他们那长满胡须的牛拉着牛车，一站站地长途跋涉，给我们的蛮荒地区首先带来了蚕豆，之后又带来了豌豆，最后把防止饥荒的谷物也带来了。他们还给我们带来了羊群牛群；他们让我们知道青铜，那是最早的加工工具的金属。就这样，在我们这里文明的曙光就诞生了。

这些古代的先驱在给我们带来蚕豆的同时是不是不知不觉地也把今天同我们争夺豆类植物的昆虫也给带来了呢？这种怀疑不是没道理。豌豆象大概是豆类植物的原居民。至少我发现它曾对当地的很多豆科植物征收贡税。它尤其喜欢在树林里的山藜豆上大量繁殖，因为山藜豆有一串串花朵和美丽的、长长的豆荚。山藜豆的籽粒个头儿不大，远远小于我们的豌豆粒。但是，它的籽粒皮薄，虫宝宝能吃，所以每粒籽都可以让其居住者长大长肥。

也请大家注意，山藜豆的豆粒数量十分多。我曾数过，每个豆荚内含有二十多颗豆粒，这是豌豆就算产量最高时也达不到的数字。因此，没太多渣滓的优质山藜豆一般能供养下在它的豆荚上的昆虫家庭。

如果树林中的山黧豆突然减少了，豌豆象就会转向其他一些味道差不多的植物，例如在野豌豆上或人工种植的豌豆上产卵，但这些植物的豆荚又没法饲养其全部虫宝宝。在食物不丰富的豆荚上产下的卵也很多，因为起源时期的植物或因籽粒个头儿大，或因种类繁多，可以提供丰富的食物。假如豌豆象真的是外来者，那就假定它开始阶段的食物为蚕豆；如果豌豆象是原住户，那就假定它开始的食物是山黧豆。

古老岁月里的某一天，豌豆到了我们这儿。人们发现它好于蚕豆，于是后者在为人做出很多贡献之后让位给豌豆了。象虫也是这种看法。象虫虽没完全丢弃山黧豆和蚕豆，但把自己的军营建立在一个世纪以来逐渐广泛种植的豌豆上了。今天，我们得同豌豆象共享豌豆：豌豆象在提取它中意的一份之后把剩下的一份留给了我们。

我们产品的优质和丰富所引起的昆虫的这种兴旺繁衍，从另一方面来看却是没落衰败。对于象虫来讲就像对我们来讲一样，食物方面的进步，并不一直是完美的。食不厌精，种族遭殃；省吃俭用，种族则更得益。豌豆象在山黧豆和蚕豆这种粗糙食物上建立了婴儿低死亡率的移民所。在它们上边，大家都有吃饭的地儿。而在精美食品——豌豆上，大部分食客则因饥饿身亡。因为豌豆身上，份额不多，而食客却多。

我们不必在这个问题上过多地耽误时间了。我们来瞧瞧由于姐妹兄弟全部死去而成为唯一的主人的豌豆象宝宝吧！它在这种大死亡中毫发未损，是机遇帮了它的忙，仅此而已。在豌豆粒中间这个丰润的僻静处，它做起了自己的唯一的本行——吃。它先吃自己周围的食物，既而扩大范围，只见它的肚子越来越鼓，它的窝儿在变大，但也随后被大肚子填满。它丰满迷人，身轻体健，透着健康的风采。

如果我拨动它，它便在自己的宅子里懒散地打着转儿，头还轻轻地点着。这是它讨厌我打搅的一种方式。我们让它安静一些，别打搅它了。

它发育得又快又好，以致酷热来临时，它已经在忙着就要到来的外出了。豌豆象成虫没有准备足够的工具为自己在豌豆中打通一条通道钻出去，因为豌豆此刻已经完全变硬了。虫宝宝知道自己未来的这种无奈，便早有所预见，用一种巧妙的技艺摆脱困境。它用自己有力的领钻出一个安全洞口，圆圆的，四壁很光洁。我们用十分好的雕琢象牙的工具也做不出这么好的来。

事先准备好逃跑的天窗还不行，还必须很好地考虑蛹干细致工作时所需要的宁静。擅闯民宅者会从开着的天窗溜进来，进而伤害毫无防御能力的蛹。因此这个天窗必须关上。怎样关呢？窍门在这里。

虫宝宝在钻逃逸的出口时，啃噬面粉状物质，连一点儿渣渣都不留。待钻到豆粒表皮时，它就突然停下。这层表皮是一层半透明的薄膜，是虫宝宝变态用的凹室的防护屏，以防外来的不法之徒进入其中。

这也是成虫移居时将遇到的唯一的障碍。为了使这道屏障容易脱落，虫宝宝曾在里层细致地围绕着盖子刻画出一道阻力很小的沟槽。发育成成虫后，只需用肩膀一碰，用额头稍稍一顶，圆盖就微微顶起，像木锅盖一样的掉了下来。出洞口穿过豌豆那半透明的表皮展现出来，犹如一个宽大的环状斑点。下面发生的事因为隐蔽于类似毛玻璃的下面，所以看不清楚。

这种舷窗盖构思真奇妙，既是防御入侵者的街垒，又是豌豆象成虫在合适时机用肩膀一顶就开的活门。我们会因此而向豌豆象表示敬意吗？这灵巧的昆虫会想出这样的高招儿，思考出一个计划，进而一步步地付诸行动吗？象虫的小脑袋有这本事可是了不起。在下结论以前，我们还是先进行一下实验吧！

我把被豌豆象宝宝占领的那些豌豆的表皮剥掉，再把这些豌豆放在玻璃试管里，省得它们过快地变干。虫宝宝在当中和在没有剥去表皮的豌豆里一样发育很好，到时候便开始准备出屋。

如果虫宝宝矿工是由自己的灵感所引导的话，如果被不时仔细检查的顶板已被认为十分单薄而不用继续挖掘通道的话，那么在现在的各种条件之下，会发生怎样的情况呢？可以推测：虫宝宝感觉到自己已经贴近表面，将停止钻探；它将不会损坏无表皮的豌豆的最后的那一层，从而获得了不可缺少的保护屏。

然而，相似的情况并未出现。井坑被充分挖掘，出口在外面张开，就像表皮仍在保护着豌豆似的同样宽大，同样精雕细琢。安全的原因丝毫也没有改变虫宝宝的习惯动作。敌人能够进入这间来去自由的小屋，虫宝宝对此并不担心。

当它没有把有表层的豌豆钻透时，它也没有更多地想到这些。它之所以突然停下来，是因为没有面粉的薄膜不合它的胃口。我们不也是把那些并没营养价值的豌豆皮从豌豆泥中剥出去吗？因为豌豆皮并没有什么用。看上去，豌豆象宝宝和我们一样：它不喜欢豌豆粒上那层如羊皮纸一样的咬不动的表皮。它到了表皮那里便驻足不前了，知道那东西不好吃。从这种讨厌的心情中却产生出一个很小的奇迹。昆虫没有思维。它被动地听从一种高级逻辑。它只是听从，而并没有意识到自己的技艺，它的这种无意识就像可结晶物质有条不紊地聚集其大量原子一样。

八月份左右，一些黑斑在豌豆上出现，每粒上一直都是一个，无一例外，这就是出口舱。九月份，其中大多数都会打开，好像是钻孔器钻出的舱门盖整齐划一地分离，落在地上，住房的出入口就畅通无阻了。豌豆象以最终的形态衣着鲜亮地爬了出来。

时节很美好，经雨水灌溉的花朵盛开。从豌豆上来的移民在秋天的喜悦中前来看花。然后，寒冬来临，移民们便纷纷寻找避难所躲藏起来。其他的一些同这些移民数量相同，并不急着离开出生的豆粒。整个寒冬腊月，它们逗留在出生的豆粒里，躲在不敢触动的保护屏下边，丝毫不动。小屋的门只待酷暑返回时才在铰链上，也就是说在抵抗力较弱的沟槽上发挥用途。到那时，迟到的虫宝宝才大搬家，与先前的到达者们会合，待豌豆开花时节，共同准备干活儿。

从各方面去观察昆虫本能的变化无穷的表现，对于观察者来讲是对昆虫世界进行观察的极大乐趣，因为没有任何东西比这更能体现生命中的各种事物那奇妙的配合一致了。我知道，这样去了解昆虫学，并非人人都赞同的；人们对一心扑在昆虫的一举一动的这个天真汉是不屑一顾的。对急功近利的功利主义者来讲，一小把未被豌豆象糟蹋的豌豆远胜于一大堆没有直接利益的观察报告。

缺少信仰的人呀，谁告诉你今天没用的东西明天就一定没用？了解了昆虫的习性，我们将可以更好地保护我们的财富。如果我们轻视这种不注重功利的想法，我们可能会追悔莫及的。正是经过这种或马上可以付诸实践的或不能马上付诸实践的观念的积累，人类才会继续变得越来越好，今天比以前好，将来比现在好。如果说我们需要豌豆象同我们争夺的蚕豆和豌豆，那我们也需要知识，因为知识就像巨大而坚硬的和面缸，进步这种蛋糕就在当中揉拌、发酵。思想观念和蚕豆同样重要。

思想观念还特别告诉我们："贩卖谷物者不用费心劳神地去同豌豆象进行斗争。当豌豆运到谷仓时，损失已经造成，没法弥补，但这种损失不会扩大的。完好无缺的豌豆一点不用担心与受损害的豌豆为邻，不管它们一起混居多久。豌豆象到时候会从这些受损坏的豌豆中出来；如果有可能逃离，它们会从粮仓里飞走的。如果情况相反，它们会死掉而不对完好无缺的豌豆造成丝毫的损伤。在我们食用的干豌豆上从来没有豌豆象宝贝，从来没有新的一代豌豆象出现。同样，也从来没见到豌豆象成虫所造成的损伤。"

我们的豌豆象并非定居于粮仓当中，它们需要新鲜空气、阳光、田野的自由。它们吃得很少，蔬菜的硬部分它们是坚决不吃的。对于它那细小的嘴来讲，在花间吮吸几口蜜汁就足够了。另外，虫宝宝需要的是正在豆荚里成长发育的绿色豌豆这类松软的蛋糕。正是因为这些原因，粮仓中没有碰到开始时进入当中的豌豆象宝贝发育成熟之后又在繁殖下一代的现象。

灾害的根子在田野里。在同这种昆虫进行斗争时如果我们不想老是束手无策的话，就特别应该在田野上监视豌豆象的为非作歹。豌豆象数量吓人，个头儿又小，且相当狡猾，所以很难消灭，因此，它对我们人的愤怒嗤之以鼻。园丁又骂又叫，象虫则无动于衷。它一如既往地继续做它那收税官的工作。幸好，有一些帮手前来帮我们的忙，它们比我们更有耐心，更加卓有成效。

八月的前七天，当成熟的豌豆象开始迁移时，我看到了一种十分小的小蜂，它是我们豌豆的保护者。我看见它在我的那些作培育用的短颈大口瓶里，大量地从象虫那里出来。雌性小蜂头和胸呈棕红色，肚腹黑色，并带有长长的螺钻。雄性小蜂个头儿稍小一些，一身的黑衣服。雌雄两性都有泛红的爪子和丝状触角。

为了钻出豌豆，豌豆象在豌豆表皮上的天窗圆封盖上开启了一扇小窗户。被吞食者为其吞食者铺平了道路。看到这一细节，其他的就不难猜测了。

当豌豆象宝宝变化的最初阶段结束时，当出口已经钻通时，小蜂匆忙地突然而至。它细细检查还长在茎上的豆荚中的豌豆，它用触角探来探去，它发现了表皮上的薄弱部分。于是，它便竖起它的探测尖桩，插入豆荚，在豆粒的薄薄的封盖上打孔。象虫的虫宝宝或者蛹，无论躲在豆粒多深的部分，小蜂的长尖桩都能触到。小蜂在象虫的虫宝宝或蛹上产下一只卵，大功告成了。象虫现在还处于半休眠状态或者呈蛹状，所以不可能进行反击，所以这个胖宝宝将被吸干，直到只剩下一个皮囊。

真遗憾，我们不可以随心所欲地帮助这些热情的歼灭者大量繁殖！唉！这就是令人大失所望的恶性循环，我们没法放开手脚，因为如果想有很多的豌豆的探测者——小蜂来帮忙，首先就必须有大量的豌豆象。

情 节 评 述

本篇从豌豆写起，再引入伴随豌豆而生的一种昆虫——豌豆象。作者采用拟人的手法对豌豆象进行了描写，税官的角色比喻生动形象地传递出豌豆和豌豆象之间的关系。

豌豆象妈妈在豌豆荚上大量产卵，以粗放式生产方式繁育后代，豌豆成了这些幼虫的食物。虽然一个豌豆荚上往往只有一只豌豆象能够存活、成熟，其他兄弟姐妹会死去，但豌豆象数量众多而且相当狡猾的特点依然会造成豌豆收成上的巨大损失。基于生态平衡的原则，自然界派出了小蜂作为豌豆的保护者。但令人遗憾的是，小蜂往往迟于豌豆象幼虫出现，因此没有办法彻底解决豌豆象大量繁殖影响豌豆收成的问题。

奇特的菜豆象

如果上帝在世上创造过一种蔬菜,那就是菜豆。菜豆有很多优点:口感松软,味道甜美,产量很高,价格便宜,营养丰富。它是植物性的肉,但不会让人看着不舒服,不血腥,不像屠户在砧板上切下的肉那样。为了记住它的好处,普罗旺斯方言称它为"穷人的糕点"。

你是神圣的豆子,是穷人的安慰,你价格便宜,你让劳动者、让从来得不到好运的善良而又有才的人食以果腹;忠厚的豆子,加上两三滴油和一丁点醋,你曾是我青少年时期的美味佳肴;现在我已年迈,可你依然是我那粗茶淡饭中最受欢迎的蔬菜。让我们直到我生命的终点都是好朋友吧!

今天,我并不打算称赞你的功绩,我只想问你一些好奇的问题:你的祖籍在哪里?你是否是同豌豆和马蚕豆一起从中亚地区来的?你是同那些农作物先驱者从他们的小园子里为我们带来的那些种子一块儿来的吗?古人认识你吗?

消息灵通、公正的昆虫对此回答道:"不,在我们这一带,古人并不认识菜豆。这种珍贵的豆子

作者对豆子采用第二人称叙述方式,表达出对豆子的喜爱之情,也让读者更容易融入作者的情绪之中。

拟人手法。将昆虫拟人化，并借昆虫之口表明这里并不是菜豆的原产地。菜豆作为外来物种进入这里的时间很晚，说明了菜豆在当地少有虫害的原因。

不是和蚕豆一起经过相同的路径来到我们这里的。它是个外来户，很晚才引进旧大陆的。"

昆虫的话语值得认真思考，因为这番话言之有理。情况是这样的，我长久以来始终在关注农业方面的事情，我就从未见到菜豆受到昆虫科中任何一种抢劫者，尤其是受到专门喜欢侵犯豆科植物的象虫的抢劫。

我就这个问题咨询过我的那些农民邻里。一谈到其收获物，这些农民就十分地警觉。触及他们的财产，那简直是不可饶恕，他们很快就能发现是谁做的坏事。另外，农妇们就在家中，在盘子里一粒一粒地扒出准备下锅的菜豆，她们心灵手巧，遇到歹徒很快就能把它捉出来。

直接引用农夫的话，既说明了农夫缺乏昆虫方面的知识，又再次印证了菜豆不易遭受虫害的事实。

看，他们全部一致地以微笑来回答我所提出的问题，那笑容是在笑话我关于小虫子方面的知识少得可怜。他们说："先生，您可知道，菜豆里是从不长虫的。它是受上帝赐福的一种豆子，象虫不敢碰它的。蚕豆、扁豆、山黧豆、豌豆、小豌豆是全生虫子的。可菜豆是穷人的糕点，是从不生虫的。我们是穷困人，如果虫子也来和我们抢掠它的话，我们可怎么活呀？"

的确，象虫科昆虫确实是看不起菜豆，如果大家看看其他的豆类是怎样受到它们疯狂侵害的，那就会觉得这种对菜豆的轻视相当奇怪了。所有的豆类，连最小的小扁豆都难逃此劫，而菜豆个头儿大，味道又美，却平安无事。这可真让人难以理解。豆象无论好的坏的豆粒都毫不犹豫地要吃，为什么唯独不吃最可口的菜豆呢？它吃了山黧豆吃豌豆，吃了豌豆吃蚕豆和野豌豆，无论豆粒大小它都感到满意，可偏偏却对菜豆的诱惑不屑一顾。这是为什么呢？

显然，它还不了解菜豆。而其他的豆类，不管是当地的还是来自东方却适应了当地水土的，几百年来它都已经十分熟悉了；它每年都要尝尝这些豆类是不是优质品，而且相信过去所获得的经验教训，按照古代的风俗对将来做出安排。对于它来讲，菜豆作为它根本就不知道优点的新来者，是让其生疑的。

昆虫完全证实了菜豆属于新来者这一点。菜豆是从相当远的地方，甚至可以肯定是从新大陆来的。任何能食用的东西都会招引一群有意者来食用它。如果菜豆源自旧大陆，它就会像小扁豆、豌豆和其他豆类一样招来自己的消费者。豆类植物中最小的、常常没一个针尖大还供养自己的豆象——一种矮小的昆虫，它能耐心地咀嚼这种小豆粒，并在其间造窝筑房，可菜豆却是肥乎乎的，味道又鲜，怎么就被放过了呢？

对这种奇特的赦免权，除下边的解释外没有其他的解释：同玉米和土豆一样，菜豆是新大陆的一件礼品。它来到我们这里时没有昆虫相伴，它的合乎规定的开发者留在了当地。而在我们这里的田野里，它遇见了另外一些吃豆粒的昆虫，可这些昆虫又不认识它，所以便对它嗤之以鼻了。同样，玉米

设置悬念。所有豆类都惨遭象虫的侵害，即使它们中有的十分扁小，而菜豆个头大、味道美却能幸免于难，作者通过对比的方式设置悬念，吸引读者兴趣。

通过菜豆是
外来物种的身份说
明，向读者解释了
菜豆能够免遭昆虫
侵害的真实原因。

和土豆在我们这儿也没受侵害，除非有从美洲输入的它们的打劫者突然而至。

　　昆虫上面所说的那些话也由一些古老的经典作者的证词所证实：在农民们那粗茶淡饭的餐桌上，菜豆从没出现过。在维吉尔的第二首牧歌里，特斯悌利丝为收割庄稼的人预备菜饭：

　　　特斯悌利丝的菜饭，
　　　丰富多样。

　　各式各样的饭菜就像普罗旺斯人爱吃的蒜泥蛋黄酱。这写在诗中十分美，却华而不实。这里的人爱吃的是抗饿的食物——用切成细丝的洋葱拌的红菜豆。这种菜肴棒极了，既保存了乡村风味，又能填饱肚子，不比大蒜差。填饱肚子之后，收割庄稼的农民们在露天地里，在麦堆的阴凉处，小憩一会儿，慢慢地消化食物。我们现代的特斯悌利丝们和她们古代的姐妹们没有太大差别，十分留意那穷人的糕点，不忘记大肚汉们的这种经济实惠的好吃东西。诗人笔下的特斯悌利丝没有想到这一点，因为她不清楚穷苦的大肚汉。

　　维吉尔还向我们讲述了殷勤招待自己的朋友梅里贝住了一晚的蒂迪尔；梅里贝被渥大维的士兵赶出家园，一拐一瘸地跟在牛群后面离去。蒂迪尔说："我们将会有奶酪、水果、栗子的。"这则故事没有说明梅里贝是否被引诱了，真遗憾。但在这顿粗茶淡饭中，我们清楚地知道古代的牧羊人是没有菜豆可充饥的。

奥维德在一个美妙动人的故事中向我们描述了波西斯和菲雷蒙款待他们陋屋的客人——两个不相识的神明的情景。在用一块砖垫稳的三条腿的餐桌上，他们端上来萝卜汤，拿出在热炉灰里煨了一会儿的鸡蛋，以及在盐水中腌渍的水果、蜂蜜、小冠花等。在这些美味的乡村食物里，缺少我们农村里的波西斯们不会忘记的一道主菜。在猪肉汤之后，肯定要上一盘菜豆。擅长描写细微情节的奥维德为何没有提到很适合放在菜单中的菜豆呢？原因是同样的：他大概不知晓有这种豆子。

我回忆了我读到的关于古代农村膳食的那一丁点知识，但一点结果都没有，想不起有菜豆什么的。在收割庄稼的农民和葡萄种植者的砂锅里，倒是讲到了蚕豆、羽扇豆、小扁豆、豌豆，唯独没有这种优等的菜豆。

此外，豆子享有美名。有人说："它让人吃着高兴，你吃了以后，就去放松一下。"因此它适合黎民百姓用它来说些粗俗的笑话，特别是当这些笑话由一个像普劳图斯和阿里斯托芬这样的天才不顾廉耻地说出口来，就更是这样了。对蚕豆吃多了可以让人放屁的比喻会产生怎样的舞台效应呀！雅典内河航船上的水手们和罗马的挑夫们听了会发出多么明朗的笑声啊！这两位喜剧大师在他们忘乎所以时，用一种不如我们的语言那么雅致的词汇谈到菜豆了没

自问自答，通过设问的方式再次向读者说明了菜豆是一种外来物种，在这个地区没有太长的种植历史，呼应了前后文菜豆不受虫害的论述。

有？根本没有。他们对这种也可以引起声响的豆子只字未提。

菜豆一词本身就发人深思。这是一个很怪的词，同我们的词汇无亲缘关系。它的形态同我们的音节组合不一样，使我们在脑子中联想到加勒比海地区的俚语方言，例如可可和橡胶。菜豆一词肯定是源自美洲的印第安人吗？我们是不是连同这种豆子一起接纳了多多少少地保留着其乡土气息的名称？也许是这么回事，但这又怎么能知道呢？菜豆，怪异的菜豆，你向我们提出了一个奇特的语言学方面的问题。

法语称菜豆为 faséole、flageolet；普罗旺斯方言称它为 faioū 和 favioū；卡塔卢西亚语称它为 fayol；西班牙语称它为 faseolo；意大利语称它为 fagiuolo。因此，我在想，拉丁语系里的各种语言虽然词尾都必不可免地有所变化，却保存了 faseolus 这一古词。

如果我查阅我收集的词汇卡片，我就能找到表示"菜豆"的词汇有 faselus、faseolus、phaseolus等。词汇学者，请允许我告诉您：您翻译得不妥，faselus、faseolus 不能表示"菜豆"。我有不容置疑的证据：维吉尔在他的《农事诗》中告诉我们什么时节适合种 faselus。他说道：

> 如果想种 faselus，
> 那就等着牧羊星座把黑夜的征兆传递给你，
> 你便开始播种，

通过对菜豆的名称、来源提出疑问，作者试图找到菜豆的原产地，以印证它是外来物种的猜测。

对于昆虫、植物的名字，作者很多时候都会从语言学方面去考察其来源，除了这里的菜豆，后文的缩绒鳃角金龟也是如此。

继续耕作到一周期的中间。

没有什么可以比这位深谙农事的诗人的告诫更明白的了：必须在夕阳西下牧羊星座消失的时候，也就是说将近十月末开始播种faselus，直至霜降中期才停止耕耘。

按这种说法，菜豆则与它无关：菜豆是一种不堪一击的植物，稍微受点冻就忍受不了。冬季对它来说是致命的季节，就算是在意大利南方的气候条件下。而山黧豆、蚕豆、豌豆和其他的豆科植物则不同，由于其发源地的关系，它们能够抵御风寒，秋天播种，冬天长势旺盛，只要不是很冷就可以。

那么，《农事诗》中的faselus这种把它的名称传给拉丁语各种语言中的"菜豆"的有争议的豆子到底是什么东西呢？鉴于诗人在诗里曾用"鄙俗"一词来贬斥它，我不由得想起了应该指的是黧黑豆，也就是普罗旺斯农民不太喜欢的那种煤玉豆。

我正在做如是猜想，并且这种豆子的昆虫这唯一的证据差不多要澄清了时，突然，一份意料不到的资料帮我把这个谜的谜底彻底揭开来了。又有一位诗人，也就是那位闻名遐迩的约瑟-玛利亚·德·埃雷迪亚帮了博物学家一把。我的一位朋友，村里的中学教师，给了我一本小册子，他没想到这竟然帮了我的大忙。我在这本小册子中读到这位十四行诗的名家同一位询问他最喜欢的作品是哪部的女记者的以下的一番对话：

诗人说："您让我怎样回答您呢？我很犯难的……我不知道自己喜爱的是哪一首十四行诗：我写所有的诗时都冥思苦想，费尽心血……您呢，您更喜欢哪一首呢？"

"亲爱的大师，件件珠宝都美不胜收，怎么可以从中进行挑选呢？您让红宝石、绿宝石、珍珠熠熠生辉，看得我眼花缭乱，我又怎么可能决定喜欢绿宝石而不喜欢珍珠呢？整条项链都让我爱不释手。"

"对！可我，有一件事却让我对它比对我全部的十四行诗都感到自豪，而且它比我的诗更让我享有荣誉。"

女记者睁大了眼睛问道：

"是什么事？"

大师狡黠地看了眼女记者，然后，他眼睛充满了得意的光芒，脸上洋溢着青春的亮光，大声说道：

"我找到了菜豆一词的来源！"

女记者惊讶得都忘了哈哈大笑了。

"我跟您说的可是正经事呀！"

"亲爱的大师，我早就知道您享有盛名，学识渊博，但我并没因此而联想到您会为找到菜豆这个词的来源而感到无比自豪。啊，不，不，我没曾想是这么回事！您能告诉我您是怎样发现的吗？"

"当然。是这样，我在阅读艾尔南德斯的 16 世纪的那本自然史佳作《新世纪植物史》时，找到了一些有关菜豆的材料。直到 17 世纪以前，菜豆这个词在法国还不为人所知。大家一直把它称之为'菜豆属'或'蚕豆'，而墨西哥语中则有'阿雅科特'（ayacot）一词。墨西哥在被征服以前，那儿就种植有三十种菜豆。今天，那儿的人仍旧称这三十种菜豆，尤其是那种带红斑和紫斑的红菜豆为阿雅科特。有一日，我在加斯东·帕里斯家中碰上一位大学者。他一听见我的姓名，就走上前来问我是不是找到了菜豆这个词的词源的人。他一点儿也不知道我也作过诗，还发表过《战利品》这部诗集……"

啊！把十四行诗这种瑰宝置于菜豆之下，这可真是绝妙的笑话！该我为阿雅科特一词而心花怒放了。我怀疑菜豆这个奇怪的词中有印第安语的成分该是多么在理呀！以自己的方法向我们证明这种珍稀的种子源自美洲大陆的昆虫真是言之凿凿！蒙特儒马的蚕豆，阿兹特克人的阿雅科特，在几乎保留着自己原始的称呼的同时，从墨西哥来到了我们的菜园子里。

可是，它没有被其消费者——昆虫陪伴着来到我们这里，然而在它的故乡，一定应该有一些专门征收这些丰产豆子的税的象虫科昆虫。我们土著的豆粒消费者不接受这些外来者；它们还没有机会与这个外来者熟悉起来，来不及评价其优点；它们小心谨慎地克制着，不去碰这个因其初来乍到而颇受质疑的阿雅科特。因此，直到今天之前，这些墨西哥蚕豆一直安然无恙，这和我们的其他豆子截然不同，其余豆子全都被象虫所侵害。

这种状况没能继续下去。如果说我们的田间地头没有喜欢这种豆子的昆虫，那么新大陆却有它的喜好者。通过商业贸易，哪一天总会有这么一两袋生虫的菜豆被带来，这是不能避免的事。

根据我所掌握的资料，新近的这种入侵似乎不乏其例。三四年之前，我从罗讷河口地区的马雅内找到了我一直在我家周围徒劳地找寻的东西。我当时在寻找时曾问过农民和家庭主妇，他们对我所提的问题感到特别惊讶。他们谁都没有见过什么菜豆虫，也一直没有听说过有这种虫。我的几个朋友听说我在找寻这种虫子，给我从马雅内邮来了可以说是大大地满足了我作为博物学者好奇心的东西。那是一斤受到严重蛀蚀的菜豆，千疮百孔，就像是海绵状。这些豆子里蠕动着无以计数的一种象虫，小得如同小扁豆中的小象虫。

寄豆子来的那些朋友跟我说到在马雅内所遭受的损失。他们说，这种可恶的虫子毁掉了很多庄稼。真是一种从未见过的大虫害，把菜豆给吃得差不多了，已经让主妇们没有菜豆可供煮食的了。关于这罪魁祸首的习性、活动情况，大家都不明白。这得由我去进行实验，以便搞清是怎么个情况。

得赶快进行实验。环境和条件很适合做实验。现在是六月中旬，我的园子里有一块地上长着早熟菜豆，是比利时黑菜豆，是种了自己吃的。即使损失了这珍贵的豆子，也要把这可怕的虫子放到这片绿色植物上去。依据我所看到的豌豆象的状况来判断，这些比利时黑菜豆已然成熟：花繁叶茂，豆荚也十分饱满，大小不一，青翠欲滴。

我在一只碟子里放了两三把马雅内菜豆，并把在太阳下蠕动着的一些虫子摆在比利时黑菜豆地边儿上。将要发生的情景，我感觉我已猜到了。获得重生的虫子和很快就被阳光刺激而解脱的虫子都会飞起来。它们将在旁边寻找供养它们的食物，然后便停在上面，占为己有。我将看到它们探测豆荚和豆花；无须等得太久，我就会看到它们产下卵来。豌豆象在这样的情况下，也会这么干的。

可是，事情并非如此。我很奇怪，为什么情况与我预想的会不一样。昆虫们在太阳下动来动去了几分钟的时间，稍微张开鞘翅，然后又闭合上，以利飞行机械的运作，然后就起飞了，一只又一只；它们飞向明晃晃的天空；它们慢慢飞远，不一会儿便不见了身影。我一个劲儿地盯着，可一无所获，飞走的一只也没留在菜豆上。

获得自由的欢快满足了以后，它们今天晚上、明天、后天还能飞回来吗？没有，它们没有飞回来。整整一个礼拜，我都在最佳时刻查看一垄一垄的菜豆、一朵一朵的花、一个一个的豆荚，彻底地看了一遍，都没见着有菜豆象，也没看到现有的虫宝宝。可是，这正是产卵的最佳时期，因为此时被我囚于短颈大口瓶内的孕妇们正在将它们的卵大量地产在干菜豆上。

我们换个季节再试一试。我安置了两块地，种上了晚熟菜豆——红科科特豆，有点是为居家食用的，但首先是为菜豆象预备的。这两块地相隔开，整成梯形，一块八月成熟，另一块九月或更晚些时候成熟。

　　我用红菜豆重新进行以前用黑菜豆所做的实验。我曾几次适时地把一窝一窝的菜豆象放进绿叶丛里。它们是从总仓库——我的短颈大口瓶里拿出来的。每次的结果都宣告失败。整个收获时节里，我差不多每天都在延长研究的时间，直到两次收获全部结束，全都以失败告终。我到最后也没能发现一只有虫子占据的豆荚，甚至连一只在植物上驻足的象虫都没看见。

　　我一直在监视着。我还拜托我的家人要尽其所能地看管我为自己研究所专门种植的那几垄地，并要他们在采摘的时候留心豆荚上可能会出现的菜豆象卵。我自己则事先用放大镜认真检查一遍之后，才让妻子把豆荚给剥掉。结果是所有这一切都是白搭，哪儿也未见菜豆象卵的踪迹。

　　这些实验，我不仅在露天地里做过，而且在玻璃瓶子里也做过。我把枝上的新鲜豆荚装在长形的瓶子里，它们的颜色各异：有的是碧绿的，有的是胭脂红的，豆荚的豆粒都快成熟了。每只瓶子里都放了不少的菜豆。这一回，我获得了一些菜豆象卵，但我对这些卵没有很大的把握：菜豆象妈妈把这些卵下在了玻璃瓶内壁上，而不是下在豆荚上。但这没多大的关系，反正它也在不断地孵化。我看见孵出的虫宝宝游来荡去了几天，以同样的兴奋劲头儿探测豆荚和瓶子内壁。结果是它们一个个都壮烈牺牲，放在瓶里的食物它们一点都没动。

　　结果可想而知，鲜嫩的菜豆并不是它们所想要的。与豌豆象背道而驰的是：菜豆象绝不会把自己的儿女们寄托给不是自然成熟和因干燥而变硬的豆荚；它没有在我的苗圃上停留，原因是在这里没有食物是它所需要的。

　　那么它所需要的到底是什么呢？它需要老的、硬的、掉在地上像石头子儿似的嘭嘭响的豆子。这些太简单了，我现在就让它满意。我把那些经过长时间的太阳光照而变硬的豆荚放进我的玻璃瓶里。这一回，菜豆象人丁旺盛，虫宝宝们在干干的豆荚壳上，触到了豆粒，在豆粒上开展打洞工程，这以后一切便顺理成章了。

根据观察得到的结果，分析农民的谷仓中为什么会有菜豆象，我们不难知道：在田地里，收获时留下了一些菜豆，经过太阳的强晒，变得干而硬。这主要是方便脱粒，但这同时也让菜豆象找到了合适的产房。农民们在收获时，把产有菜豆象卵的豆荚一并带回家里。

不过，菜豆象主要的食物是豆子。同专爱嚼咬粮仓中的麦粒而不喜欢田野里麦穗上的麦粒的象鼻虫一样，菜豆象也讨厌鲜嫩的谷粒而喜欢定居在谷堆上那又静又暗的环境当中。这些对农民来说很是痛苦，对于储粮商来说则更是如临大敌。

这种侵害者一旦在我们宝贵的谷仓中定居下来，它们的破坏劲头可大着呢！我的小瓶子就充分地说明了这一点。光一粒菜豆上面就住了一大堆，常常有二十来只。而且还不止一代，一年当中足有三四代安居这里。只要豆皮下有能食的物质，就有新消费者定居这里，直到菜豆粒只剩个外壳，惨不忍睹。豆粒表皮虫宝宝不屑去吃，最后成了一个全是窟窿眼儿的空袋子，而袋内的物质用指头一碰，便马上成了一摊让人作呕的粉状物。菜豆被完全毁坏了。

一粒豌豆上只有一只豌豆象，它只吃掉为自己挖掘狭小的孵化室所必须弄掉的物质，而其他部分则完好无缺，因此豌豆粒仍能发芽，并且仍能吃，只要你不厌恶就可以，再说，这也没什么可以觉得厌恶的。美洲的菜豆象则不会这么手下留情，它要把自己那颗豆子吃得干干净净，只剩下一堆连狗都不吃的垃圾。美洲在把它的昆虫灾难给我们带来时，可是来势凶猛的。美洲就曾给我们带来过根瘤蚜这种害人不浅的虱子，我们的葡萄种植者们始终在和这种害虫进行斗争；今天，美洲又给我们带来了菜豆象，这会给将来造成严重的威胁。我做了几次实验，能看出其危害的严重。

近三年来，在我的昆虫实验室的桌子上，大大小小的瓶子排列了好几十只，全部是由纱罩罩住瓶口的，既可防止入侵者又可保持空气流通。这些瓶子是我的野兽笼子。我在瓶子里培育菜豆象，并随便改动其饮食供应。我从这些瓶子中获知菜豆象对住所的选择并不是专一的，除了几个少见的例子以外，它们对我们的所有豆子都很适应。

各种菜豆，无论黑的和白的，小的和大的，当年收获的和好几年前收获的，甚至煮都煮不烂的，都适合于菜豆象。脱了粒的菜豆还更受喜欢，因为容易侵入，但是假如脱了粒的数量不足时，有豆荚保护着的豆粒也一样受到菜豆象的偏爱。刚孵化出来的虫宝宝会钻透又硬又皱的豆荚触及豆粒。在田间地头菜豆象便是这样侵害菜豆的。

长荚果扁豆的优良品质也得到菜豆象的认可。这种扁豆在我们这里称作独眼菜豆，因为在豆荚的梗凹处有一黑点，好像带眼囊的眼睛，因此而得名。我甚至在我的那些菜豆象寄宿者当中看出它们对这种扁豆更加偏爱。

直到这以前，没有出现什么异常情况：菜豆象没有越过菜豆属植物这一食物范围。但是，这以后，情况变得危险了，菜豆象向我展露出它出人意料的一面。它不假思索地去吃干豌豆、蚕虫、鹰嘴豆、野豌豆、山黧豆，它总是津津有味地从一种吃到另一种，它的儿女们吃这些豆类同样吃得膘肥体壮的。只有小扁豆不受欢迎，或许是因为小扁豆个头儿太小的原因。这种美洲来的象虫科昆虫真是个吓人的侵害者！

如果像我最初所担心的那样，菜豆象总这样贪吃，从豆类吃到谷物，那灾害就超严重了。但目前并没严重到如此地步。在我的短颈大口瓶里，与小麦、稻谷、大麦、玉米等在一块的菜豆象全都无一例外地没留下后代就死去了。它和油性种子，如向日葵、蓖麻等，在一块儿时的情况也是这样。除了豆类，再没有别的什么适合菜豆象的。尽管有局限，但它的胃口还是很大的，并且吃起来相当疯狂，祸害不浅。

它的卵是白色的，呈小圆柱形。它产卵无序，对产卵地点也不做什么选择。菜豆象妈妈产卵时，或只产下一个，或产下一小堆，既产在短颈大口瓶的内壁上，也产在菜豆上。在粗心大意时，它甚至把卵产在咖啡、玉米、蓖麻和其他种子上，儿女们因在其上找不到适合口味的食物便很快死去。在这里，妈妈的远见又有什么用？卵只要是下在豆荚堆中的任何地方，都是合适的，因为新生宝宝自己会去寻找并找到侵入点。

卵最多五天就孵化。刚孵出来时是个红棕色脑袋的白色小东西，是个勉强能看得出来的一个小点点。虫宝宝上身拱起，让自己的工具——大颚这个圆凿更加有力，因为它要使用这一工具在坚硬如木头一样的种子上钻孔。树干上的矿工——天牛和吉丁的虫宝宝也是这样挺着上身的。小爬虫一出生就以一种我们不相信这样小小年纪就会有的积极劲头儿随便地溜达着，它这是想着尽快地找到栖身之地和食品。

一到第二天，大部分虫宝宝都办完自己的事了。我看见它们在种子的坚硬表层上钻孔；我观看着它们的执着劲头儿；我还偶然见到虫宝宝半个身子下到刚凿出一点的坑道的开口处，坑口边有白色粉末，那是钻孔时钻出的粉末。它钻进洞中，钻到种子的中间部位。五个星期后，它长大成为成虫后再爬出洞来，因为它长得十分快。

菜豆象的快速成长发育使它一年能产好几代。我就见过四代。

单单一对夫妻便给我提供了八十个儿女。我们就只按一半来计算，因为夫妻双方是两个人，我是按两个性别的等量加以计算的。那么，到了年末，这第一对夫妻所生的后代就将是四十的四次方，那么虫宝宝时期的菜豆象总数便是五百多万只。这样一个强大的军队要糟蹋掉多少菜豆呀！

菜豆象的本领从每个方面来看都与我们所知道的豌豆象并驾齐驱。每只虫宝宝都在菜豆内为自己凿个小屋，但并不伤及菜豆的表层这个保护屏障，待长成成虫要出去时，只要稍稍一顶，封盖就会脱掉。到了蛹的末期，一个个的小屋就像暗淡的星星一样在菜豆表面上闪烁。最后，封盖脱落，虫宝宝爬出屋外，菜豆上留下一个个小洞，里面有多少虫宝宝就有多少个小洞。

尽管菜豆象成虫吃得十分少，有点粉质碎屑就足够了，但在这么多的食物上只要有能供利用的东西，它大概就不想弃之而去。它们在菜豆堆里交尾；菜豆象妈妈随意地在菜豆上产卵；宝宝们在菜豆中安顿下来，有的住在完好无缺的豆粒里，有的则栖息于被钻了洞但并没被吃光耗尽的豆粒里；每隔五个星期，在美好的时节里，就有新的虫宝宝重新开始钻来钻去。最后，最后的那一代，也就是九月或十月的那一代，就得在小屋中昏昏睡去，等待夏天的到来。

如果菜豆的毁坏者一旦变得过分危险，对它们进行一场歼灭战是很容易的。从它们的生活习性中我们获知应采取什么方法。它以收回来存在谷仓里的干燥豆类为食。在田间地头是很难对付它的，而且也是很难起效的。它干坏事主要是在我们的仓库里。这时候，敌人就待在我们家里，在我们触手可及的范围内。只需用农药喷洒，很轻松就能把它们除尽。

　　本篇以菜豆这种大个而味美的豆子没有遭到虫子侵害的奇怪现象设置悬念，引出下文。

　　经过查阅大量的文献资料，作者得出菜豆是外来物种，在当地缺乏天敌，因此免遭虫害的结论。在收到朋友寄来的被虫蛀的菜豆后，作者发现了菜豆象这种昆虫。经过实验观察，作者发现菜豆象对于成熟、干燥的菜豆十分热爱，具有极大的破坏力和惊人的繁殖力，影响菜豆的收成，对其他豆类也具有极大的威胁。

灰蝗虫的故事

　　我刚刚看到一件振奋人心的事：一只蝗虫在进行最后的蜕皮，成虫从虫宝宝的壳套中钻了出来。情景壮观得很。我观察的是一只灰蝗虫，是我们蝗虫族类里的巨人，九月葡萄收获时节在葡萄树上经常看到它。它身体有一指长，所以比别的蝗虫观察起来容易得多。

　　虫宝宝肥胖难看，但已初有成虫的粗略模样，通常呈淡绿色，但也有的是青绿色、红褐色、淡黄色，甚至有的已有成虫的那种灰色了。它前胸呈明显的流线型，还有圆齿，还有小的白点，多疣；后腿已像成年蝗虫一样粗壮有力，并有红色纹路，而长长的上爪上长着双面锯齿。

外貌描写。通过对灰蝗虫幼虫肥胖体形、流线型前胸、后腿有红色纹路等外形的细节描写，生动形象地呈现出灰蝗虫肥胖难看的外貌特征。

　　鞘翅再过几天就将大大超过肚子，但目前还只是两片不怎么样的三角形小羽翼，上部贴在流线型前胸上，下部边缘往上翘起，呈尖形披檐状。鞘翅勉强能挡住裸体蝗虫背部，就像西服的垂尾因省料子而剪短不够长，显得很难看。鞘翅遮挡着的是两条细长的小带子，那是翼的胚芽，比鞘翅还要短小。

　　总之，很快将成为漂亮灵巧的羽翼，眼下还是承上启下，通过设问的方式引起读者注意，既解答了上文破布头是灰蝗虫双翼的事实，又顺势引发下文对幼虫蜕变的描写。

两块为省布料而剪得相当难看的破布头。从这堆破烂东西里会有什么东西跑出来呢？是一对十分宽阔而美丽的双翼。

咱们先仔细地观察一遍事情的经过。虫宝宝感到自己已经成熟，等蜕变之后，就用后爪和关节部位抓住网纱。而前腿则收回，交叉在胸前等待，以支持背朝下躺着的成虫掉转身来。鞘翅的鞘——三角形小翼成直角地张开它的尖帆；那双翼胚芽的细长小带子在暴露出的间隙处的中央竖起，并稍稍分开。这样，蜕皮的架势已摆好，妥妥当当的。

首先一定让旧外套裂开。在前胸前端下部，由于反复一缩一张的原因，推动力就产生了。在颈部前端，或许在要裂开的外壳掩盖下的全身都在进行着这种一缩一张的反复运动。关节部分薄膜细薄，能让人一眼看到在这些裸露地方的张缩运动，但前胸中间部位因有护甲遮着就看不出来了。

将灰蝗虫的血液上涌比作打桩机的撞击，将其外壳裂缝比作焊接线，把读者不熟悉的事物转化为熟悉的事物，让读者对灰蝗虫的脱壳过程有了更生动直观的了解。

蝗虫中间部位的血液在一退一涌地流动着。血液上涌时就像液压打桩机一样一下下地撞击着。血液的这种撞击，机体集中精力产生的这种喷射，使得外表终于沿着因生命的准确预见而准备好的一条阻力超小的细线裂开。裂缝沿着整个前胸的流线体张开，就像从两个对称部位的焊接线裂开一般。外套的其他部分都没法挣开，只有在这个比其他部分都薄弱的中间地带裂开。裂缝微微往后延伸了一点，下到翼的连接处，然后再转到头部，直到触须底端，在这里分成左右短叉。

背部从这个裂口显现出来，苍白的，软软的，稍微带点灰色。背部在缓缓地拱起，越拱越大，终于都拱出来了。

之后头也拱出来了。外壳被丢在原地，完好无缺，但两只玻璃状的眼睛已什么也看不见了，样子十分怪；触须的套子没有一点皱纹，也没见任何异样，处于自然状态，垂在这张变成半透明的已没有生气的脸上。

触须在从这样窄小又裹得这样紧的外套中钻出来时并没有遇到什么阻力，所以外套没有翻转过来，没有变形，连一点儿皱纹都没弄出来。触须的体积与外壳大小相同，而且同样是有节瘤的，可它并没有损坏外壳，就很容易地从中钻了出来，犹如一个光滑直溜儿的物体从一个宽大没障碍的管子里滑落出来一样。后腿的伸出也同样容易，且更让人震惊。

现在该是前腿然后是关节部分摆脱护手甲和臂铠了，但也没见一点撕裂，没有一点褶皱，没有一点自然位置的变化。这时蝗虫只用长长的后腿的爪子抓住网罩。它垂直悬挂着，头冲下，我一碰纱网，它就像钟摆一样地摆动起来。它的悬挂支点是四个细小的弯钩。

假如这四个弯钩一松，没抓住，这只蝗虫就没命了，因为除了在空中之外，它的超大翅膀在其他地方是张不开的。但是，这四个弯钩抓得紧紧的，因为在它们从外壳伸出来以前，生命就让它们变得

描写灰蝗虫的蜕变过程。对于昆虫而言，脱壳是幼虫成长到成虫的必然经历，像蝉一类的昆虫也和灰蝗虫一样有脱壳的经历。

比喻手法。将悬挂在网罩上的灰蝗虫比作钟摆，因其身体仅依靠四个细小的弯钩与网罩连接，给人摇摇欲坠之感。

牢固坚硬，能妥妥当当地承受起之后从外壳中挣脱的使命。

现在翅膀和鞘翅在出来。那是四个窄小的破片，稍稍可见一些纹路，状如被撕裂的小纸绳，最多只有总长度的四分之一。

它们极软，支撑不了自身重量，耷拉在头朝下的身子两旁。翅膀后端没有依靠，本该冲着后部，但现在却冲着倒挂的蝗虫的头部。蝗虫将来的飞行器官的那副惨相，就像原本肉嘟嘟的四片小叶子被暴风雨打得破烂不堪的样子。

为了让自己趋于完善，必须进行一项深入细致的工作。这项机体内的工作其实已经在充分地进行着，也就是把黏液凝固，让不成样的结构定型，但是，从外表丝毫看不出来它内部的这种诡异的实验。外面看上去，蝗虫好像毫无生气。

这期间，蝗虫的后腿摆脱开。粗大的大腿呈现出来，向内的一面显淡粉红色，但很快就变成了鲜艳的胭脂红。后腿出来很简单，把收缩的骨头一伸，道路就畅通无阻了。

但小腿就是另一回事了。当蝗虫从幼虫变成成虫时，整条小腿上立着两排坚硬锋利的小刺。另外，下部顶端有四个有力的弯钩。这是一把无法抵挡的锯，有两排平行的锯齿，十分粗壮有力，除了小了点以外，真可以和采石工人的大锯相比美。

虫宝宝的小腿结构一样，因此也是裹在有着相同装置的外套里。每个弯钩都镶在一个同样的钩壳当中，每个锯齿都与另一个同样的锯齿相吻合，而且咬合得毫无缝隙，即便用刷子刷上一层清漆来替换要蜕掉的外壳也不如它们那样紧紧相贴。

然而，胫骨的这把锯子从中蜕出来时却没有让紧贴着外壳的任何地方有一丁点损伤。如果我没有一而再、再而三地细细观察，我是不能相信的。被抛弃的小腿护甲完好无缺，毫发未损。不管末端的弯钩还是双排锯齿，都没有弄坏一点软嫩的外壳。那外壳软嫩得一口气都能把它吹破，但尖锐的大耙在中间滑动却没留下一点的擦伤。

我远没想到会是这种情况。我见到那披着刺棘的铠甲时，我就认为小腿上的外壳会像死皮似的一块块自己脱落，或者被擦碰落下。但事实却远不是这样，这大出我所料！

刺棘和弯钩毫不费力、没有一丝阻碍地从薄膜里出来了，可它们却是可以让小腿形同一把可锯断软木头的锯子的呀！脱下来的衣服靠它的爪状外皮钩在网罩的圆顶上，没有丝毫的裂缝和褶皱，用放大镜也没看到有任何硬擦伤。外壳在蜕皮前后完全一模一样。那蜕下的护胫也和那条真腿一样，没有丝毫的差别。

谁要是让我们把一把锯子从贴在其上的极薄的薄膜套里抽出来而又不对薄膜套有丝毫损坏，那我们必然会哈哈大笑，因为这根本就不可能。但生命却嘲弄了这样的不可能。生命在必要时有办法实现荒唐的事情。这一点蝗虫的爪子就告诉了我们。

细节描写。通过对灰蝗虫幼虫小腿的细节描写，生动形象地呈现出其腿部锯齿之间咬合的紧密性。

心理描写。通过心理活动的描写，表达预期与现实情况的巨大差异，承上启下，顺利过渡到下文对灰蝗虫刺棘和弯钩蜕变的描写。

很多时候人们"以为"是这样的事情其实并非如此，生命的力量远超过人类的想象，事实会推倒很多的"以为"。

胫骨锯出了套竟然是那样的坚硬，所以紧紧地裹住它的套子不被弄碎，它肯定是出不来的。但困难被它绕开了，因为胫甲是它唯一的悬挂绳，必须绝对地完好无缺，才能给它提供牢固的支撑，直到它全部摆脱出来。

正在努力挣脱的腿还不是可以行走的肢体，它还没有达到之后不久的那种硬度。它很软，很容易弯曲。我对它的蜕皮部分做了实验，我把网罩斜放，就会看到已经蜕皮部分因受重力影响，随我的意志在弯曲。呈细小的绳状弹性胶质也没什么弹性了。但是，它一会儿就硬了起来，只几分钟工夫，它就具有了所必需的硬度。

再往前些，在外套挡住我见不到的部分里，小腿肯定要软，处于一种相当有弹性的状态，可以说是流体状的，这让它几乎能像液体一样地从通道中流出来。

小腿上这时已经有锯齿了，但并不像它出来之后那样尖锐。确实，我可以用小刀尖替小腿部分地剔去外皮，并拔除被模子紧缠着的小刺。这些小刺是柔软的肉芽，是锯齿的胚芽，稍加外力就会弯曲，外力一除又马上恢复原状。

这些小刺向后倒仰以便蜕出，而随着小腿的往外伸出，它们也在渐渐地竖起、变硬。我所观察着的不是简单地把护腿套蜕去，露出在盔甲中已成形的胫骨，而是一种以其迅速令我惊讶不已的诞生过程。

螯虾的钳子在蜕皮时把两只手指的嫩肉从硬如石块的旧套中挣脱出来，情况似乎也是这样，但细腻精确的程度却远不如蝗虫。

现在，小腿终于自由了。它们软软地折进大腿的骨沟里，纹丝不动地成熟起来。肚腹蜕皮了，它那件精致的外套出现了皱纹，在往上蜕去，直到顶部，只有这顶部还在壳内卡了片刻，除此以外，蝗虫全身都已露在外面。

它垂直地倒挂着，头朝下，由现已空了的小腿护甲的爪钩钩住。

蝗虫纹丝不动，后部由破旧衣衫固定着。它的肚子鼓胀得相当之大，看上去像是由储存的机体汁液撑起来的，鞘翅和翅膀很快就要使用这些汁液了。蝗虫在憩息，在恢复元气。这样一直等了有二十分钟。

然后，只见它脊椎一用力，由倒悬成正挂，用前跗节抓牢挂在头上的旧皮。用脚倒钩高空秋千倒挂着的杂技演员为了正过身来，腰部也没有这么使劲儿的。这么用力的一个翻转之后，其余的就不在话下了。

对比说明。将灰蝗虫翻转的过程与杂技演员正过身子的动作进行比较，通过用力、抓、倒钩、翻转等一系列动词的使用，生动形象地呈现了灰蝗虫蜕壳的动态。

蝗虫依靠自己刚刚抓住的支撑物慢慢往上爬，碰到了罩子的网纱，这网纱仿佛是它在野地里蜕变时所依靠的灌木丛。它用四只前爪把自己固定在网纱上。这么一来肚子末端就完全解脱了，然后又猛地最后一挣，旧壳就掉了下去。

旧壳的落下让我备感兴趣，它使我想起了蝉衣是怎么坚毅顽强地顶着刺骨寒风而没从挂住的小树枝上掉下去的。蝗虫的蜕变方式差不多与蝉相同。可蝗虫的悬挂点怎么会那样不牢固呢？

只要挺身动作没完，弯钩就牢牢地钩住，而这个动作一做完，好像全身的一切都动摇了，稍稍一动便脱落下来。可见这时的平衡相当不稳定，这就再一次显出蝗虫从外套中出来是多么精确无误啊！

我因为找不到更好的语言，所以便用了"挺身"一词，其实这并不很贴切。"挺身"说明猛烈，而这个动作中没有猛烈，因为平衡的不稳定，而稍微一用力，蝗虫就会摔下来，一命呜呼，它就会干死在那里，或者至少它的飞行器官因没办法展开而将成为一堆破烂。蝗虫并不是硬挣出来的，它小心翼翼地从外套中滑动出来，好像有一根柔软的弹簧在把它轻轻弹出。

我们再回头瞧瞧那些蜕皮之后表面上没有一点儿变化的翅膀和鞘翅吧！它们仍然残缺不全，差不多像是上面有细竖条纹的小线头。它们要等到虫宝宝完全蜕皮并恢复正常姿态以后才能展开。

我们刚才见到蝗虫翻转身子，头朝上了。这种翻身动作足以让翅膀和鞘翅回到正常位置。原先它们相当柔软地因自身重量而弯曲地垂着，自由的一端朝着倒放的头部。

此时，它们仍然因自身的重量把姿势给修正，处在正常方向。已不再有弯曲的花瓣，颠倒的部分也调整过来，但这并没使它们那不起眼的外表有任何的改变。

翅膀完全张开时呈扇形。一束轮辐状的粗壮翅脉横贯翅膀，成为张缩自由的翅膀构架。翅脉间，有很多横向排列的小支架层层叠起，使整个翅膀成为一个带矩形网眼的网络。鞘翅粗糙但太小，也是这种网络结构，但网眼是方块形的。

翅膀和鞘翅形如小线头时，都看不出这种带网眼的组织来。上面仅仅是几条弯曲的小沟，几条皱纹，说明这些残废肢体是经过精巧折叠使体积达到最小的织物构成的东西。

翅膀的展开是从肩部周围开始的。那儿一开始看不出有何变化，但相当快便现出一块半透明的纹区，有着美丽而清晰的网络。

慢慢地，这块纹区用一种连放大镜都观察不到的缓慢速度在一点点扩张，导致末端那胖得不成样子的东西在相应地缩小。在已经扩展和逐渐扩展的这两部分的相接处，我怎么也看不出个所以然来：我什么也未看出来，就像我在一滴水中什么也看不出来一般。但是，少安毋躁，不一会儿那方块网络组织就很清晰地显现出来了。

根据这初步观察，我们真的会认为一种能组织成实物的液体突然凝固成带肋条的网络了；我们还会认为眼前的是一种晶体，因为它突如其来，很像显微镜载玻片上的溶化盐一样。其实并不是这样，情况不会是这样的。生命在它的创作中是没有这种突如其来的。

我折断一个发育了一半的翅膀，用大倍数的显微镜对着细细观察。这一回，我满意了。似乎在逐渐结网的两部分的交接处，这个网络实际上已经存在着。我很清晰地分辨出其中的已经粗壮的竖翅脉；我还看见当中横向排着的支架，尽管它们的确还很苍白且不凸出。我成功地把末端的几块碎片展开，找到了想找的一切。

这已经证明了。翅膀此时并不是织布机上由电动梭子生产出来的一块布料，而是一块已经完全织好了的布料成品。它所欠缺的只是刚性和展开，无须费多少事了，这就像熨衣服时用熨斗一熨便成了。

三个多小时之后，翅膀和鞘翅就全部展开了。它们竖立在蝗虫背上，呈一张大帆状，一会儿五色，一会儿嫩绿，就像蝉翼一开始那样。联想到它们原来只像个不起眼的小包袱，如今展开得这样宽大，真让人拍案叫绝。这么多东西是怎么装进那小包袱里的呀！

小说中提过一粒大麻子儿里装着一位公主的全套衣服。而我们这里所见的是另一粒更加惊人的"子儿"。小说里的那粒大麻子儿为了发芽不停地增长繁殖，最后用了多年的时间才长出办嫁妆所需的那么多大麻来，而蝗虫的这粒"子儿"，短时间内便长出一对美丽的大翅膀来了。

这个竖起四块平板来的美妙大翅膀慢慢地坚硬起来，还添加了色彩。次日，那颜色就已定型。翅膀第一次折合成一把扇子，贴在自己该在的地方；鞘翅则把外边缘弯成一道钩贴在体内。蜕变完成了。大灰蝗虫只剩下在明媚的阳光下让自己更加壮实，让自己的外衣晒成灰色。让它去享受自己的欢乐，我们还是稍稍回头瞧瞧。

前面提过，在紧身甲顺着底部中线裂开后不久就从外套中出来的那四个残缺不全的东西，包含着有着翅脉网络的翅膀和鞘翅，这网络虽然算不上完美无缺，但至少整个来看很多细部已经定型。为打开这寒碜的包袱，并让它变成漂亮的翅膀，只需要让起压力泵作用的机体把储存着为此时而用的汁液注入已准备好的管道里面去便可，而这一刻是最为辛苦的时刻。通过这个事先弄好的管道，一股细流就把翅膀给撑开了。

但是，仍然包裹在外套里的这四片薄纱究竟是个什么情况呢？虫宝宝翅膀的镘刀、三角翼端是否是一些模具，按照它们那折叠弯曲的皱襞的样子，把包裹着的东西制作定型，从而编织出翅膀和鞘翅的网络？

假如我们看到的不是个真正的模具，我们就可以稍微歇上一会儿了。我们可能想：用模具铸出来的东西跟凹模一样，这是很容易的。但是，我们脑子的休息只是表面的，因为我们一定会想，模具那么复杂的结构也得有自己的出处吧！我们也别问得那么深。对我们来讲，这一切可能都是两眼一抹黑的。我们就局限在所观看到的情况就可以了。

我把一只已经要蜕变的虫宝宝的一个翼端放在放大镜下细细观察。我看到上面有一束呈扇形辐射开的粗壮翅脉。在其间，夹杂着另外一些细小而苍白的翅脉。最后，还有很多十分短的横线，更加细微，弯成人字形，弥补了这个组织。

这就是未来鞘翅的简易雏形。它同成熟了的鞘翅真是天壤之别！它与像建筑物大梁的翅脉的辐射状布局根本不一样，由横翅脉构成的网络一点不像将来的复杂结构。继粗略雏形的是相当复杂的结构，而在粗糙基础上的是趋于完美。翅膀的翼及其结果，即最终的翅膀也一样是这种情况。

当准备状态和最终状态都呈现在眼前时，就全明白了：虫宝宝的小翅膀并不是按它的模样制作材料并按照它的凹模来制造鞘翅的简易模具。

不是这样的。所期盼的包裹状薄膜还没在这个雏形里，这个包裹一旦打开，其组织之大和复杂情形将令我们惊讶不已。或者更准确地说，这个包裹状薄膜就在雏形中，却是处于潜在状态。在成为真正的实物以前，它只是个虚拟形态，但能变成实物。它存在于雏形当中，就像橡树存在于橡栗当中一般。

翅膀的镘刀和鞘翅的翼端没有固定着的边缘为一圈半透明的小肉丸所包围。经高倍放大镜放大以后，可以看到当中有几个模糊不清的未来锯齿的雏形。这大概是生命将使其物质运动的工地。没有任何能看得出来的东西使人感觉到那个神秘的网络的存在，我们感觉不到这个网络的每一个网眼都将会有自己明确的形状和精确的位置。

因此，要使这种可以组织起来的材料具有薄纱状，并让脉序构成一个很难绕出的迷宫，必须有比模具更巧妙更高级的结构，还要有一张标准的平面图，有一个让每个原子进到规定位置的理想的施工说明书。在材料动起来以前，外形已经明确地勾勒出来，供塑性液流动的管道也已经铺垫好了。我们建筑物的砾石已遵照建筑师思考好的施工说明书摆放好了；它们先按设想的摆放，然后就真正地垒砌起来。

同样，蝗虫翅膀从不起眼的外套中挣脱出来的漂亮的花边薄翼，让我们了解了另一位建筑师，它画出了一些平面图，生命将按它们去创造。

生物的诞生方式各种各样，有的比蝗虫的降生更让人惊讶不已，但是，那全是在不知不觉中进行的。如果我们没有持之以恒的精神，那缓慢的神秘进度就会让我们看不到十分激动人心的场面。而蝗虫的蜕变却不同，快得出奇，所以必须全神贯注，即使你在犹豫也不能放松警惕。

谁要是想知道生命以多么不可想象的灵巧在工作而又不想乏味枯燥地等候的话，那就去看葡萄树上的大蝗虫好了。种子发芽、花朵绽放、叶子舒展都相当缓慢，我们的好奇心很难得到满足，但葡萄树上的大蝗虫都能代替它们，以了却我们的心愿。我们无法看到小草的缓慢成长，但我们能很清楚地观察到蝗虫的翅膀和鞘翅的蜕变过程。

看到这个"大麻子儿"几个小时就变成了一张美丽的大帆，真让人惊得目瞪口呆。啊！生命在编织蝗虫的翅膀，真不愧是个能工巧匠，而蝗虫只是那些不起眼的昆虫中的一种罢了。老博物学家普林尼谈到它时讲道："葡萄树蝗虫在向我们指出不为人知的角落，显示出它是多么强大、多么聪慧、多么完美！"

我听说有一位博学的研究者，他以为生命只不过是化学力和物理力的一种冲突罢了，他冥想苦思，希望有一天以人工的办法能获取那种可加以组织的材料，也就是行话所说的"原生质"。假如我有这种能力，我会急于满足这位雄心勃勃的人的。

看，就这样，你准备好了各式各样的原生质。经过深入研究、深思熟虑、谨慎小心、耐心细致，你的愿望实现了；你从你的实验仪器中提取了一种容易腐败、没几天就发臭的蛋白质黏液，总之，是一种脏得很的东西。你将怎样处理你的产品？

你会把它组织起来吗？你会给它以活的建筑结构吗？你会用一种注射器把它注入两片不会振动的薄片中间去，以获得哪怕是一只小飞虫的翅膀吗？

蝗虫几乎就是按这种方式做的。它把它的原生质注进小翅膀的两个胚层当中，材料也就在当中变成了鞘翅，因为它在那里有我们前面所讲的原型作为指引。它在自己行程的迷宫里按照早于它存在那儿而且已制定好的施工说明书行动。

这种对形状进行调节的原型，这个事前存在的调节物，你的注射器里有吗？没有。所以说你就把你的产品丢了吧。生命是绝不可能从这种化学垃圾中迸发出来的。

情节评述

本篇描述了灰蝗虫从幼虫蜕变为成虫的过程，采用了大量的比喻和细节描写，重点向读者展示了灰蝗虫腿上的锯齿结构和翅膀发育的过程，幽默的笔调和各种修辞手法的使用丰富了阅读体验，也使得灰蝗虫的蜕变过程跃然纸上。

作者通过对灰蝗虫蜕变过程的详细描写，体现了生命的灵巧、强大、聪慧和完美，表达了对生命诞生的赞叹，并在文末批判了有的学者认为生命是化学力和物理力冲突结果的观点。

金步甲的婚姻

众所周知，金步甲是毛虫的天敌，因此无愧于它那园丁的称号。它是菜园和花坛的警惕的田野护卫。假如说我的研究在这方面不能为它那久负盛名的美誉增加点什么的话，那至少我能从下面的介绍中向大家展现这种昆虫的不为人知的一面。它是个凶猛的吞食者，是所有力不如它的昆虫的恶魔，但它也会惨遭杀身之祸。是谁把它吃掉的呢？是它自己和其他很多昆虫。

有一天，我在我家门口的梧桐树下看见一只金步甲慌慌张张地爬过。朝圣者是受人欢迎的，它将使笼中居民增强团结。我把它抓住后，发现它的鞘翅末端受到伤害。是争风吃醋留下的伤痕吗？我看不出有任何这方面的痕迹。重要的是它可不能伤得很严重。我仔细地查验一遍，看不到什么伤残，觉得可以大加利用，就把它放进玻璃屋中，同二十五只常住居民为伴。

次日，我去查看这个新寄宿者，它死了。头天夜里，同室居民袭击了它，那残缺的鞘翅没能护好肚子，被对手给掏空了。剖腹手术干净利落，没有伤到一点肢体，胸部、爪子、脑袋全部完好无缺，只是肚子被开了膛，内脏被掏了个干净。我眼前所见的是一副金色贝壳架，由双鞘翅合拢护着。参照一下被掏空软体组织的牡蛎，也没有它这样干净。

这种结果很让我惊讶，因为我一向非常注意查看，不让笼子里

缺少食物。毛虫、蚯蚓、螳螂、鳃角金龟、蜗牛和
其他可口的佳肴，我是换着花样地放进笼中的，食
物充足有剩。我的那些金步甲把一个盔甲受损、容
易攻击的同胞给吞食掉，是没法以饥饿所致当作借
口的。

　　它们当中是否约定俗成，伤者必须被结果，要
变质的内脏必须被掏空？昆虫之间是没有任何怜悯
可言的。面对一个绝望挣扎的受害者，同类中没有
哪位会驻足不前，没有谁会试着前去帮它一把。在
食肉者之间，事情会变得更加悲惨。有时候，一些
过往者会奔向受害者。是为了安抚它吗？绝对不是，
它们是为了去品尝它的味道，而且，如果它们觉得
味道鲜美，便会把它吞食掉，以彻底解除它的痛苦。

　　当时，有可能是那只鞘翅受损的金步甲显露了
它受伤的部位，同伴们受到了引诱，视这个受伤的
同胞为一只能开膛破肚的猎物。但是，如果先前并
没有谁受伤，那它们之间是不是会互相尊重呢？从
各种迹象来看，一开始，互相间的关系还是平安无
事的。吃食时，金步甲们之间也从没开过战，最多
只是互相从口中夺食罢了。它们在木板下藏着睡
午觉，而且睡得非常长，也没见有过打斗。我那
二十五只金步甲把身子半埋在凉爽的土里，安静地
在打盹儿、消食，彼此相距很近，各睡各的小坑里。
如果我把遮阴板拿开，它们马上惊醒，纷纷四下逃窜，
不时地互相碰撞，却并不打仗。

　　祥和平静的气氛似乎会一直这样持续下去。可

提出疑问。作
者对受伤的金步甲
会被同类当成猎物
吞食持怀疑态度，
于是对金步甲之间
的关系提出疑问，
引出下文的实验观
察内容。

设置悬念。祥和平静的氛围被一只惨遭肢解的金步甲打破，作者有意设置悬念，吸引读者继续阅读以探究真相。

是，六月，天刚开始热时，我发现有一只金步甲死了。它没有被肢解，和金色贝壳一模一样，就像刚才被吞食的那只伤残者的样子，让人想到一只被掏干净的牡蛎。我仔细查看了残骸，除了肚子开了个大洞，其他地方完好无缺。由此可知，当其他的金步甲在掏空它时，那只受伤的金步甲是处在正常状态的。

没几天，又有一只金步甲被害，和先前死的一样，护甲全都完好无损。把死者腹部朝下摆好，它似乎好好的；而让它背朝下的话，它就是一只空壳，壳内没有一丝肉了。稍后不久，又发现一具残骸，然后是一只连一只，越来越多，以致笼中居民迅速减少。如果继续这样残杀下去的话，那我笼子里很快就什么也没有了。

我的金步甲们是因年老体弱，自然死亡，被幸存者们瓜分死者尸首呢，还是牺牲好端端的同伴以减少数量呢？想弄个水落石出并不是容易的事，因为开膛破肚的事是在夜间进行的。但是，我因时刻警惕着，最终在大白天碰见过两次这种大开膛。

快近六月中旬，我亲眼看见一只雌金步甲在折腾一只雄金步甲。后者体形稍小，一看就知是只雄的。手术开始了。雌性攻击者稍微撬起雄金步甲的鞘翅末端，从背后咬住受害者的肚子末端。它使劲儿地又咬又拽。受害者精力充沛，却并不抵抗，也不翻转身来。它只是尽力在往相反的方向挣脱，以摆脱攻击者那恐怖的齿钩，只见它被攻击者拖得忽近忽远的，没见其他任何反抗。搏斗持续了十五分钟。

细节描写。通过对雌性金步甲一系列攻击动作的描写和被伤害者不反抗的状态描述，既形象地刻画出雌性金步甲的凶猛，又呈现出金步甲之间的"奇怪"关系。

几只路过的金步甲突然而至，停下脚步，似乎在想：
"马上该我登场了。"最后，那只雄金步甲使出浑
身力气挣脱开，逃之大吉。可以肯定，如果它没能
挣脱掉的话，那它肯定就被那只凶狠的雌金步甲破
了肚了。

几天过去，我又看到一个类似的场面，但结局
是圆满的。仍然是一只雌性金步甲从背后咬一只雄
性金步甲。被咬者没做任何反抗，只是徒劳地在挣
扎，以求摆脱。最后，皮开肉绽，伤口扩大，内脏
被猛女拽出吞吃。那猛女把头扎进其同伴的肚子里，
把它掏个干净。可怜的受害者爪子一阵抖动，表明
已小命休矣。刽子手并没有因此心软，继续尽可能
地往腹部深处掏挖。死者剩下的只是合抱成小吊篮
状的鞘翅和仍旧连在一块的上半身，其他一无所有。
被掏得干干净净的空壳便丢在原处。

比拟手法。
将雌性金步甲比作
刽子手，形象生动
地呈现出雌性金步
甲杀死雄性金步甲
时的残忍，也从侧
面表明了作者的态
度。

金步甲们似乎就是这样死去的，并且死的总
是雄性，我在笼子里不时地见到它们的残骸。幸存
者似乎也是这样的死法。从六月中旬到八月一日，
开始时的二十五个居民骤减到五只雌性金步甲了。
二十只雄性全部被开膛破肚，掏个干净。被谁杀死的？
看样子是雌金步甲所做。

首先，我有幸亲眼所见，可以作证。我两次在
大白天见到雌金步甲把雄金步甲开膛后吃掉，或至
少试图开膛而未遂。至于其他的残杀，即使我没有
亲眼所见，我却有一个很有力的证据。大家刚才全
部看见了，被抓住的雄金步甲没有抵抗，没有进行

自卫，而只是拼命地挣脱、逃跑。

　　如果这只是平常所见的对手之间的寻常打闹，那么被攻击者显然会转过身来的，因为它完全有可能这样做。它只要身子一转，便能回敬攻击者，以牙还牙。它身强体壮，可以搏斗，定能占到上风，可这傻蛋却任由对手肆无忌惮地啃自己的屁股。大概是一种难以压制的厌恶在阻止它转守为攻，也去啃一啃正在啃自己的雌金步甲。这种宽容让人想起朗格多克蝎，每当婚礼结束，雄蝎便任由新娘吞食而不去使用自己的武器——那根能刺死恶妇的毒螯针。这种宽容也让我回想起那只雌螳螂的情人，即便有时被咬得只剩一截，仍不遗余力地在继续自己那未完之业，终于被一口一口地吃掉而没做任何的抵抗。这就是婚俗使之，雄性对此不能有任何怨言。

　　我饲养在笼子里的金步甲中的雄性，一只只地被开膛破肚，一只不留，这也是在告诉我们那一样的习性。它们是已经对交尾感到满意的雌性伴侣的牺牲品。从四月到八月的几个月里，天天都有雌雄配对，有时是浅尝即止，有的时候并且比较经常的是有效的结合。对于这些火辣的性格来讲，这绝对是没有终结的。

　　金步甲在爱情方面是快捷利索的。在众目睽睽之下，不用酝酿感情，一只过路的雄金步甲便向一眼见到的雌金步甲扑上去。雌金步甲被紧紧抱住，稍微昂起点头来，以表赞同，而在其上的雄金步甲

　　将金步甲与朗格多克蝎进行类比，说明了在昆虫交配的过程中，雌性吃掉雄性以完成生育和繁殖是一些昆虫的特有习性。

　　动作描写。通过金步甲交配时的一系列动作描写，充分体现了金步甲在繁殖后代时的简洁利索，没有复杂的求偶仪式。

便用触角尖端抽打对手的脖颈。随后就交配完了，双方立刻分开，各自跑去吃蜗牛，然后又各自另寻新欢，重结良缘，只要有雄金步甲可利用就行。对于金步甲来讲，生活的真谛即在于此。

在我养的金步甲园地里，男女比例失调，五只雌的和二十只雄的。但这并不要紧，没有任何争风吃醋的搏斗。雄性平和地占用、滥交遇上的雌性。有了这种忍让精神，早一天晚一天，机会多的是，经过几次相遇相试，每个雄性都能排掉自己的欲火。

我本想让雌雄比例趋于平衡的，但纯属偶然而不是有意才造成这种比例失调的。初春时节，我在附近的石头下捕捉遇上的所有的金步甲，不管是公是母，而且只从外部特征去看也挺难辨出雄与雌来。后来，在笼子里饲养以后，我知道了，雌性明显地要比雄性大一点。所以说，我那金步甲园地里的雌雄比例严重失调纯属偶然所致。可以相信，在自然条件下，雄性比雌性是不会多这么多的。

其次，在自由状态当中，是不会看到这样多的金步甲聚在一块石头下边的。金步甲差不多是孤独地生活着的，极少看见两三只聚在同一个住处里。我的笼子里一下子聚着这么多实属例外，而且还没有导致争斗。玻璃屋中场地够大，足够它们爬来爬去、自由自在、优哉游哉，谁想独处就能独处，谁想找伴儿立刻就能找到伴儿。

最后，囚禁生活大概并不怎么让它们感到厌烦，从它们不停地大吃大嚼，每日一再地寻欢作乐就能看得出来。在野地里倒是自由，但却没这样的享受，或许还不如在笼子里，因为野地里食物没有笼子里那么丰富。在舒适方面，囚徒们也是身处正常状态，完全满足了它们的日常习惯。

只不过在这里同类相遇的概率比在野地里多。这或许对雌性来说是个绝好的机会，它们可以伤害它们不再想要的雄性，可以啃雄性的屁股，掏光雄性的内脏。这种猎杀自己旧爱的情况因互相比邻而加剧了，但是肯定没有因此就花样翻新，因为这种习性并不是一时高兴才有的。

交尾一结束，在野外遇见一只雄性的雌金步甲便把对方当成食物，将它嚼碎，以结束婚姻。我在野地里翻动过很多石头，可从来没见过这种场景，但这并没有关系，我笼子里的情况就足以向我证明了。金步甲的世界是多么的残忍呀！一个悍妇一旦卵巢中有了孕不需要情人时便把后者吃掉！生殖法规拿雄性当成什么，竟然如此伤害它们？

这类相爱之后同类相食现象是不是很多？目前来说，我已经知道有三类昆虫是这种情况：螳螂、金步甲和朗格多克蝎。在飞蝗这个种族里，情况没有这么严重，因为被吃掉的雄性是死了的而不是活着的。白额雌螽斯很喜欢一点一点地嚼着已死的雄性的大腿。绿蚱蜢也是这种情况。

在一定程度上，这里面有个饮食习惯的问题：绿蚱蜢和白额螽斯首先都是食肉的。遇见一个同类的尸体，雌虫总是多少要吃上几口的，不管它是不是其前夜的情郎。猎物就是猎物，没有什么情郎不情郎的。

可是素食者又是怎么回事呢？接近产卵期时，雌性距螽竟冲着它那还活蹦乱跳的雄性伴侣下手，剖开后者的肚子，大吃一通，直至吃饱为止。一向温情可爱的雌性蟋蟀会突然暴怒，把刚刚还给它弹奏动情的小夜曲的雄性蟋蟀打倒在地，撕扯其翅膀，打碎它的小提琴，甚至还对小提琴手咬上几口。因此，

直接抒情。以第一人称的方式直接表达了作者对金步甲繁殖时雌性吃掉雄性这一法则的讶异。

经过对许多昆虫繁殖过程的观察，作者总结出至少金步甲、螳螂和朗格多克蝎这三类昆虫有雌虫在交配完成后吃掉雄虫的习性。

很有可能这种雌性在交尾以后对雄性大开杀戒的情况是很常见的，特别是在食肉昆虫中间。这种残忍的习性到底是什么原因造成的呢？如果条件允许的话，我一定要把它弄个水落石出。

情 节 评 述

本篇向我们讲述了金步甲在繁衍后代上的习性。开篇以发现一只受伤的金步甲被同类吃掉为引，引发了作者对于金步甲饮食习性的探索欲望。在揭开金步甲之死谜团的过程中，作者不断设置悬念与兴奋点，吸引读者的阅读兴趣。

通过细节描写和比喻的方式，作者向我们详细而生动地呈现了雌性金步甲的狩猎过程。经过实验与观察，作者得出了雄性金步甲的死亡是其在婚姻中自我牺牲的结论。许多昆虫都和金步甲一样，雌虫在交配完成后吃掉雄虫。在文章的末尾，作者对昆虫的这种特有习性表现出了浓厚的研究兴趣。

仪表堂堂的松树鳃角金龟

设置悬念。作者开篇以"异端邪说"一词吸引读者注意力，同时设置了对本文描述对象松树鳃角金龟的悬念，为接下来的论述起到铺垫作用。

在开始描述松树鳃角金龟时，我是存心在发表异端邪说。这种昆虫的真正名称是"缩绒鳃角金龟"。我很明白，关于术语分类法不必过于讲究。你随便发出一种声音，再给它添上个拉丁文词尾，你就有了一个与昆虫学家标本盒上贴着的许多标签意思差不多的词。如果这个粗俗的术语词指的是所标示的那种昆虫而不是别的东西，那么这个词听起来不悦耳倒还罢了，但是，通常这个从希腊文或其他文种词根查出来的词都具有一些词义，刚接触的人总希望从这里面找到一点收获。

这样他就惨了。那个学术味的词告诉他的是一些没什么意义的东西，所以他常常被弄得头昏脑涨，把他引向一些与我们的观察没什么关联的现象。这有时会造成极其明显的错误，有时会给你一些荒诞不经的暗喻。只要是名称叫着好听，找一些无法分析的词语岂不是更好！

如果说有些词不会让人立即想到其本义的话，那么"fullo"（缩绒）一词就属于此列。这个拉丁文词语意为"foulon"（缩绒工），就是把呢绒浸湿，使它变得柔软，并对它进行加工处理的人。本篇所述之鳃角金龟与缩绒工在哪些方面有些联系呢？我冥思苦想不明白，始终也找不到一个合理的答案。

老博物学家普林尼在其著作中用 fullo 给一种昆虫命了名。在一篇文章中，这位大博物学家谈到了一些治疗黄疸、发烧、水肿的药物。在他的古方中，一应俱全：黑狗的大长牙，粉红色布包着的鼠嘴，从活绿蜥蜴身上取下来放在羊皮袋里的蜥蜴右眼，用左手掏出的一条蛇的心脏，用黑布包好的带着毒螫针的四条蝎尾（三天中不让病人看到此药以及制作此药的人）；此外，还有不少奇怪的东西。我吓得连忙把这本书合上，为这种治疗办法感到害怕。

在这些假借医学为幌子的荒唐药方中就有缩绒。书中写道，将缩绒金龟子一分为二，一半贴于左臂，另一半贴在右臂。

那么这位古博物学家所说的缩绒金龟子是什么呢？我并不太明白。在描述这种东西时还说身上带有白点，这与松树鳃角金龟的特征相符，后者也带有白点，但这并不表示这就是松树鳃角金龟。普林尼自己也不太确定这种药物究竟是何物。在他那个年代，肉眼还不会观察这种昆虫，因为它太小，只是儿女们的玩物，他们用一根长线绑着它，抢着玩，有教养的大人对它是不管不问的。

这个专有名词好像是来自农村那些没有文化又爱瞎起名字的观察者。老博物学家采纳了也许出自儿女们想象出来的这个乡野叫法，而且也未多加核实，差不多就这么用上了。这个词古色古香，出现在我们面前，现代博物学家们接受了它。这就是我们最漂亮的昆虫之一成为缩绒工的由来。许多世纪以来就这么沿用了这个奇怪的称号。

尽管我对古老语言非常敬仰，但我还是不喜欢这么一个术语，因为它用在这儿是没有一点道理的。常理应该战胜分类目录中的错误。为什么不称它为松树鳃角金龟，以纪念那种它所喜欢的树，那是它空中生活的那两三个星期的乐园呀？其实这是很简单的事，是理所应当的事。

在找到明确的真理之前必须在荒谬的黑夜之中久久地徘徊。我们所有的科学都证明着这一点，甚至数字科学。你尝试把一组数字用罗马数字相加，你肯定会被那些复杂的符号搞得头昏脑涨而放弃，而且你就会承认零的发明在计算上是多么的伟大。这就是哥伦布的那只蛋，实际上不算是一回事，但是必须想到它。

在将来会把不合时宜的"缩绒工"这个词放弃之前，我们先把它叫作松树鳃角金龟吧！用这个称呼谁也不会弄错，因为我们的这种昆虫只喜欢松树。

它一表人才，可与葡萄根蚜犀金龟媲美。如果说它的衣服没有金步甲、吉丁、金匠花金龟的金属外衣那么气派的话，那至少也是罕见的高雅。在一种黑色或栗色的底色上散布着一层厚厚的散花白绒点，既朴素又大方。

作为头饰，雄性松树鳃角金龟在短须尖上有七片重叠的大叶片，根据其情绪的变化或呈扇形张开，或合拢起来。人们一开始可能会把这漂亮的簇叶当作一个高灵敏度的感官，哪怕是极微弱的气味也逃不过它的嗅觉，听不见的声波它也能感受到，可以获知我们的感官都感觉不到的其他一些信息。雌性松树鳃角金龟和雄性松树鳃角金龟相比感官就不灵敏了，尽管它作为母亲的职责要求它也必须像做父

对比说明。通过雄性鳃角金龟和其他金龟的对比，体现出雄性鳃角金龟在外观上的高雅。

亲的一样要感觉灵敏，然而它的触须头饰很小，由六片小叶片组成。

雄性松树鳃角金龟那呈扇形张开的大头饰的作用是什么呢？对于松树鳃角金龟来说，那个七叶器官犹如大孔雀蝶的颤动的长触角，就像牛蜣螂额上的全副甲胄，又像鹿角锹甲大颚上的枝杈。等到繁殖时节，它们则会各显其能，以求得异性的青睐，从而进行交尾。

美丽的鳃角金龟一般出现在夏天，与第一批蝉出现的时间相近。因为它出现的时间很准确，所以在昆虫历中都标明了，而昆虫历和四季年历一样精确。最长的白昼来到，天总不见黑，麦子一片金黄。这时，鳃角金龟总会准时爬到自己的树上去。村里的孩童为纪念太阳节，都要在村子里的街道上点起篝火，但这个节日还比不上鳃角金龟出现的日子准确。

每天太阳快下山的时候，在此段时间里，要是天气晴朗，鳃角金龟就会来到院子里的松树上。我认真地观察它们的点点滴滴。尤其是雄性鳃角金龟，在暗地里使劲儿飞来飞去，把自己的触角尽量地张大；它们向着雌性鳃角金龟在等着它们的树杈飞去；它们飞过来飞过去，在最后一丝光亮慢慢消失的天空中画出一道道黑线。它们歇了一会儿，又飞起来，重新开始繁忙的巡查。这样热闹的光景，大约维持半个月。在树上它们都干些什么呢？

显然，它们是在向异性示爱，一直坚持到天黑

对比说明。将松树鳃角金龟的头饰和大孔雀蝶的触角、牛蜣螂的头饰以及鹿角锹甲的头饰进行对比，说明松树鳃角金龟头饰在求偶时的作用。

昆虫的求偶和繁衍是《昆虫记》中有关昆虫习性描绘的重点，包括松树鳃角金龟在内，作者着重对圣甲虫、螳螂、小阔条纹蝶等昆虫的求偶方式进行了记叙。

或第二天清晨，雄的和雌的通常都占据着那些矮枝。它们都静静地独自待在那儿，对周围的一切都置若罔闻。用手去捉，它们也不害怕，任你摆布也不逃走。大多数都在用后爪吊住身子，蚕食一根松针；它们咬着松针在打盹儿。黄昏再次来临时，它们又开始嬉戏调情。

想看它们如何在树的高处嬉戏不太可能。我们就试着把它们捉来察看吧！早晨，我捉了四对，放进一个放着一根松枝的大笼子里。我看到的情景并不符合我的期望，原因是它们失去了飞翔的自由。最多是不时地可以看到一只雄性鳃角金龟向它所心爱的雌性靠近；它展开自己的触角叶片，轻轻地抖动它们，也许是在试探对方是否接受它；它把自己打扮成美男子，炫耀着自己那了不起的触角。但它未能如愿，对方没有反应，仿佛对它的展示无动于衷。囚禁生活使之难过，难以自制。我未能继续观察下去。交尾似乎是在深夜进行的，因此我错过了良好时机。

动作描写。作者用生动形象的笔触，呈现了雄性松树鳃角金龟利用触角叶片进行求偶的过程。

有一点尤为使我感兴趣。雄性鳃角金龟能够发出乐声，雌性亦然。雄性是否在用这种乐声作为挑逗和召唤雌性的策略？雌性听到求爱者的乐声是否也用一种相同的乐曲回答对方呢？正常条件下，在树冠中发生这种情况是很有可能的，但我无法确定这一点，因为我无论是在松树上还是在笼子里都没听见过相同的乐声。

这声音是从其腹部尖端发出的，腹尖轻轻地轮流抬起落下，尾部环节就会摩擦正保持静止状态的鞘翅后边缘。摩擦面和被摩擦面都没有什么特别的发音器。我用放大镜翻来覆去地察看，也没有发现专门用来发声的细微条纹。两个面都是光滑的。那么声音是怎样发出来的呢？

我们用湿手指在一块玻璃上划过，就能听见一种挺响的声音，与鳃角金龟所发出的声音有些相似。如果用一块橡皮在玻璃上摩擦，效果更好，发出的声音更像鳃角金龟所发出的声音。如果注意音乐节拍，肯定能以假乱真，因为模仿得太像了。

鳃角金龟运动其腹部柔软部分时，就好像手指头上的肉质部分或那块橡皮，而玻璃片就如同光滑的鞘翅，它极硬又很薄，而且很容易震颤。因此，鳃角金龟的发声办法是很简单的。如果想让它发出声音，只需用手指捏住它，并稍稍触动它一下便可。但它这并不是在歌唱，而是发出一种哀诉，是对自己不幸的命运的抗争。在它那奇异的世界中，歌声在表达痛苦，而沉默则表示欢乐。

类比手法。用湿手指划过玻璃、橡皮摩擦玻璃等类比方式，形象地描绘了松树鳃角金龟发出的声音。

情 节 评 述

本篇中，作者向我们介绍了松树鳃角金龟。文章的开篇以昆虫的名字为切入点，并用举例论证的方式，向读者揭示了缩绒鳃角金龟名称的不准确以及为何自己要为它更名为松树鳃角金龟的原因。通过松树鳃角金龟名字的论证过程，表现了作者严谨的科学态度。

　　紧接着作者对松树鳃角金龟的触角进行了研究。通过细节描写、对比、提问等方式，作者循序渐进地向我们呈现了松树鳃角金龟利用触角和声音求偶的过程，也使得我们对松树鳃角金龟的习性有了进一步了解。

猎食的螳螂

有一种南方的昆虫，它让人感兴趣的程度至少与蝉相同，但声名却远不如后者，因为它总是悄无声响。如果老天赐予它一个深得人心的重要因素——音钹的话，凭借它的习性与形体的奇特，它准能让著名歌星的声誉黯然失色。这里的人们叫它为"祷上帝"，学名则叫螳螂，拉丁文名为"修女袍"。

科学的术语同百姓朴素的词汇在这儿是互相吻合的，都把这种奇异的生物看作一个传达圣谕的女预言家，一个沉浸于神秘信仰的苦修女。这种比喻由来已久。古希腊人早就把这种昆虫称之为"先知""占卜者"。村里人在比喻方面也是乐行其事的，他们对所见的模糊材料大加补充。他们看到在烈日炙烤的草地上有一只仪态万方的昆虫半昂着身子庄重地立着。只见它那薄透宽阔的绿翅膀像亚麻长裙似的遮在身后，两只前腿，可以说是两只胳膊，伸向天空，一副祈祷的姿态。只这些已足够，余下的由百姓们的想象去完成。于是，自远古以来，荆棘丛中就住满了这些传达圣谕的女预言家、向上苍祷告的苦修女了。

比拟手法。作者把螳螂比作修女，其外表给人端庄的印象，侧面说明了螳螂在外观上具有欺骗性。

作者通过螳螂亚麻长裙遮在身后和两只胳膊伸向天空的外观描述，向读者解释了为什么螳螂又被叫作"祷上帝"和"修女袍"。

啊！天真幼稚的好心的人们啊，你们知道自己
犯了多么大的错误吗？它的各种祈祷一样的神态掩
盖着很多的残忍习性，那两只祈求的臂膀是恐怖的
抢劫工具：它并不捻动念珠，而是要结果一切从旁
经过的猎物。人们怎么也没想到螳螂原来是直翅目
食草昆虫中的一个特例，它专门吃活食。它是昆虫
界里温柔的老虎，是埋伏着捕捉新鲜肉食的魔鬼。
可想而知，它力大无穷，又嗜肉成性，外带它那恐
怖而完美的捕捉器，使它完全成为野地上的一霸。"祷
上帝"完全变成了凶神恶煞似的刽子手！

如果不提它那置人于死地的工具，螳螂其实没
有什么能让人担惊受怕的。它甚至不缺少典雅优美，
因为它体形健壮，体色淡绿，上衣雅致，薄翼细长。
它没有张开像剪刀一样的凶残大颚，相反却小嘴尖
尖，好似生来就是用来啄食的。借着从前胸伸出的
柔软脖子，它的头能转动，左右旋转，仰俯自如。
昆虫当中，只有螳螂，能观察，能打量，几乎还面
带表情。

它整个身躯一副安详样，和它准确地称之为杀
人机器的前爪相比起来，反差很大。它的身体异常
的长而有力，其功能就是向前伸出夹子，不是坐等
送死鬼，而是去捕捉猎物。捕捉器有点装饰，十分
漂亮。腰肢内侧配有一个美丽的黑圆点，中心有白斑，
圆点附近有几排细珍珠点作为衬托。

它的大腿更加修长，就像扁平的纺锤，前半段
内侧有两行尖利的齿针。里面一行有六对长短相间

的齿针，短的绿色，长的黑色。这种长短齿针相间，增加了啮合点，让利器更加锋利有效。外面的一行简单得多，只有四颗齿针。两行齿针尾端有三颗最长的。总之，大腿是一把双排平行刃口的钢锯，其间隔着一条细沟，小腿屈起可放入其间。

小腿与大腿有关节相接，伸屈很灵活，它也是一把双排刃口的钢锯，齿针比大腿上的钢锯微短，但数量更多更密。尾端有一硬钩，其尖利能与最好的钢针相媲美，钩下有一小沟，沟两侧是截枝剪或双刃弯刀。

这硬钩是高精度的穿刺切割道具，让我一看到就觉得害怕。我在捉螳螂时，不知有多少次被让我一把抓住的这小东西给钩住，我空不出手来，只好求别人帮我摆脱这个顽固的俘虏！谁要是不先把刺入肉中的硬钩弄出来就硬拽开螳螂，那他的手一定像被玫瑰花刺儿扎了一样，出现道道伤痕。昆虫里没有谁比它更难对付的了。这小东西用截枝剪挠你，用钳子夹你，用尖钩划你，让你根本无还手之力。除非你用拇指和食指掐碎它，结束战争，如果那样的话，你也就抓不着活的了。

螳螂在休憩时，捕捉器折起来，举在胸前，看上去不像要伤害别人，一副在祈祷的架势。但是，一旦侵略者突然出现，它就马上收起它那副祈祷姿态。捕捉器的那三段长构件猛地伸展开去，末端伸到最远处，抓住猎物后就收回来，把猎物送到两把钢锯当中。老虎钳就像手臂内弯一样，夹紧猎物，

做昆虫实验并不容易，就像《美丽的小阔条纹蝶》中叙述的，要寻找到昆虫很困难，这里描述的要抓捕昆虫活体进行观察实验同样困难重重。

这就算是大功告成了：蚱蜢、蝗虫或其他厉害的昆虫，一旦被夹在那四排交错的尖齿当中，便一命呜呼了。无论它怎样拼命挣扎，又蹬又扭，螳螂那恐怖的凶器是死咬住不放的。

如果要对螳螂的习性进行系统研究的话，就一定要在家中喂养，在野外无束缚的情况下，是研究不了的。喂养它并不困难，因为只要好喝好吃地供它，它并不在乎被囚在钟形罩中。我们得天天给它精美食物，每天换样儿，那它就不怎么会因失去荆棘丛而感觉孤独了。

通过场景的细致描写，生动形象地向我们呈现了作者的观察实验场景，突出了实验环境对观察的重要意义。

我准备了十来只宽大的金属网罩，用来关押我的囚犯，像饭桌上罩饭菜防苍蝇的网罩一般。每个罩子都罩在一个装满沙子的瓦罐上。笼里放着一束干百里香、一块为将来产宝贝用的平石头，这就是它的所有家当。这一座座的小屋排放在我动物实验室的大桌子上，那儿白天大部分时间阳光充足。我把我的囚徒们关在笼子里，有的集体关押，有的单独囚禁。

我是八月末开始在路边的荆棘丛里和干草堆中看到成年螳螂的。每天都增加了很多大肚子的雌性螳螂。相反她们弱小的雄性伴侣则日渐减少，我有时得花很多的时间才能给我的那些雌性囚徒配对，因为囚笼中那些弱小的雄性成为别人盘中餐了。我们姑且把这惨剧放下不讲，谈谈这些雌性螳螂。

用长达几个月的时间饲养雌性螳螂，这并不是件很容易的事，因为它的胃口大得惊人。几乎必须每天更换食物，然而它们只是稍微舔舔就弃之不食。我敢肯定，螳螂在它们的出生地荆棘丛中就不会如此浪费。在那里由于猎物不够，它们会把到手的食物吃得干干净净，可在我的笼子里，它们就大手大脚了，通常是咬上几口之后，便把那美味的食物撇下不要了。它们大概在以这种方式排解囚禁之烦恼。

为了解决这个麻烦，我不得不到处求援了。附近两三个无事可做的小家伙在我的甜瓜块和蛋糕片的诱惑下，每天早上和晚上跑到周围的草丛中去摆放用芦苇编成的小笼子，里面装着生性活泼的蚱蜢、蝗虫。而我也没闲着，手拿网子，每天在围墙周围溜达，希望能为我的住客们弄点鲜美食品。

这些美味食品主要是我用来测试螳螂的胆量和力气的。在这些美味当中，大灰蝗虫的块头要比吃它的螳螂大很多；白额螽斯的大颚有力，我们的指头都怕被它咬破；蚱蜢样子奇怪，带着金字塔形的帽子；葡萄树距螽音钹声嘎嘎响，圆乎乎的肚皮上还长有一把大刀。除了这些很难下嘴的野味外，还有两种恐怖的猎物：一个是圆网蛛，肚子像圆盘，带有彩花装饰，大小像一枚二十苏的硬币；另一个是冠冕蛛，形象凶狠，腆肚鼓腹，让人望而生畏。

笼子中的螳螂对眼前的这些美味食品一点也不畏惧，冲上去便大嚼，美美地吃上一顿，这让我很相信它的野外生存能力是非常强大的。就和在我的网罩中尽享我无私奉上的美味一样，在荆棘丛中，

对用于测试螳螂胆量和力气的"美味食品"及其特点进行了细致的说明。

它一定是毫不客气地享用偶然送上门来的美味猎物
的。对大猎物的这种捕猎充满危险，这绝不是它突
发奇想之举，应该是习以为常的事。然而，这种捕
猎大概并不多见，因为机会很少，或许这是螳螂的
一大憾事。

各式各样的蝗虫，还有蜻蜓、蝴蝶、蜜蜂、大
苍蝇以及其他中等的昆虫，都是它日常所能抓到的
猎物。反正，在我的笼子里，大胆的女猎人在所有
猎物面前都没有后退过。不管是灰蝗虫还是螽斯，
也不管是冠冕蛛还是圆网蛛，早晚都逃不过它的利
爪，在它的锯齿内动弹不了，被它津津有味地嚼食。
这种情景是值得叙述一下的。

一看见罩壁上傻乎乎靠近的大蝗虫，螳螂抽筋
似的一颤，突然摆出吓人的姿态。电流击打也不能
产生这样快的效应。那转变是这样突然，样子是如
此吓人，以致一个没有经验的观察者会立刻犹豫起
来，把手缩回来，恐怕发生意外。就算像我这么已
习以为常的人，如果心不在焉的话，遇此情况也难
免吓一大跳的。这就像是忽然从一个盒子里蹦出一
种吓人的东西，一种小鬼怪似的。

鞘翅随后张开，斜拖在两旁；双翼整个儿展开，
似两张平行的船帆立着，就像脊背上竖起阔大的鸡
冠；腹端蜷成曲棍状，先翘起来，随后放下，再突
然一抖，放松下来，随后发出"噗、噗"的声响，
就像孔雀展屏时发出的声音一样，也像是突然受惊
的蛇吐芯儿时的声音。

细节描写。
详细描写螳螂突然
发起进攻的行为，
生动形象地呈现了
螳螂强悍的应变能
力，再次印证了螳
螂是完美的捕手。

身子伟岸地支在四条后腿上，上身几乎呈垂直状。原来收缩着的互相贴在胸前的劫持爪，现在全部张开，呈十字形挺出，露出排排珍珠粒的腋窝，中间还露出一个白心黑圆点。这黑色的圆点犹如孔雀尾羽上的斑点，再加上那些象牙质的纤细凸纹，是它战争时的宝贝，平时是密藏着的，只是在打架时为了显得恐怖凶恶、盛气凌人，才展现出来。

螳螂以这种奇怪姿态纹丝不动地待着，眼光死死地盯住大蝗虫，对方挪动，它的脑袋也跟着稍微转动。这种架势的目的是清楚的：螳螂是想吓瘫、震慑住强悍的猎物，如果后者没被吓破胆的话，后果将不堪设想。

它成功了吗？谁也弄不清楚蝗虫那长脸后面或螽斯那光亮的脑袋里在想些什么。它们那麻木的面罩上没有任何的恐慌呈现在我们的眼前。但是，可以肯定被威胁者是知道有危险存在的。它看到自己面前立挺着一个怪物，高举着双钩，准备扑下来；它感到自己面对着死亡，但还来得及逃掉。它本是个长腿的蹦跳者，善于跳高，很轻松地就能跳出对方利爪的范围，可它却偏偏傻乎乎地待在原地，甚至还慢慢地向对方贴近。

听说，小鸟见到蛇张开的大嘴会吓瘫，看见蛇的凶狠目光便不会动了，任由对方吃掉。许多时候，蝗虫似乎也是这么一种状态。现在它已落入对方威胁的范围。螳螂将两只大弯钩猛压下来，爪子一抓，双锯并拢、夹紧。不幸的蝗虫已没有还手之力：它的大颚咬不着螳螂，后腿只是胡乱地蹬踢。它的小命休矣。螳螂收起它的战旗——翼，复现常态，开始美餐。

在抓捕距螽和蚱蜢这种危险小于螽斯和大灰蝗虫的昆虫时，螳螂那魔鬼般的姿态没有那么吓人，持续时间也没那么长。它只要将大弯钩一伸就解决问题了。对付蜘蛛也是这样，只需拦腰抓住对方，就用不着担心它的毒钩了。对于不起眼的蝗虫，不管是在笼子里的还是野地里的，螳螂都很少用它的震慑办法，它只是一把抓住闯进它势力范围的冒失鬼就可以了。

当要捕食的活物可能会进行顽强抵抗时，螳螂则不敢大意，要利用一种恫吓、震慑猎物的形态，让自己的利钩有办法稳稳地钩住对手。随后，它的狼夹子便把因吓呆而无还手之力的受害者夹紧。它就是以这种迅猛的鬼怪般的姿势把猎物吓坏了的。

在这种怪异的姿势中，双翅起了相当大的作用。螳螂的翼很宽大，外边缘呈绿色，其余部分是无色半透明的。纵向上有很多经翅脉，呈扇面状辐射开来。还有一些超细的、横向的翅脉，成直角地与纵向翅脉相切，与它形成无数的网眼。在呈鬼怪姿态时，翼展开，立成两个平行的平面，几乎相互触及，犹如晚上休息的蝴蝶的翅膀一样。两翅之间，翘卷着的腹部突然剧烈振动起来。肚子摩擦翅脉，发出一种喘息声，我把它比作处在防御状态的游蛇吐芯儿的声音。如果要模仿这种声响，只需用指尖快速擦过展开的翅膀的正面便可。

几天没进食的螳螂，因饥饿难耐，能一下子把与它大小相同或比它个头儿大的灰蝗虫全部吃掉，只丢下其翅膀，因为翅膀太硬而无法消化。要吃光这么大个猎物，两小时足够了。但这么狼吞虎咽的情况甚是少见。我曾见到过一两次，我当时就很不解，这个饕餮者是怎样找到地方存放这样多的食物的？容量小于容积的原理是怎么反过来为螳螂服务的？我惊讶它的胃的高超特性，竟能让食物马上消化、溶解，穿肠而过。

在我的笼子里，蝗虫是螳螂的家常便饭，种类各异，大小不等。看着它用劫持爪上的那对钳子夹住蝗虫吞吃着，实属一件有意思的事。虽然说它那尖尖小嘴并不像是生来就为吃大餐所用的，可猎物却被它吃光了，只剩下双翼，而且，翅根上多少有点肉的地方都没被放过。硬皮、爪子全部穿肠而过。有时候，螳螂抓住一条肥厚的后大腿，送到嘴边，细细地品尝着，一副心满意足的样子。蝗虫的肥厚大腿对它来说大概是上等好肉，犹如对我们而言的一块极品羊肉。

螳螂先从猎物的脖子下口。当一只劫持爪拦腰抓住猎物时，另一只马上按住后者的头，使脖子上方断裂开。于是，螳螂便把尖嘴从这失掉护甲的地方插进去，啃吃开来。猎物颈部裂开了大口，头部淋巴已被破坏，蹬踢也就随之停止，猎物便成了一具没有感觉的尸骸，螳螂因而能自由选择，想吃哪里就吃哪里。

情节评述

　　本篇从螳螂的外表切入，进而引入对螳螂习性的描写。作者采用了大量的外貌描写和动作描写，从细节入手呈现了螳螂的外表特征和捕猎动作。

　　螳螂体态形貌宛如祈祷者一般端庄，这与后文描写螳螂捕食的凶猛和残暴形成了鲜明对比。大量的动作与细节描写呈现了螳螂捕食的过程，表现了螳螂高超的捕食技艺，体现了螳螂习性的凶残。捕食器官的有效性与外貌的平和形成了巨大的反差，也正是这种外表的欺骗性与捕猎的高效成就了螳螂完美捕食者的身份。

奇怪的象态橡栗象

比喻说明。将橡栗象觅食坚果的情形比喻成机器的各种零部件各司其职地运转，生动形象地表现了橡栗象觅食时的机巧。

　　我们的机器中有一些东西很奇怪，当它们处于静止状态时，你没法知道它们是怎么回事。一旦机器转动起来，怪异的装置便咬住齿轮，打开、闭合连动杆，我们就看见了各部件的巧妙结合，每个部件都在为实现预定功效而独具匠心地各司其职。这便像各种象虫，特别是橡栗象的情况。正如其名所示，橡栗象生来就是对付橡栗、榛子以及其他类似坚果的。

　　在我们那个地方，最引人瞩目的就是象态橡栗象。它的名字起得真妙，让人产生很多联想。啊！瞧它那副搞笑相，嘴上还叼着一只长烟斗呢！这烟斗细如马鬃，棕红色，差不多是笔直的，其长无比，以致橡栗象只好斜着身子，让它伸直，省得被折断了，像头前伸出一支长矛一样。这样长的一根尖桩，这样一个怪鼻子，橡栗象用它来做什么呢？

　　我看见有人对此耸耸肩，不屑一顾。如果说人生唯一的目的就是通过或明或暗的手段挣钱的话，那这种问题问得就有些荒唐了。

　　好在还有一些人不这样认为，在他们眼里什么事都是重要的，没有微不足道的事。他们清楚思想的蛋糕是用一些细碎的面团做成的，它们并不比收获的粮食来得无关紧要；他们清楚耕耘者与询问者都在用聚集起来的蛋糕屑养活这个世界。

让我们可怜一下这种问题吧！让我们继续叙述下去。不用看着橡栗象工作，我们也能猜测到它奇形怪状的长嘴上有一个类似我们用来钻坚硬物体的钻头。它的大颚是两个钻石尖，构成钻头尖端的超强度齿甲。这种象虫很像菊花象，但它的条件要比后者差，它们用这种钻头来开道，以便放置自己的虫卵。

尽管这种猜测不无道理，但毕竟不是确定无疑的。只有瞅着橡栗象工作我才能清楚其中的奥妙。

耐心的人早晚会碰到机会的，因此在十月初的时候我终于看到橡栗象在工作了。我当时惊讶极了，因为节气已相当晚了，一般说来所有技术性的工作都应该做完了。初寒一到，昆虫的季节便告终了。

那一天，天气很坏，刺骨的寒风呼啸着，冻得人嘴唇像被刀割一样。这种天气跑到荆棘丛去观察，必须意志坚强才行。但是，假如长嘴橡栗象像我所猜想的那样，用长杆工具钻橡栗，那就得赶紧去看，时间是不等人的。橡栗还是绿的，但已是很大的块头了。再过两三个星期它们就将变成栗褐色，全部熟了后，随时会掉到地上。

我疯看了一番，很有收获。在墨绿的橡树上，我看到一只橡栗象，长鼻子已经有一半钻进一只橡

比喻说明。作者将那些探索人生与自然奥秘的思想比作细碎面团和蛋糕屑，而正是这些碎屑构成了思想的整体，委婉地说明了思考和研究的重要性。

为了观察昆虫的生活状态，作者或顶着烈日、不眠不休，或忍受着寒风的侵袭，充分体现了科学研究的艰辛历程。

栗中去了。仔细察看它是不可能的，因为树枝被寒风吹得抖动个不停。于是，我就把那根树枝折断，轻轻地放在地上。那只橡栗象没有发现自己被搬了家，还在继续干着。我躲在一丛矮树后面，蹲在它的旁边，看着它工作。

象态橡栗象脚上穿着黏性套鞋，能牢牢地贴在光滑浑圆的橡栗上，后来，在我实验室的玻璃壁上，它也是靠着这种黏性套鞋才能垂直地爬来爬去。此时，橡栗象正在橡栗上用自己的弓摇钻忙乎着。它缓慢而笨拙地围着它那根插入橡栗中的钻杆挪动着，在画着半圆，中心就是钻孔，然后又折回头来，画一个反向的半圆。它反复地这样画来画去，就像我们运用手腕的力量用钻子在木头上转来转去地钻个洞一般。

细节描写。详细描述象态橡栗象钻孔的动作，生动形象地呈现了象态橡栗象的进食过程。

长鼻子在一点点地钻进去。一小时后，长鼻子见不到了。然后它休息了一会儿。最后，长鼻器具抽了出来。随后会出现什么情况呢？这一回没有出现其他事。橡栗象扔下了它钻探的那口井，一本正经地退了出来，蜷缩在枯树叶中。今天我不会得到更多的资料了。

但我没放松警惕。在有利于捕捉虫子的日子里，我回到了原先去的地方，很快就捉到了一些，装进我实验室的金属网罩里。鉴于这是一项慢工细活，我知道会有很多的困难，所以我情愿在自己家里不慌不忙地观察研究。

这样做棒极了！如果我像开始一样继续在树林

里观察橡栗象工作的话，即便我能找到一些橡栗象为我观察所需，但我将永远不会有耐心把它们选择橡栗、钻孔和产卵的情况从头观察到尾的，因为它们工作起来既细心又慢悠悠的。

组成我的橡栗象所光顾的矮树林的有三种橡树：短柔毛橡树、绿橡树和胭脂虫栎树。如果樵夫不过早砍伐的话，短柔毛橡树和绿橡树会长成很美丽的树木，而胭脂虫栎树只是一种可悲的荆棘罢了。绿橡树是这三种树木中挂果最多的，它是橡栗象的最爱。其橡栗坚硬，长形，中等大小，硬壳不很粗糙。短柔毛橡树的果实一般来说长得不好，短小而又皱巴，没熟就掉落了。塞里昂丘陵的干燥气候对这种橡树很不利。因此，橡栗象只会在退而求其次的情况下才选取它。

胭脂虫栎树是一种短小的灌木，矮得一迈步便能跨越过去，但它的果实却是多汁的，和树那惨兮兮的外表形成很大的反差。其橡栗胖胖的，呈粗大的鹅卵形，壳上带着粗糙的鳞片。橡栗象找不到比这还好的住所了，因为它既是坚固的住宅又是丰富的粮库。

我把几根长满这三种橡树橡栗的树枝摆放在我的金属网罩圆顶下边，一头浸在一盆水里，以保持新鲜。小树枝上摆了数目合适的配对橡栗象，最后实验仪器也放在我实验室的窗户上，天气晴朗时，全天大部分时间都有太阳光照射。现在，让我们耐着性子，时刻观察着。我们会得到回报的，钻探橡

不同的昆虫喜欢不同的处所，食粪虫、蝼蛄一类的昆虫喜欢在地下打洞，蝉喜欢树干，而橡栗象则喜欢在灌木上栖居。

栗值得一瞅。

　　我们并没等很久。准备工作做好以后的第三天，我在橡栗象开始工作时准点到来。雌橡栗象比雄的体形更壮实，用手摇曲柄钻探的时间也更长，它仔细地观察了那个橡栗，无疑是准备产卵了。

　　它一步步地从上面爬到下面，从前头爬到后头，爬遍了那个橡栗。橡栗壳十分粗糙，爬动很容易。假如脚底没有黏性套鞋，没有在各种姿势下都能保持平衡的刷子形鞋底的话，在橡栗的其余部分爬动就不太容易了。橡栗象以一样从容的姿势在橡栗的左右上下爬来爬去，从没摔落。

　　它已经选好了，这个橡栗被认为是最好的。现在需要在这个橡栗上钻一个探测口。橡栗象的钻杆很长，操作起来很难。为取得最佳机械效果，就一定要按照被钻件凸面的法线把钻杆竖立，然后再把工作器具以外呈前伸状态的这个碍事的道具收回橡栗象钻工的身体底下。

　　为达到这一目的，橡栗象用后腿撑起身子，立在后跗骨和鞘翅尖端形成的三脚架上。没有什么比这个怪异的钻工还要奇怪的了，它站立着，把长钻杆鼻缩回自己身下。

　　成功了，长钻杆笔直地竖了起来。钻探开始了。其办法就是那天寒风呼啸时我在树林中所看到的那种。它相当缓慢地钻着，从左往右，然后再从右往左，循环往复地这么做着。钻头并不是一种因一直朝着一个方向旋转而往下钻着的螺旋形开瓶器似的工具，

动作描写。象态橡栗象为了获得最好的橡栗，撑起身子立成三脚架去钻探，一系列动作体现了象态橡栗象对橡栗的渴望。

而是一种套针，先是啮咬，然后轮流向着一个方向和另一个方向磨蚀，逐渐往下扎去。

在继续往下叙述之前，让我们先说一个偶然事情，它太引人注目了，不能避开不谈。我多次偶然发现这种钻工死在自己的工地上，而且死者的姿态很异样。如果死亡不总是什么严重的事，尤其是突然发生工伤事故时，那怪异的死亡姿态是会使人忍俊不禁的。

探杆尖恰好插在橡栗上。它已经开始在工作了。在钻杆这个致命的尖桩顶部，象态橡栗象垂直地悬于空中，远离各个支撑点。它已干瘪，也不知道死了有几天了。爪子僵硬，缩在肚子下面。就算这些虫爪像活着时那样灵活而又能伸长，它们也根本不可能够得着挂橡栗的枝杈。究竟突然发生了何事，把可怜的橡栗象身子刺穿，就像我们所收集的标本那样，用大头针钉住标本的脑袋？

原来发生了一起工伤事故。由于钻杆很长，象态橡栗象开始工作时是用后腿站着的。假如这笨拙的钻工突然脚下一拌，两只附着抓斗一时没有抓住，身子就马上脱离橡栗，被稍弯的钻杆这样一弹就被甩了出去，因为开始工作时，必须让钻杆稍微弯得多一些以利钻探。因此，它便被远远地抛离橡栗工地，徒劳地在空中拼命挣扎，它的跗骨找不到什么可以抓着的东西。它因没有任何支撑点以摆脱险境，最后精疲力竭地死在长钻杆的顶端。就像我们工厂里的工人一般，象态橡栗象有时候也会成为自己器

设置悬念。以象态橡栗象意外死亡的突发事件引发悬念，吸引读者继续阅读以发现真相。

具的受害者。祝它们好运吧！套上结实的黏性鞋套，小心工作，当心滑倒。我们再继续叙述吧。

这一次，机械运转得很好，但是奇慢无比，因此往下钻探的情况用放大镜观察也看不出钻了多少。但象态橡栗象一直在钻探，休息一会儿，马上又干起来。一小时过去了，两小时过去了，神情专注使我疲乏而紧张，因为我一定要瞧一瞧那关键一刻的工作情况：象态橡栗象收回钻杆，返回来把卵放进井口。这样我起码可以看到事情进展的状况。

两小时过去了，我已经没有了耐心。我与家人商量，家中的三个人轮流值班，不间歇地盯着执着的象态橡栗象。我必须不顾一切代价地弄清楚它的秘密。

我幸好找了帮手，他们留意地帮我细细观察。接连不断地观察了八小时以后，将近夜幕降临时分，监视哨在喊我。象态橡栗象看样子已经干完工作了。它的确在往后撤，小心翼翼地在抽回钻杆，生怕把杆弄断了。钻具抽出头了，又笔直地伸向了前方。

那一时刻到了。哎！没到呢，我又上当了。我那轮番八小时的值班监视没见效果。象态橡栗象走了，没有使用自己钻探的成果就丢弃了那个橡栗。没错儿，我完全有理由怀疑自己在树林里所观看到的结果。在绿橡树中，忍受烈日的炙烤，全神贯注地等着，真的是一种难以忍受的折磨。

整个十月份，必要时让助手们帮忙，我察看了许多没有被下卵的钻井，观察的时间长短不同，一般是两小时，有时候达到或许超过半天。

它们钻这些劳民伤财而大多又不下卵的井的目的是什么？我们先来了解一下虫卵的位置以及虫宝宝最初几口食物的情况，也许答案就有了。

那些住有象态橡栗象宝贝的橡栗是挂在树上，嵌在橡栗壳中的，好像没有发生任何有伤于绒毛叶的不正常事情。稍有留意，你很轻松地就能辨认出它们来。在离栗壳斗不远处的光滑而绿油油的外壳上，可见一个小点，确系一灵巧的针所刺。因为坏死而产生的一个窄小的褐色乳晕很快就把这个小孔洞包围起来，那便是钻井口。此外还有几次，但并不常见，洞穴是穿过壳斗钻出来的。

咱们挑选那些最近钻孔的橡栗，也就是那些苍白针孔还没因日久天长由褐色乳晕围起来的橡栗。我们把它们的壳剥掉，其中很多并没见有什么东西：象态橡栗象钻探了它们，但并没在里面产卵。它们和我网罩里的那些橡栗一样，被钻了无数小时，然后却并没加以利用。有很多里面有一只卵。

不管壳斗上面的井口有多么远，这只卵总是待在井底，在一堆绒毛叶那里。那里有柔软的呢绒，是壳斗提供的，被滋养品源泉——叶柄的浸液所润湿。我看见一只超小的象态橡栗象虫宝宝，它是我亲眼看着孵出来的，它开始几口是在轻轻地咬那堆絮状的食品，那个用丹宁酸调了味道的新鲜蛋糕。

这种就像新生有机物一样多汁、易消化的小点心，只有那里才有，而象态橡栗象也只是在那里，在绒毛叶和壳斗之间置放自己的卵。象态橡栗象很清楚最适合其新生儿那虚弱的胃的食物在何方。

上面是相对而言较粗糙的绒毛叶蛋糕。开始的几小时里，宝贝在餐厅里增添了体力，然后并不是直接地，而是通过它妈妈用探针捅开的狭道钻进蛋糕房。狭道里满是蛋糕屑和吃了一半的残渣。吃了这种沿路备好的稍微粗糙的可口面粉，力气倍增，虫宝宝于是就完全钻进橡栗那坚硬的果肉里去了。

以上所掌握的这些情况证明了产卵的象态橡栗象是如何工作的。在钻探以前，它前前后后、上下左右仔细地看来查去，这时它的目的是什么呢？它是在获知这个橡栗是否已经被占领了。当然，食物很丰盛，但两个人吃就不太够了。我的确还从没发现有两只虫子在同一个橡栗里的。只有一只，一直都只有一只。这一只在吃完丰富的食物并消化完后，将食物变成橄榄绿色的小团团，随后离开橡栗，下到地上。绒毛叶蛋糕顶多也就剩这么一丁点儿的蛋糕屑了。原则是：每只象态橡栗象都有自己的圆形大蛋糕，每个消费者都有自己的一份橡栗粮食。

把卵安放进去之前，先得检查一遍，看看这个橡栗是不是被占领了。可能存在的那个占据者在这个地下墓穴的底层，由全是鳞片的壳斗遮盖着。这个狭小的藏身处没什么秘密可言。但是，如果橡栗表层没有那细小的针眼的话，再厉害的眼睛也猜不到里面藏着一个隐居者。

这个小而不明显，但可仔细辨认的针眼，便是我的向导。有它在，我就知道橡栗有主人了，或至少是被做过与产卵有关的试验；它不存在，我就确信这个橡栗还没有被任何人占据。不用怀疑，象态橡栗象也是根据这相同的办法得知情况的。

我目光敏锐，仔细地观察一切，必要时还动用放大镜。我把观察对象放在手里转来转去地看一会儿，情况就全明白了。而它，这个近视的象态橡栗象观察者，却不得不到处验来查去，最后才准确地找到那个能说明问题的小孔。再说，这是家庭利益迫使它慎之又慎，而我只是好奇心驱使。因此，它对橡栗的检查是相当费时间的。

橡栗一旦被确定完好无缺，这就行了。钻头再往下钻，一干就是好几个小时。然后，有好几次，象态橡栗象对自己的工作不屑一顾地走开了，钻探完了没有随即产卵。这么卖力地干了这么久又有什么用呢？它只是为了饮水解渴，恢复体力才像这样找一个橡栗随便钻钻吗？它嘴上的吸管会下到井底深处，在满意的角落吸几口含有营养的饮料吗？它这样忙乎一顿只是为了个人进食吗？

一开始，我真是这样想来着，因为我毕竟对它为了一大口饮料而这样坚忍不拔超感惊奇。但是，雄性象态橡栗象的情况告诉了我实情，我便放弃了这一想法。雄性象态橡栗象也长有长嘴，需要时也能钻出一口井来，但我从没见过雄性象态橡栗象有哪个趴在一个橡栗上面，呼哧呼哧地在掘井的。为何要这么费劲全力呢？这些节制进食的昆虫有一点点吃的便足够了，用长鼻尖端稍微刺破一张嫩叶，就足以维持它们的生命了。

如果说它们这些无事可做，不用为吃费神的雄虫没有过多需求的话，那么那些忙于产卵的雌性又是怎么回事呢？它们来得及又吃又喝吗？No！被钻了孔的橡栗并非一个小酒馆，任你在那儿没完没了地喝个痛快。长嘴伸进橡栗喝上这么一小口那倒有可能，但是，那些碎屑是否是它的初衷？

真实目的我想我快发现了。我前面讲了，卵总是放于橡栗底部，在一些由叶柄渗出的汁液润湿的絮状物当中。虫宝宝刚孵出时，还咬不动很硬的绒毛叶，只能咬壳底柔软的毛毡，以它的汁液为食。

但是，随着橡栗长大成熟，这个蛋糕也就变得十分硬了，味道和汁液的量都随之有所变化。湿润的部分干燥了，柔软的部分变硬了。在一个时期，新生儿所需的舒适条件是相当具备的。稍早点，舒适条件没达到标准；稍晚点，那些条件就过分成熟了。

在外面，在橡栗的绿皮上，这种内部厨房的烹饪情况一点也显现不出来。为了让虫宝贝吃到合适的食物，做妈妈的因为只是从外表察看了橡栗还不是很了解情况，只好自己先用长鼻尖端尝尝粮库底部的粮食。

妈妈在喂宝贝喝粥之前，会先用嘴唇去试下粥的凉热。雌性象态橡栗象也是以相同的慈母心去对待自己的虫宝贝。它把长鼻尖端伸到井底深处，看看里面的食物状况，然后再留下给自己的儿女。如果井底食物让它满意，它就把卵产下来；如果食物让它不满意，它就不再多往下钻探，弃之而去。这就可以解释为何它钻了半天而弃之不用的原因了。那是因为再钻下去也没有用处，井底的食物经仔细辨别不符合要求。为了自家儿女的第一口食物，这些象态橡栗象多么细心，多么挑剔啊！

把新生宝贝放在将能找到柔软而多汁的、易于消化的食物的地方，这些心细挑剔的妈妈还觉得不够。它们的关怀备至还远胜于此。一个折中的办法或许有用，就是让小宝贝从最初的吃软蛋糕改变成吃硬蛋糕。这个折中办法就在母亲钻出的那个坑道里。那儿有一些碎末，是长嘴上的剪刀剪碎了的。此外，坑道内壁受损、变软，比其他东西更适合新生宝贝娇嫩的颚。

在啃咬绒毛叶之前，宝宝确实是先钻进这个坑道的。它以沿路找到的粗面粉为食；它收集挂于壁上的褐色微粒；最后，它已足够结实，就弄破果仁那圆形大蛋糕，钻到里面去，不见了踪迹。胃已经锻炼好了，余下的事就是放开肚皮吃了。

这种管状幼儿哺乳室应有一定的长度，以满足初生宝宝的需求。因此，做妈妈的便用那把钻孜孜不倦地工作。如果探测只是局限在品尝一下食物，了解橡栗底部的成熟程度的话，操作就会简单许多，只要透过外壳在底部不远处进行就行了。这一点象态橡栗象并非不知道：我偶尔也发现象态橡栗象正在对坚硬外壳这么做呢。

我从中看到的只是急于弄清楚情况的产妇的一种试验。如果橡栗适用，钻探就将在稍高处，在壳斗外面重新开始。当卵应该产下时，按惯例的确是钻橡栗，而且尽可能地在高处，只要钻杆够长就可以。

花了大半天劲仍未完工的那个长钻洞是怎么回事呀？它干吗这么坚持不懈地干呀？就在离叶柄不远处，少用很多时间，少很多劳累，钻头就能钻到那个理想的地方，那个新生虫宝宝可以饮用的清泉。做母亲的这么费尽全力、疲惫不堪，自有它的道理：它这样做能到达橡栗底部那理想之地，因此也就获得了最好的效果，可以替自己的儿女准备好一个吃不尽的面粉口袋。

这是些不值一提的事吗？不，对不起，这可是一些大事呀！这是在告诉我们象态橡栗象在储存最不起眼的东西时的细致入微，向我们证实了一种调节细枝末节的高级思维。

象态橡栗象像一个很棒的教育家，它有自己的好办法，值得尊敬。这起码是乌鸫的看法，乌鸫一到秋末，浆果开始缺少时，便乐滋滋地拿这种长嘴昆虫充饥。虽说不够塞牙缝的，但味道却相当鲜美，没有被严寒冻坏的橄榄苦涩。

如果没有乌鸫和竞争对手的话，春天树木复苏时会成一幅怎样景象呀！即便人因自己所做的蠢事而从地球上消失了，乌鸫用它的歌唱来庆祝万物复苏也一样是庄严隆重的。

除了满足森林欢快之鸟——乌鸫的口福而很值得赞扬以外，象态橡栗象还有另一个作用——调节植物的无序生长。就像所有真正名副其实的强者一般，橡树是个慷慨的大度者，它大量地提供橡栗。这么多的橡栗，大地怎样处理它们呢？森林缺少空间就会窒息，一种树木过多就会殃及所有树木。

不过，鉴于食物充足，急于使过度生产保持平衡的消费者从四面八方纷纷赶来，田鼠这个原住户在一堆碎石中，在其草料床旁边存储起橡栗来。松鸦这种外来者也不知是怎样获得消息的，成帮结伙地从远方飞来。一连几个星期，它们逐一地对橡树大加叼啄，还像被掐住的猫似的喵喵叫嚷着以表现自己的快乐与兴奋，任务完成以后，便飞回自己北方的家乡。

象态橡栗象比大家动手还早。它把卵产在还很青的橡栗里。现在，橡栗落在地上，提前变成褐色，还被钻了个圆孔，象态橡栗象宝贝吃完了橡栗里面的食物就从这个小圆孔里爬出来。在一棵橡树下，很轻松地就能捡满一篮子这种被掏空的橡栗。对于整理过剩物资的工作，象态科昆虫远超于田鼠和松鸦。

人为了养猪，很快便来了。在我们村子里，当市镇击鼓宣读公告的人宣布某日为在市镇树林里采摘橡栗的开始日时，那可是件大事呢！前一天，最起劲儿的人就先行跑去察看地点，为自己选定最好的位置。次日，天刚刚亮，全家人便全跑到选定的地点。父亲用长竹竿敲打高处的树枝；母亲围着麻布大围裙，可以进到林子深处，采摘手能够得着的橡栗；儿女们则捡拾散落在地上的。一篮篮装满了，倒进筐里，装进大布袋里。

继松鸦、田鼠、象虫以及其他很多动物之后，现在轮到人高兴了，他们在盘算采摘了这么多橡栗后自己的猪该能长得好肥。但是，一份开心当中也藏着一种遗憾，就是眼看这么多的橡栗掉落地上，一个个都被钻了孔，被糟蹋了，一点用处也没有了。于是人们便对造成这种破坏的肇事者咒骂起来。听他们的口气，几乎这森林只属于他们所有一样，好像橡树只是为他们的猪才结果的。

我想告诉这群人，守林人是不会记录轻罪犯人的罪状的，而这样做是十分好的。因为人很自私，在收获橡栗中看到的只是猪长肉、肉做肠，这种态度的后果是十分严重的。橡栗在邀请大家全部来利用它的果实。我们人从中获取了最大的一份，因为我们是最强者。那是我们唯一的权利。

但是，在不一样的消费者中进行平衡的分配，这是高于一切的大原则。在这个世界上，大家都各有自己的作用，无论弱小与强大。如果说，乌鸫为万物复苏而高兴、唱歌是大好的事的话，我们也别认定橡栗被挖空是件坏事。蛀坏的橡栗在为鸟儿准备饭后甜点呢，象态橡栗象肉质鲜美，它可以让鸟儿臀肥歌美的。

　　让乌鸫去唱歌吧，我们还是回过头来聊我们象虫科昆虫的卵。我们知道卵所在的地方：橡栗底部，在最多汁鲜嫩的果仁中。它是怎样住到那里去的？那里离壳斗边缘上方的入口可是很远的。这的确是个小小的问题，甚至可以说是幼稚的问题。但也别对它不屑一顾，因为科学就是由一些幼稚好笑的事物组成的。

　　第一个用一块琥珀在衣袖上摩擦，随即便知道这块琥珀能吸麦秸的人，绝没猜想到我们今天的电的绝妙。他只是在天真地自得其乐罢了。但这种小朋友的游戏经过反复地做，以各式各样的办法进行探索以后，就变成了世界上的强大力量之一。

　　观察者对任何事物都不应该忽视，因为他们永远也不知道从很不起眼的事物中会产生出来什么。因此，我又对自己提出了这个问题：象态橡栗象是通过何种办法在离入口很远的地方住下来的？

　　对于还不知道卵的位置但可能知道虫卵首先是从其底部咬吃橡栗的人来说，答案大概是这样的：卵产在管道入口，在表面处，而虫卵则在母亲钻好的坑道里爬行，自己爬到储存婴儿食物的那个偏僻地方。

　　在掌握足够的材料之前，我自己原来也是这么解释的，但我很快就感觉这种解释是错误的。当产妇把腹尖贴在刚用钻钻出的洞口后退走不久，我就摘下了这个橡栗。卵大概应该就在那儿，在入口处，紧贴表面的地方……可并不是这样，那儿并没有卵，卵在坑道的另一侧。如果我大胆假设的话，卵是如同一块石头一样的掉进坑底的！

　　我们还是赶快抛开这种愚蠢的念头吧！坑道相当狭窄，又堵满碎屑一样的东西，这么直接掉下去是不行的。再者，根据叶柄那直的或颠倒的方向，在一个橡栗里下落那就会在另一个橡栗里上升。

　　于是出现了第二种解释，一样是大胆的。我在想：布谷鸟在草地里随便一个地方下蛋，然后用嘴把蛋叼起，放进黄莺狭小的窝里去。象态橡栗象用的是不是也是相同的办法呢？它会不会利用它的长喙把它的卵送到橡栗底部去呢？我看不到它身上还有别的什么工具能够到达这个深洞的底层。

然而，我们还是快些抛开因想不出道理来而产生的这种怪异的解释吧！象态橡栗象是从不会公开地产下卵，然后再去用喙叼住卵的。如果它这样做的话，那娇嫩的卵在堵塞而又狭窄的坑道里往下放的时候肯定会被挤压，必死无疑。

我感到很尴尬。对象态橡栗象的身体结构相当有研究的任何一位读者都会有这个尴尬的。蚱蜢长有一把大刀，那是它产卵的工具，可以把卵送到地下它所希望的深处去；褶翅小蜂配备有一个探头，能钻穿石蜂筑成的水泥建筑，把自己的卵放到后者半睡半醒的胖虫宝贝的茧内去。但象态橡栗象却没有这些匕首、短剑，它的腹部什么都没有，绝对没有！然而，它只要把腹尖贴在井的狭小的孔眼上，就能马上把卵送到橡栗底层去。

解剖将会告诉我们用猜测的办法所无法知道的谜底。我剖开象态橡栗象产妇，所看到的让我瞠目结舌。那儿有一部奇怪的机器，一根僵硬的深红色尖头桩，与身体一般长，我觉得大概是一个喙，因为它同头部的喙很类似。那是一根管子，细如毛发，空尖端有些张开，状如榴弹发射筒，始端鼓起，呈卵形泡状。

这就是产卵的工具，与钻孔器的大小、粗细一样。钻孔喙钻到哪里，这个内喙——卵探测器就可下到哪里。当产妇在橡栗上下钻时，它选择的攻击点就必须让这两个相辅相成的工具都能够达到理想的地方——果仁底部。

现在，其他的就不说自明了。产妇的手摇曲柄钻做完工作后，坑道完工，它就转回身来，把腹部末端贴在那钻孔上。然后，它拔出剑来，内喙显现出来，很容易地钻进锉屑堵塞的坑道。引导探头上什么都没有显示，因为它运转小心而敏捷。卵安置好之后，这个工具慢慢回收，缩回腹内，同样是滴水不漏。大功告成，产妇离去，而我们却丝毫也没有看出它的破绽。

我一直坚持是有道理的吧？一个表面看来无足轻重的情况刚刚以毋庸置疑的方式告诉我橡栗象使人怀疑的地方。长吻管象虫有一个内探头，一个外部没任何痕迹的腹部喙。它们在其腹部隐秘处藏有类似于姬蜂和蚱蜢的刺刀一样的工具。

情 节 评 述

本篇从象态橡栗象的外形起笔，进而对象态橡栗象觅食和生育后代的过程进行了描写。象态橡栗象之奇在于它独具特色的嘴，作者用比喻的方式向我们展现了象态橡栗象嘴的特点：又细又直又长，且呈红棕色。作者把象态橡栗象比作一台机器，细长的嘴和带有黏性鞋套的脚这样的组合是它能在光滑的橡栗上钻孔的关键。

紧接着作者向我们介绍了象态橡栗象喜爱的三种橡树，并通过动作描写向我们呈现了象态橡栗象的产卵过程。象态橡栗象在橡栗中产卵繁育后代，但象态橡栗象妈妈挑选橡栗极为严格，只有找到柔软多汁、易于消化的橡栗，象态橡栗象妈妈才会产下卵。产卵后象态橡栗象妈妈还会为后代提供细致入微的照顾，保证象态橡栗象宝宝的成长。

《昆虫记》考题精选

1.（2014 年中考·山东）名著阅读。

《昆虫记》是法布尔耗尽一生的光阴而创造的奇迹，被誉为"＿＿＿＿＿＿＿＿"。书中除了真实记录昆虫的生活，还透过昆虫世界折射出社会人生。全书充满了对＿＿＿＿＿＿＿＿的关爱和对自然万物的赞美之情。

2.（2018 年中考·四川）名著阅读

有这样一只不知危险、无所畏惧的灰颜色的虫，朝着那只螳螂迎面跳了过去。后者，也就是那只螳螂，立刻表现出异常愤怒的态度。接着，它反应十分迅速地做出了一种让人感到特别诧异的姿势，使得那只本来什么也不怕的小螳虫，此时此刻也充满了恐惧感。

以上文字节选自＿＿＿＿（国籍）＿＿＿＿＿＿＿＿（人名）的《＿＿＿＿＿＿＿》，该书被誉为"＿＿＿＿＿＿＿＿"。

3.（2018 年中考·黑龙江）走近名著。

阅读下面的文字，回答问题。

一个人耗尽一生的光阴来观察、研究昆虫，已经算是奇迹了；一个人一生专为昆虫写出十卷大部头的书，更不能不说是奇迹。这些奇迹的创造者就是法布尔。

　　法布尔的《昆虫记》被誉为"＿＿＿＿＿＿"。在这本书中，＿＿＿＿＿在地下"潜伏"四年；＿＿＿＿＿在编织"罗网"方面独具才能；＿＿＿＿＿善于利用"心理战术"制服敌人。

参考答案

1. 昆虫的史诗　生命
2. 法国　法布尔　昆虫记　昆虫的史诗
3. 昆虫的史诗　蝉　蜘蛛　螳螂